Analyser les données en sciences sociales

De la préparation des données à l'analyse multivariée

P.I.E. Peter Lang

Bruxelles · Bern · Berlin · Frankfurt am Main · New York · Oxford · Wien

Godelieve Masuy-Stroobant & Rafael Costa (dir.)

Analyser les données en sciences sociales

De la préparation des données à l'analyse multivariée

Avec les collaborations de :

Pierre Baudewyns
Amandine J. Masuy
Lorise Moreau
Ester Rizzi
Bruno Schoumaker

Collection « Méthodes participatives appliquées »
n° 5

© P.I.E. PETER LANG s.a.
Éditions scientifiques internationales
Bruxelles, 2013
1 avenue Maurice, B-1050 Bruxelles, Belgique
www.peterlang.com ; info@peterlang.com

Imprimé en Allemagne

ISSN 2033-7906
ISBN 978-2-87574-098-4

D/2013/5678/81

Information bibliographique publiée par « Die Deutsche Nationalbibliothek »
« Die Deutsche Nationalbibliothek » répertorie cette publication dans la
« Deutsche Nationalbibliografie » ; les données bibliographiques détaillées sont
disponibles sur le site http://dnb.d-nb.de.

Table des matières

ANALYSE BIVARIÉE

ANALYSE MULTIVARIÉE DES DÉPENDANCES

CHAPITRE 9
La régression linéaire multiple....................................... 227
Bruno Schoumaker

CHAPITRE 10
La régression logistique... 253
Ester Rizzi

CONCLUSION

CHAPITRE 11
Interpréter les résultats 281
   Godelieve Masuy- Stroobant

Encadrés

Avant-propos
L'analyse des données

Godelieve MASUY-STROOBANT

Nos « sociétés de l'information » voient se multiplier les bases de données administratives et les enquêtes *ad hoc* le plus souvent destinées à mieux comprendre et gérer la complexité du social. Nul ne contestera aujourd'hui que le développement des politiques sociales à mettre en place pour faire face au défi du vieillissement de la population, améliorer l'accès des jeunes à l'emploi, permettre aux parents de mieux concilier travail et famille, rompre l'isolement social, éradiquer la pauvreté, soutenir les solidarités intergénérationnelles et interculturelles devrait idéalement se baser sur une analyse approfondie et critique de l'information disponible ou à recueillir. Force est cependant de constater que leur exploitation se limite encore trop souvent à des analyses descriptives **univariées**, voire **bivariées**. Or, en résonance à la complexité du social, l'analyse **multivariée** des données s'impose. Elle permet, non seulement d'affiner l'analyse **descriptive**, mais aussi de mieux **comprendre** ou **expliquer** les mécanismes multiples qui sous-tendent la plupart des phénomènes sociaux.

L'analyse des données nécessite le recours à l'outil statistique, mais ne se résume pas à la statistique : il faut d'abord et avant tout disposer d'une bonne connaissance de la société analysée, de son organisation, des valeurs qu'elle véhicule, et plus précisément du phénomène – ou du problème – social qui fera l'objet de l'analyse. Pour cela, explorer la littérature sur le sujet, ainsi que les théories développées à propos des mécanismes qui en font un problème à résoudre ou un phénomène nécessitant une analyse approfondie, est indispensable. Des informations précises sur le matériau qui sera analysé sont tout aussi importantes : s'agit-il d'un enregistrement imposé par l'administration ? Les informations recueillies font-elles l'objet de vérifications sur la base de documents officiels ? Dans le cas d'enquêtes, connaître le mode de constitution de l'échantillon est essentiel, de même que la population-cible et le taux de participation. S'agit-il d'un auto-questionnaire ou a-t-on eu recours à des enquêteurs ? La participation était-elle obligatoire ? Le contenu du questionnaire ou du registre et sa structure vont déterminer les possibilités d'analyse, de même que le nombre d'unités d'observation (ménages, individus) qui y ont participé. La connaissance des techniques statistiques et la maîtrise d'un logiciel permettant de les appliquer ne sont donc qu'une partie de l'éventail des compétences de l'analyste des données.

Ce manuel d'analyse des données s'adresse aux chercheuses et chercheurs en sciences sociales, sociologues, politologues, démographes, historiens, épidémiologistes... ayant bénéficié d'un enseignement de base en statistique descriptive et inférentielle et qui maîtrisent un logiciel d'analyse statistique tel que SPSS, SAS, Stata ou R. Il a pour objectif de les **introduire à l'analyse multivariée** en insistant sur la façon dont chacune des techniques statistiques peut les aider à répondre aux questions de recherche qu'ils se posent, tout en tenant compte **du type de variables** disponibles. L'accent est mis sur les **modalités d'application** de ces techniques, les **résultats et mesures** qu'il convient de retenir, la façon de les **présenter** et comment les **interpréter**. Le **savoir-faire** y est privilégié et le recours à des aspects plus formels de la statistique se limite aux éléments indispensables à la compréhension des techniques sélectionnées. Pour les chercheurs qui souhaitent développer leurs compétences, y compris statistiques, il est fait référence, pour chaque technique, à des manuels plus approfondis, mais néanmoins accessibles à des non-statisticiens.

Ce manuel a été rédigé à l'occasion d'une demande de l'IWEPS[1] de « Mise en place d'outils de modélisation des phénomènes sociaux ». Il est le résultat du travail collectif de chercheurs pratiquant l'analyse des données et d'enseignants qui ont assuré des formations en analyse des données au niveau universitaire en se basant sur leurs propres expériences.

Les techniques multivariées sélectionnées renvoient à trois catégories d'approches :

o Les analyses dimensionnelles : l'**Analyse en composantes principales** (variables quantitatives) et l'**Analyse factorielle des correspondances** et **des correspondances multiples** (variables qualitatives) qui permettent entre autres la construction d'indicateurs ou l'identification de dimensions latentes de l'univers des variables analysées.

o Les analyses de classification : la **Classification hiérarchique de Ward** (variables quantitatives) a été retenue pour sa simplicité. Les analyses de classification ou *cluster analyses* tentent de repérer des regroupements « naturels » d'unités d'observation dans

---

[1] Institut Wallon de l'Évaluation de la Prospective et de la Statistique, http://www.iweps.be/

l'univers des variables analysées. Elles servent aussi à élaborer des typologies.

o Les analyses de dépendance : la **Régression linéaire multiple** (variables quantitatives et qualitatives) et la **Régression logistique** (variables qualitatives et quantitatives). Ici la variation d'une variable (la variable dépendante) est supposée dépendre de la variation d'une ou de plusieurs autres variables (la ou les variables indépendantes) : les régressions sont utilisées pour prédire la valeur d'une variable dépendante, identifier ses déterminants ou même – sous certaines conditions – la ou les causes de sa variation.

Un préalable indispensable au choix et à l'application de ces méthodes est **l'analyse exploratoire** des données. Cette phase de la recherche met en œuvre toute une palette d'outils : l'**analyse univariée** des variables susceptibles d'être analysées par la suite, l'évaluation de la représentativité de l'enquête, de la qualité de l'information recueillie (par l'analyse des non-réponses, de la cohérence des distributions de fréquences...), ou encore, la **description** et la **représentation graphique** des variables. Il s'agit ici, pour l'analyste, de « faire connaissance » avec ses données, mais aussi de rassembler et valider le matériau qui sera analysé par la suite.

L'évaluation de la cohérence interne des données peut se poursuivre par une première série d'**analyses bivariées**, afin d'explorer les relations simples qui s'établiraient entre les variables. C'est à ce stade de l'analyse que le recours aux **tests statistiques** devient intéressant : ceux-ci servent à repérer ou tester les relations qui s'établissent entre les variables, de même qu'ils permettent – de façon complémentaire – de calculer la **marge d'erreur** qui sous-tend la décision du chercheur à conclure à l'existence – ou non – de la vraisemblance d'une relation entre deux variables. Les tests permettent aussi de décider dans quelle mesure les relations observées à partir d'un échantillon peuvent être généralisées à la population de référence dont est issue la population effectivement enquêtée. C'est pour ces mêmes raisons que les tests statistiques seront aussi utilisés lors du passage à l'analyse **multivariée**, définie ici comme l'analyse simultanée de trois variables au moins.

Il est évident, au vu de l'abondance des manuels statistiques existants – souvent très bien conçus – que pour l'apprentissage de la technique en tant que telle, un manuel supplémentaire ne se justifie pas vraiment. Mais en ce qui concerne la **transmission** d'**expériences de recherche** et de **savoir-faire**, avec tout ce que cela comporte de stratégies de recherche à envisager, de pièges à éviter, de précautions à prendre, les titres sont plus rares. C'est dans cette perspective de partage d'expériences que s'inscrit ce manuel. C'est pourquoi la présentation de chaque technique d'analyse multivariée est précédée du récit d'une expérience de recherche personnelle, afin d'illustrer et de commenter les raisons qui ont amené le chercheur ou la chercheuse à développer sa propre stratégie de recherche, le contexte de recherche plus global dans lequel s'inscrit cette application particulière, comment il-elle a décidé de présenter les résultats, ainsi que leur interprétation. Suit alors une description plus théorique de la technique en sélectionnant les éléments indispensables à sa compréhension et son application. Enfin, pour « aller plus loin » et inviter le lecteur à approfondir ses compétences, une sélection de références accessibles à des non-spécialistes figure à l'issue de chaque chapitre.

Pour accompagner le chercheur ou l'étudiant dans sa recherche personnelle, il nous a semblé utile de compléter ce manuel par une application des techniques qui y sont exposées. Pour cette première série d'applications, le logiciel SPSS version 10 a été utilisé. Ce logiciel a été privilégié, parce qu'il est souvent préféré par les personnes souhaitant s'initier à la pratique de l'analyse de données. Les exemples sont à chaque fois assortis de la syntaxe[2] utilisée pour les produire. Pour l'élaboration de ces exemples d'application, l'IWEPS nous a autorisés à utiliser une partie de la base de données issue de l'enquête *Identités et capital social en Wallonie*, et nous les en remercions. La « *Pratique de l'analyse des données* »[3] est disponible en ligne à l'adresse: www.uclouvain.be/451259.html

La structure globale du manuel et de son complément « *Pratique de l'analyse des données* », s'articule en deux dimensions : la première est le nombre de variables traitées simultanément (de une à deux, puis trois variables ou plus) et la seconde, le type de variables analysées (**quantitatives**, **qualitatives**) qui conditionne bien évidemment l'éventail des techniques et des tests applicables.

Il est rédigé par Pierre Baudewyns (politologue), Amandine J. Masuy (sociologue), Lorise Moreau (démographe), Ester Rizzi (démographe), Bruno Schoumaker (démographe) et coordonné par Godelieve Masuy-Stroobant (démographe) et Rafael Costa (démographe).

---

[2] Les chercheurs n'ayant que peu ou pas d'expérience de SPSS trouveront dans le manuel de Paul Kinnear et Colin Gray (2005). *SPSS facile appliqué à la psychologie et aux sciences sociales*, Bruxelles, éditions de Boeck, un guide leur permettant de s'initier à la manipulation de ce logiciel.

[3] Costa R. et Masuy-Stroobant G. (2013). *Pratique de l'analyse des données. SPSS appliqué à l'enquête « Identités et capital social en Wallonie »*, Centre de recherche en démographie et sociétés, UCL.

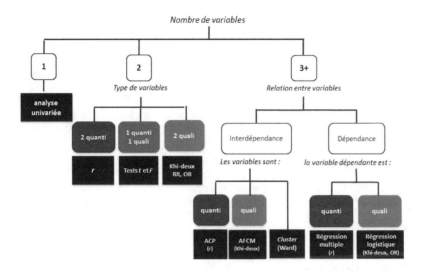

Il a bénéficié de la relecture attentive et critique de deux collaborateurs : Pierre Baudewyns et Bruno Schoumaker, ainsi que de celle de Philippe Bocquier (UCL), Rébécca Cardelli (IWEPS) et Bernard Masuy (UCL). Ils en non seulement amélioré le contenu et la lisibilité, mais ont aussi « testé » la clarté et la cohérence de l'exposé des méthodes qui y sont présentées.

Enfin, plusieurs générations d'étudiants en ont testé l'approche pédagogique et nous espérons que cet enseignement leur est utile dans leur vie professionnelle.

Louvain-la-Neuve, septembre 2013

INTRODUCTION

CHAPITRE 1

Le vocabulaire de l'analyse des données

Godelieve MASUY-STROOBANT

L'analyse des données, qu'elle soit uni-, bi- ou multi-variée, est souvent considérée en sciences sociales comme de **l'analyse quantitative** de données d'enquêtes réalisées au moyen de **questionnaires standardisés**, par opposition ou complémentarité à **l'analyse qualitative** qui, elle, s'intéresse à l'analyse d'**entretiens**, de **textes**. Ce qualificatif de « quantitatif » laisse entendre que les données ou informations traitées par l'analyste des données sont toutes des quantités qui se prêtent à des calculs de moyennes (comme le nombre moyen d'habitants par commune ou le revenu moyen) ou des comparaisons de type « deux fois plus que » (le taux de chômage a doublé en l'espace de 20 ans), alors qu'il est tout aussi possible d'analyser quantitativement des données de type « qualitatif » comme le genre, la nationalité ou la profession exercée.

1. Variables et unités d'observation

On parlera de **données** à partir du moment où l'information recueillie aura été codée de façon telle que le chercheur puisse retrouver l'**information** recueillie pour chacune des **unités d'observation** via ce code, et ce, de façon univoque. L'ensemble de ces données se présente sous forme d'un grand tableau, avec en lignes les unités d'observation et en colonnes les valeurs ou les modalités (codées) des informations caractérisant ces unités d'observation. À chaque colonne correspond donc une et une seule information, tout comme chaque unité d'observation peut être repérée par la ligne qui la concerne. Les données se situent à l'intersection d'une ligne et d'une colonne et correspondent donc à une information précise caractérisant une unité d'observation particulière.

Pour être analysées au moyen d'un logiciel statistique, ces données et le dictionnaire (*codebook*) qui les accompagne sont stockés sur un support informatique : on parlera alors de fichier de données (*dataset*) ou de base de données (*database*).

1.1. Différents types de variables

Par définition, on ne recueille que des informations susceptibles de **varier** d'une unité d'observation à l'autre : ainsi, on ne posera pas de question sur la nationalité, si l'enquête s'adresse exclusivement aux belges, ou sur le genre, si seules les femmes sont concernées. Les informations collectées peuvent donc prendre différentes **valeurs** pour les **variables quantitatives** et des **modalités** différentes pour les **variables qualitatives**. La distinction entre variables quantitatives et qualitatives va dans une large mesure déterminer l'éventail des outils statistiques auxquels l'analyste pourra recourir en vue de découvrir comment les données s'organisent. On parle plus généralement de « **niveau de mesure** » d'une variable. Les variables quantitatives ont le niveau de mesure le plus élevé, suivies des variables ordinales, puis des variables nominales.

Seront donc considérées comme **quantitatives** :

o les **variables continues**, comme l'âge ou encore la taille des individus observés, le taux de chômage ou la participation aux élections dans une commune, qui peuvent – au moins en théorie – prendre n'importe quelle valeur entre un minimum et un maximum connus. Ainsi, l'âge d'une personne adulte (en années, mois, jours) peut varier de 18 ans exacts à 120 ans, tandis que la taille d'un homme adulte peut varier de 73 cm à 274 cm ; des mesures relatives comme le taux de chômage ou de participation aux élections peuvent théoriquement varier de 0% à 100%.

o et les **variables discrètes**, comme le nombre d'enfants, le nombre d'années d'études, qui ne prennent qu'un nombre limité de valeurs, le plus souvent entières. Ainsi, un individu peut avoir 0, 1, … ou même 8 enfants, mais pas 2,4 enfants.

Comme la valeur d'une variable quantitative est attribuée en référence à une unité de mesure standard (l'année ou le mois pour le calcul de l'âge, les cm pour la mesure de la taille, ou encore, le salaire évalué en €), on peut les soumettre à diverses opérations mathématiques : addition, soustraction, multiplication, division, calcul de **moyenne**, d'**écart-type**, etc. Tel n'est pas le cas des variables qualitatives.

Seront considérées comme **qualitatives** :

o les **variables nominales**, comme le genre, la nationalité, la Région, qui caractérisent les unités d'analyse et permettent de les classer, mais ne comportent a priori **aucun ordre**. Les **variables dichotomiques** sont des variables nominales qui ne comportent que deux modalités, comme le sexe (hommes-femmes), le fait d'être actif ou non, belge ou non-belge, le caractère rural ou urbain d'une commune, etc. On désigne par **polychotomiques** les variables nominales comportant plus de deux modalités, comme la nationalité, la discipline scientifique, la commune de résidence....

o et les **variables ordinales**, dont les modalités peuvent être ordonnées, sans qu'il soit possible de mesurer les écarts entre deux modalités successives. Ainsi, les classes sociales peuvent être ordonnées, de même que les niveaux d'instruction.

Le cas particulier des variables **dichotomiques** mérite d'être souligné ici. Ce sont en effet *stricto sensu* des variables qualitatives, qu'on peut aussi interpréter en termes de présence ou non d'une caractéristique (on est un homme/on n'est pas un homme ; on est actif/non-actif ; urbain /non-urbain...). Si elles sont codées en conséquence [1 ; 0], elles peuvent être **traitées comme des variables quantitatives** par la plupart des techniques d'analyse des données (de Vaus, 2008 : 46). Codée de cette façon, une variable dichotomique se prête en effet au calcul d'une moyenne, qui correspond dans ce cas à la fréquence de la valeur « 1 » ou encore à la proportion de réalisations de l'événement dans la population étudiée. Or, on verra par la suite que la moyenne simple est à la base du calcul de la plupart des mesures de variation et d'association des techniques d'analyse statistique de données quantitatives.

Transformer une variable quantitative en une variable qualitative est toujours possible, pour autant que cela fasse sens. Ainsi, l'âge peut être regroupé en classes quinquennales ou même en catégories plus larges : 0-14 ans ; 15-24 ans ; 25-44 ans ; 45-64 ans ; 65-84 ans ; 85 ans et +, si on souhaite leur attribuer une signification liée aux « âges de la vie ». Dans ce cas, l'âge regroupé sera traité comme variable ordinale ou nominale, selon l'importance accordée ou non à la progression en âge. On peut aussi en faire une variable dichotomique : 0-64 ans ; 65 ans et +, séparant la population en deux catégories, soit avant et après l'âge de la retraite. En revanche, si les variables sont uniquement disponibles sous une forme déjà regroupée, il est impossible de reconstituer l'information plus détaillée.

1.2. Les unités d'observation

L'**unité d'observation** est l'individu, le ménage, l'institution, la région administrative, etc. : c'est l'unité à laquelle se réfèrent les informations qui ont été recueillies. L'analyse s'opérera le plus souvent en référence au niveau du recueil de l'information, mais peut aussi traiter simultanément des **variables individuelles**, des **variables agrégées** et des **variables contextuelles**.

La distinction entre ces différents types de variables est à établir en référence à l'**unité d'analyse** des données, qui peut coïncider avec l'**unité d'observation**, mais pas toujours.

o Ainsi, lors du dernier recensement de la population, des informations, telles que l'âge, le dernier diplôme obtenu, ou le statut d'emploi des personnes, ont été recueillies auprès des individus : ces **variables individuelles** seront analysées comme telles, **si l'unité d'analyse reste l'individu.** En revanche, si l'unité d'analyse choisie est la commune de résidence, il faudra transformer ces variables individuelles en **variables agrégées** : cette transformation s'opère en regroupant les informations recueillies auprès des résidents de chaque commune, afin de construire de nouvelles variables telles que la proportion de personnes âgées de plus de 25 ans n'ayant pas terminé les études secondaires, la proportion de chômeurs ou encore de diplômés de l'enseignement supérieur dans la commune. Il est à noter que ce processus d'agrégation, réalisé à partir de **variables qualitatives** caractérisant des individus, les transforme en **variables quantitatives** continues au niveau des communes.

o Il est possible d'analyser, au niveau individuel, des **variables individuelles**, tel le diplôme le plus élevé obtenu, l'âge ou la nationalité, en même temps que des **variables agrégées** élaborées en référence au lieu de résidence de l'individu, comme, par exemple, la fréquence de diplômés du supérieur, de chômeurs dans la commune. Il est également possible d'analyser, au niveau individuel, des variables décrivant le contexte de vie de la personne, telle la présence d'un hôpital, d'une gare... qui sont des **variables contextuelles** ne résultant pas d'un processus d'agrégation réalisé à partir d'informations recueillies à un niveau plus fin. À noter que dans le cas de variables agrégées, tous les individus résidant dans un même lieu (la commune, si la variable a été agrégée au niveau communal) auront la même valeur sur cette variable agrégée. Il en va de même des variables contextuelles.

o Si l'unité d'observation est une institution, comme l'école, l'analyse se fera au niveau de l'école si toutes les données analysées se réfèrent à l'école. Mais, à nouveau, on peut imaginer que cette analyse pourrait s'intéresser simultanément aux informations recueillies auprès de chaque école (type d'école ou d'enseignement dispensé, école libre, officielle, nombre d'élèves, proportion d'élèves qui terminent leur cycle « à l'heure », etc.), mais aussi à des **variables agrégées** (part de l'enseignement officiel dans l'arrondissement ou taille moyenne des établissements de l'arrondissement) et à des **variables de contexte**, comme l'accès aux transports en commun, la proximité de crèches et d'écoles maternelles ou encore d'infrastructures sportives, etc.

2. Où il est question de « relations »

L'analyste des données poursuit généralement deux objectifs. Le premier est la **description** des variables au moyen d'outils statistiques et graphiques, cette étape incluant l'évaluation de leur qualité (données manquantes, validation externe et interne…). Le second s'intéresse à l'**explication** des phénomènes sociaux par l'analyse des relations qui s'établissent entre les variables dont il-elle dispose. Un préalable indispensable à cette démarche explicative est le recours à la littérature sur le thème choisi, la formulation de questions de recherche, d'hypothèses explicatives et le développement d'une stratégie d'analyse des données pour mettre les hypothèses à l'épreuve des faits observés[1].

La complexité du social amène tout naturellement à dépasser le stade de l'**analyse univariée**, pour aborder l'exploration des relations qui s'établissent entre couples de variables, d'abord (**analyse bivariée**), et enfin envisager des relations plus complexes entre variables (**analyse multivariée**).

La question du rôle à attribuer à chaque variable dans le jeu des relations qu'elles sont supposées entretenir entre elles se pose déjà lors de l'analyse bivariée : s'agit-il d'une relation de **dépendance**, avec une cause et une conséquence ? Ou d'une simple recherche d'**association** ou de **co-variation** entre ces deux variables ? L'introduction d'une troisième variable amène à considérer des rôles plus complexes et notamment celui d'**interaction** ou de **confusion**.

2.1. Qu'est-ce qu'une cause ?

La **causalité en sciences sociales** a fait l'objet de nombreux débats et n'est pas simple à établir, en particulier à partir de données d'enquêtes transversales (Wunsch *et al.*, 2010). Et pourtant, les analyses de dépendances, telles la régression multiple ou la régression logistique, nous forcent à attribuer le rôle de **dépendante** ou **variable « à expliquer »** (dont on veut expliquer la variation) et d'**indépendantes ou « explicatives »**, aux variables qui sont susceptibles d'être associées à – voire d'influencer – la variable dépendante. Ce n'est pas pour autant que l'interprétation des résultats de ces analyses peut s'énoncer en termes causals. Pour cela, il convient de respecter un minimum de règles, qui toutes renvoient à une réflexion théorique préalable, ainsi qu'à une bonne connaissance du phénomène analysé :

1. La « cause » doit nécessairement précéder l'effet dans le temps. Il s'agit là de la condition **d'antériorité temporelle**, qui n'est pas

---

[1] Le *Manuel de recherche en sciences sociales* de Raymond Quivy et Luc Van Campenhoudt (2011) expose en détails la démarche théorique à entreprendre avant de passer à la phase d'analyse de données.

toujours facile à établir quand on analyse des données d'enquêtes transversales se limitant au recueil d'informations disponibles à un moment donné. Cette antériorité implique que le chercheur privilégie une direction à la relation s'établissant entre la cause et l'effet, afin de pouvoir définir le statut des variables qu'il va traiter simultanément : variable dépendante ou indépendante (Wunsch *et al.*, 2010).

On peut, par exemple, supposer que chez des adultes âgés de 30 ans et plus, dont on étudie le revenu ou les conditions du travail actuel, le diplôme le plus élevé a été obtenu avant que l'enquête soit réalisée : dans ce cas on pose que le niveau d'instruction (variable indépendante) influence les conditions du travail actuel (variable dépendante).

Les enquêtes transversales comportent parfois des questions rétrospectives ; telles que le parcours professionnel de la personne, son parcours migratoire, les étapes de son histoire familiale, etc., qui permettent aussi d'établir une séquence temporelle entre les événements étudiés.

Les enquêtes de panel, qui réinterrogent les mêmes individus à différents moments, permettent de repérer des événements dans le temps et donc d'établir plus facilement l'antériorité temporelle.

2. Il convient de pouvoir établir **un mécanisme** établissant comment la cause est susceptible de provoquer l'effet.

    Dans une société qui valorise l'instruction et qui accorde généralement un niveau de salaire plus élevé aux personnes ayant davantage de responsabilités, on peut s'attendre à ce que les diplômés de l'enseignement supérieur aient davantage de chances d'avoir un revenu élevé que les diplômés de l'enseignement secondaire.

3. Il faut accepter le principe de **cause probabiliste** : la cause n'entraîne pas à coup sûr et toujours l'effet étudié, mais pourrait en augmenter la probabilité de survenue.

    Le lien entre niveau d'instruction et revenu ne s'exprime pas en termes de certitude « le diplôme universitaire permet à coup sûr d'avoir un revenu élevé », mais bien en termes de probabilité ou de chances « un universitaire a plus de chances d'obtenir un revenu élevé qu'une personne qui n'a pas poursuivi ses études au-delà du secondaire supérieur ». À noter que les sciences sociales s'intéressent le plus souvent à des causes de type probabiliste : quel serait en effet l'intérêt de mener une analyse de la relation s'établissant entre niveau d'instruction et revenu si, à chaque niveau d'instruction est nécessairement et toujours associé un revenu fixé une fois pour toutes ? Dans ce cas, revenu et niveau d'instruction se confondent d'un point de vue statistique et peuvent se substituer l'un à l'autre dans les analyses.

4. Il faut en outre envisager le principe de **causalité multiple** : dans le domaine des sciences sociales, la plupart des causes possibles sont plus ou moins liées entre elles et leur effet propre est difficile à dissocier de leur effet conjoint avec d'autres causes. Le concept de cause INUS[2], développé par le philosophe John Mackie (1974), tend de plus en plus à être considéré comme une référence, tant dans le domaine médical (Rothman *et al.*, 2008 : 5-31) que social : il s'agit en fait de considérer qu'isoler un facteur (un déterminant, une cause) en particulier n'a pas de sens, et qu'il convient de repérer les autres éléments qui sont présents et avec lesquels ce facteur agit en synergie pour produire l'effet étudié. On parle dans ce cas de **complexe causal** : aucun des éléments le composant ne peut agir seul, mais ensemble ils peuvent produire l'effet étudié. Ainsi, il ne « suffit pas » d'avoir une mère instruite pour réussir à l'université, il faut de plus que l'enfant en ait les capacités intellectuelles, qu'il soit en bonne santé, qu'il n'ait pas guindaillé la veille de l'examen, etc.

Il est évident que le niveau d'instruction ne suffit pas à expliquer le niveau de revenu d'un individu : il faut, de plus, prendre en compte une multitude d'autres éléments, comme son origine familiale, d'éventuels héritages, sa capacité de travail, son âge et la composition de son ménage, le job qu'il exerce en fait, sa santé ou même l'état de l'économie en général…

2.2. L'effet d'interaction

La question de la causalité peut déjà être posée quand deux variables sont analysées conjointement : on peut alors poser que l'une est la dépendante (la conséquence) et l'autre l'indépendante (la cause), mais dès qu'on passe à l'analyse simultanée de 3 variables, des rôles plus subtils peuvent leur être attribués. Les notions d'**interaction** et de **confusion** sont à prendre très au sérieux, dès lors qu'une troisième variable entre en jeu. Pour y voir clair, il sera fait appel ici à un exemple

---

[2] L'acronyme INUS renvoie aux initiales de *"Insufficient, but Necessary part of an Unnecessary but Sufficient cause"*. Un exemple souvent cité est la relation entre tabagisme et cancer du poumon : fumer **ne suffit pas**, puisque tous les fumeurs ne sont pas affectés par la maladie, mais comme la très grande majorité des personnes malades fument ou ont fumé, on va considérer que le tabagisme doit **nécessairement** être pris en compte dans toute analyse explicative de ce cancer particulier. On considère dès lors que le tabagisme pris isolément ne peut expliquer totalement la survenue de la maladie et qu'il convient d'identifier d'autres facteurs prédisposants, tels que des facteurs génétiques, par exemple, qui, en synergie avec le tabagisme, **suffiraient** à causer la maladie. Comme on peut imaginer plusieurs complexes de causes du cancer du poumon (amiante, etc.), ce complexe en particulier n'est **pas** une cause **nécessaire** de ce cancer.

devenu très populaire grâce au film de James Cameron (1997) : celui du naufrage du Titanic survenu le 14 avril 1912.

L'histoire est la suivante : le Titanic entreprend son voyage inaugural reliant Southampton à New York le 10 avril 1912 avec 2.206 personnes à bord. Armé par la *White Starline*, le Titanic est présenté alors comme le plus luxueux et le plus grand paquebot de tous les temps, il est réputé insubmersible du fait de sa double coque en plaques d'acier, divisée en 16 compartiments étanches. Il heurte un iceberg dans la nuit du 14 au 15 avril 1912 au large de Terre-Neuve et sombre en l'espace de quelques heures : les chiffres officiels font état de 1.503 victimes, hommes, femmes, enfants et membres de l'équipage.

Lors de la sortie du film « Titanic » en 1997, le journal *Le Soir* a publié un facsimilé du *Soir du 5 mai 1912* reproduisant les statistiques officielles du *Board of Trade* (Ministère du Commerce anglais) sous la forme suivante :

1° classe	Hommes sauvés,	58;	morts,	115
	Femmes sauvées,	139;	mortes,	5
	Enfants sauvés,	5;	morts,	0
2° classe	Hommes sauvés,	13 ;	morts,	147
	Femmes sauvées,	78 ;	mortes,	15
	Enfants sauvés,	24 ;	morts,	0
3° classe	Hommes sauvés,	55;	morts,	399
	Femmes sauvées,	98;	mortes,	81
	Enfants sauvés,	23;	morts,	53
Équipage	Hommes sauvés,	189;	morts,	686
	Femmes sauvées	21;	mortes,	2

Présenté sous une forme un peu archaïque, ce tableau de données est construit à partir d'informations individuelles reliant 3 variables : le niveau de confort (et sans doute de prix) du voyage, soit 3 classes de voyageurs et la classe « équipage », le « genre » (hommes, femmes et enfants) et le fait d'avoir ou non survécu à cette aventure.

Une première analyse descriptive (**analyse univariée**) de ces données nous apprend que :

o Des 1.308 passagers, 815 ont péri, soit **62%**.

o 787 hommes et 469 femmes ont pris part au voyage en tant que passagers, soit un ratio H/F de **1,68**.

o 322 ont voyagé en 1ère classe, 277 en 2ème classe et 709 en 3ème classe, ce qui, exprimé en termes relatifs montre que plus de la moitié des passagers a voyagé en 3ème classe : soit, respectivement, **24,6%**, **21,2%** et **54,2%**.

o L'équipage comptait 898 membres, dont 23 femmes. Moins de **25%** des membres d'équipage ont pu être sauvés, ce qui est nettement inférieur à la survie des passagers (**38%**).

Une observation rapide de ce tableau laisse pressentir que tous les passagers[3] n'avaient sans doute pas les mêmes chances de survivre à ce naufrage. Pour proposer des réponses à la question de recherche « *Les chances de survivre au naufrage du Titanic étaient-elles les mêmes pour tous* ? », deux hypothèses ont été formulées :

Hypothèse 1 : La classe sociale[4] des passagers a déterminé leurs chances de survie : plus elle est élevée, plus ils ont pu avoir accès aux canots de sauvetage (dans le cas du Titanic)

Hypothèse 2 : Les femmes et les enfants avaient plus de chances de survie en vertu de la loi de la mer en cas de naufrage : « Les femmes et les enfants d'abord »

Ces deux hypothèses sous-entendent un effet déterminant (causal) de la classe (sociale), d'une part, et du genre, d'autre part, sur les chances (probabilité) de survie des passagers. Elles mettent à chaque fois deux variables en présence (**analyse bivariée**). Pour les examiner plus facilement, le tableau initial de données est converti ici en deux **tableaux de contingence** qui correspondent à chacune des hypothèses.

Tableau 1
La survie des passagers selon la classe. Naufrage du Titanic, n= 1.308

	Sauvés	Morts	Total	% survivants = sauvés/total
1° classe	202	120	**322**	62,8
2° classe	115	162	**277**	41,5
3° classe	176	533	**709**	24,8
Total	**493**	**815**	**1.308**	**37,7**

Comme cette première hypothèse ne tient pas compte de la distinction entre hommes, femmes et enfants parmi les passagers, le nombre de « sauvés » et de « morts » par classe qui figure dans le premier **tableau de contingence** (tableau 1) ne le fait pas non plus. Le total des « morts » et des « sauvés » a également été calculé, formant les **totaux en colonne**, de même que le total

---

[3] Dans la suite de l'exemple les membres d'équipage sont écartés.

[4] On considère ici que la 1ère classe, qui est la plus luxueuse et la plus coûteuse, correspond à la classe sociale la plus élevée, le 2ème classe est une classe intermédiaire correspondant à ce qu'il est convenu d'appeler la « classe moyenne » et, enfin, ce sont les plus démunis qui ont dû se contenter de voyager en 3ème classe.

(morts + sauvés) des passagers pour chacune des classes, qui constituent les **totaux en ligne** du tableau. Le **total général**, soit 1.308 passagers, complète le tableau de contingence.

Pour vérifier l'hypothèse d'un effet « classe » sur la survie, il suffit de calculer les chances de survie[5] (en divisant le nombre de sauvés de la classe par le total des passagers qui ont voyagé dans cette même classe), pour chacune des classes séparément, et de comparer ces résultats. Si globalement, un peu plus d'un passager sur 3 a été sauvé (37,7%), les différences d'une classe à l'autre sont importantes et diminuent à mesure qu'on descend de niveau social : les chances de survie des passagers voyageant en 1ère classe (2 passagers sur 3 ont survécu) sont plus élevées que celles des passagers voyageant en 2ème classe (2 sur 5 ont survécu) et ceux-ci ont eu davantage de chance que les passagers de 3ème classe (1 sur 4 ont été sauvés).

Pour s'assurer que l'association observée – dans notre exemple, il s'agit de l'association entre classe et survie – ne relève pas du hasard, l'analyste de données a habituellement recours à un **test statistique :** dans le cas de deux variables qualitatives, comme ici, c'est le **Khi-deux** [chapitre 3] qui est le plus approprié.

La deuxième hypothèse ne tient pas compte des classes et se contente de comparer les chances de survie des hommes, d'une part, à celle des femmes et des enfants, de l'autre (tableau 2). Ici les différences sont impressionnantes : les femmes et les enfants ont très certainement été évacués en priorité avec 70,4% de chances de survie, alors que 16% des hommes seulement ont survécu, toutes classes confondues.

Tableau 2
La survie des passagers selon le genre. Naufrage du Titanic, n= 1.308

	Sauvés	**Morts**	**Total**	**% survivants =** sauvés/total
Hommes	126	661	**787**	16,0
Femmes et enfants	367	154	**521**	70,4
Total	**493**	**815**	**1.308**	**37,7**

Les deux hypothèses qui ont été formulées correspondent à la réalité de ce qui a été observé lors de ce naufrage en particulier. De plus, les tests statistiques qui ont été appliqués à ces résultats les confirment : l'absence de relation entre la classe et la survie, d'une part, et entre le genre et la survie au naufrage, de l'autre, a moins d'une chance sur mille d'être « vraie », comme

---

[5] On peut de la même façon s'intéresser aux chances ou risques de périr dans ce naufrage en divisant le nombre de morts par le total des passagers voyageant en 1ère, 2ème et 3ème classe.

le révèle l'analyse des résultats obtenus. Si, de plus, une relation causale (il y a antériorité et un mécanisme peut être établi dans les deux cas) entre chacune de ces deux variables indépendantes et la survie (variable dépendante) pouvait être établie théoriquement, on pourrait conclure à un **effet statistiquement significatif** de la classe sur la survie et du genre sur la survie lors de ce naufrage.

Mais l'analyste de données peut aller plus loin et réfléchir aux relations qui s'établissent entre ces deux variables indépendantes et ce que cela implique quant à leur effet sur la variable dépendante. Dès lors que 3 variables sont traitées simultanément, on entre dans le domaine de **l'analyse multivariée** et diverses possibilités sont théoriquement envisageables.

En considérant les résultats de l'analyse bivariée et les données de départ qui montrent une répartition inégale des femmes dans les différentes classes de voyageurs, trois hypothèses supplémentaires[6] peuvent être formulées, envisageant les trois variables classe, genre et survie simultanément :

Hypothèse 3 : La classe et le genre **interagissent** pour déterminer les chances de **survie** des passagers du Titanic. Il y a bien un effet « classe » et un effet « genre », mais, de plus, l'écart de survie entre les hommes, d'une part, et les femmes et les enfants, d'autre part, varient d'une classe à l'autre. À un effet propre au genre et à la classe, s'ajouterait un **effet d'interaction**[7] entre le genre et la classe pour expliquer la survie.

Hypothèse 4 : Il se peut aussi qu'une des deux variables indépendantes « masque » la relation de l'autre variable indépendante sur la dépendante. Dans l'exemple du Titanic, l'effet « classe » pourrait en fait être dû à un effet « genre », si on considère qu'il y a une concentration particulièrement élevée de femmes et d'enfants dans la 2ème, et surtout dans la 1ère classe : la survie bien plus élevée des femmes et des enfants en général pourrait alors doper la survie globale des deux classes supérieures. Si tel est le cas, en neutralisant (contrôlant) l'effet du genre, l'effet (net) de la classe s'affaiblira, voire disparaîtra. Le genre est ici une **variable de confusion** dans la relation classe → survie.

Hypothèse 5 : Enfin, on peut envisager que le genre et la classe agissent de façon autonome, c'est-à-dire **indépendamment** l'un de l'autre sur les chances de survie : chaque déterminant jouant son rôle en « solo ». Ceci peut se produire dans la situation où il y a bien une inégalité des chances de

---

6   On aurait aussi pu imaginer que le genre joue le rôle de variable **antécédente** et la classe celui de variable **intermédiaire** dans un enchaînement causal en séquence (voir plus loin). Dans ce cas, il aurait fallu imaginer un mécanisme expliquant comment le genre détermine le choix du niveau de confort (classe) du voyage.

7   Quand on identifie un effet d'**interaction**, il est rarement « pur » : en général, on distinguera un effet propre à chacune des variables indépendantes et un effet conjoint, dit d'interaction.

survie selon la classe que les passagers ont choisie et où les femmes (aux-quelles on a additionné les enfants) ont effectivement eu plus de chances de survie au naufrage que les hommes, tandis que cet avantage féminin était le même pour chacune des 3 classes. Dans ce cas, les effets « classe » et « genre » restent identiques, qu'on les traite en analyse bivariée ou, simulta-nément, dans une analyse multivariée : leurs effets s'additionnent pour « ex-pliquer » la survie au naufrage.

Pour examiner ces hypothèses, un tableau plus complexe (tableau 3) doit être élaboré combinant les trois variables de classe, de genre et de survie : il s'agit en fait de décomposer le premier tableau de contingence (tableau 1) croisant classe et survie en sous-tableaux distinguant deux strates, les hommes, d'une part, les femmes et les enfants de l'autre. On procédera alors à une **analyse stratifiée** de l'effet de la classe sur la survie.

Tableau 3
La survie des passagers selon la classe et le genre.
Naufrage du Titanic, n= 1.308

	Hommes				**Femmes et enfants**			
	Sauvés	**Morts**	**Total**	**% survie**	**Sauvés**	**Morts**	**Total**	**% survie**
1° classe	58	115	**173**	33,5	144	5	**149**	96,6
2° classe	13	147	**160**	8,1	102	15	**117**	87,0
3° classe	55	299	**454**	12,1	121	134	**255**	47,5
Total	**126**	**661**	**787**	16,0	**367**	**154**	**521**	70,4

Pour vérifier l'hypothèse d'un effet « classe » sur la survie, il suffit de cal-culer les chances de survie par classe pour chacune des deux strates (hommes ; femmes et enfants) et de comparer ces résultats. En dépit de leurs faibles chances de survie en général (16%), les hommes qui ont voyagé en 1ère classe ont été nettement avantagés (33,5%) par rapport aux passagers masculins des 2ème et 3ème classes, dont la survie avoisine 10%. La situa-tion est très différente pour les femmes et les enfants : la quasi-totalité des voyageuses de 1ère classe ont été sauvées avec leurs enfants (plus de 96%), suivies de très près par les femmes et les enfants de la 2ème classe (87%). Les femmes et enfants de 3ème classe ont eu moins de chance, mais elle dé-passe de loin la survie des hommes de 1ère classe avec 47,5% de chance de survie. Il y a donc bien eu des différences selon les classes et un très net avantage accordé aux femmes et aux enfants, mais cet avantage féminin va-rie selon les classes : pour les premières classes, leur chance de survie était de presque trois fois celles des hommes ; en deuxième classe, leur chance de survie était multipliée par 10 si on la compare à celle de leur compagnons et par 4 en troisième classe. C'est donc l'hypothèse d'un effet d'**interaction** qui se vérifie ici : le fait que les femmes et les enfants aient été nettement avantagés montre bien que la loi de la mer « Les femmes et les enfants d'abord » a été remarquablement respectée, surtout dans les classes les plus aisées. Simultanément, on observe un effet « classe », dont l'intensité diffère dans les deux strates, puisque le sens de la relation classe-survie est globalement[8] respecté.

Schéma 1
La classe et le genre exercent un **effet d'interaction** sur la survie

L'analyse conjointe des deux « causes » a très certainement permis d'en savoir plus que les analyses bivariées réalisées en amont. Il est évident que les deux causes n'agissent pas indépendamment l'une de l'autre (hypothèse 5). Bien au contraire, elles interagissent pour expliquer les inégales chances de survie des naufragés du Titanic. Conclure à l'existence d'un effet d'interaction (hypothèse 3) est plus rassurant que de passer à côté d'un effet de confusion (hypothèse 4). En effet, si l'hypothèse d'effet de confusion s'était vérifiée, s'arrêter à une analyse bivariée de l'effet « classe » nous aurait amenés à conclure à tort à un effet « classe », alors que la vraie cause était le « genre ».

2.3. Qu'est-ce qu'une variable de confusion ?

Un exemple théorique permet de mieux comprendre ce qu'est une **variable de confusion** et l'importance de pouvoir la dépister, puis d'en neutraliser (contrôler) l'effet.

L'histoire servant d'exemple ici, empruntée à Henri Rouanet (1985)[9], est la suivante : un inspecteur de l'enseignement secondaire s'intéresse de près aux différences de réussite des garçons et des filles à l'épreuve du bac (nous sommes en France). Il se rend dans la petite ville de Bombach (Alsace) qui compte deux lycées privés : St Athanase et Ste Bénédicte. En cumulant les résultats obtenus par ces deux lycées, il construit un tableau de contingence

---

[8] La moindre chance de survie des hommes voyageant en 2ème classe par rapport aux hommes voyageant en 3ème classe est traitée plus loin lors de la présentation des tests statistiques [chapitre 3].

[9] Il s'agit d'un des nombreux exemples d'un « paradoxe statistique décrit par Edward Simpson en 1951 et George Udny Yule en 1903 dans lequel le succès de plusieurs groupes semble s'inverser lorsque les groupes sont combinés. Ce résultat qui paraît impossible est souvent rencontré dans la réalité, en particulier dans les sciences sociales et les statistiques médicales » (Wikipédia). On l'appelle couramment « paradoxe de Simpson ».

croisant genre (variable indépendante) et réussite (variable dépendante) sur un total de 120 élèves, garçons et filles, qui se sont présentés cette année-là à l'épreuve du bac :

Tableau 4
La réussite au bac selon le genre. Bombach, n= 120

	Réussite	Échec	Total	% Réussite
Garçons	24	36	**60**	40,0
Filles	36	24	**60**	60,0
Total	**60**	**60**	**120**	50,0

En analysant ce tableau, l'inspecteur conclut que, contrairement à ses attentes, les filles réussissent mieux que les garçons : il décide de faire part de ses observations aux directeurs des 2 lycées. La discussion qui s'engage est vive, d'autant plus que chacun des deux directeurs est persuadé que ce sont les garçons qui réussissent le plus souvent, pas les filles. Pour en convaincre l'inspecteur, ils lui montrent leurs statistiques (tableau 5).

Il y a manifestement un paradoxe, puisque dans chacune des deux écoles, ce sont bien les garçons qui réussissent mieux que les filles, alors que, cumulés, ces résultats disent le contraire ! En fait, l'école joue ici le rôle de variable de confusion dans la relation privilégiée par l'inspecteur : celle d'un effet du genre de l'élève sur ses chances de réussite.

Tableau 5
La réussite au bac selon le genre et l'école. Bombach, n= 120

	St Athanase				Ste Bénédicte			
	Réussite	Échec	Total	% Réussite	Réussite	Échec	Total	% Réussite
Garçons	15	35	**50**	30,0	9	1	**10**	90,0
Filles	1	9	**10**	10,0	35	15	**50**	70,0
Total	**16**	**44**	**60**	26,7	**44**	**16**	**60**	73,3

Si les écarts de réussite garçons-filles (20%) sont identiques dans les deux écoles, on constate que l'école est une autre « cause » de la réussite au bac, puisqu'on observe davantage de réussites (73,3%) chez les élèves de Ste Bénédicte que chez les lycéens formés à St Athanase (26,7%). Par ailleurs, la fréquentation des écoles est « genrée » : les filles s'inscrivent plus volontiers à Ste Bénédicte, tandis que les garçons préfèrent St Athanase. Ici, tous les éléments caractérisant une variable de confusion potentielle sont réunis : l'école est une autre « cause » de la réussite et il y a une forte association entre l'école et le genre. La présence simultanée de ces deux conditions est susceptible de rendre confuse ou de brouiller la relation s'établissant entre genre et réussite.

Schéma 2
L'école exerce un **effet de confusion** sur la relation entre genre et réussite

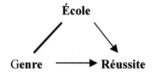

Même si, contrairement au cas du naufrage du Titanic, cet exemple est construit, il a l'avantage de montrer qu'en se limitant à l'analyse bivariée, le chercheur peut « se tromper de coupable » et conclure erronément à de meilleures performances chez les filles, alors que ce sont les garçons qui réussissent le mieux dans les deux écoles. En procédant à une **analyse stratifiée** (la variable de stratification est l'école, dans ce cas-ci), on neutralise ou contrôle l'effet « école » sur la relation « genre → réussite », ce qui a permis de mettre à jour l'avantage des garçons. Ne pas tenir compte d'une variable de confusion potentielle peut donc conduire à des conclusions fausses.

3. Échantillon et population

L'analyse des données s'intéresse principalement à la mise en évidence de régularités dans les relations entre variables. Même s'il est évident que ces « régularités » reflètent par définition des comportements, des attitudes ou des intentions que partagent plusieurs – si pas un nombre important – d'individus, leur « généralisation » à une population plus importante que l'échantillon qui a effectivement été observé, est soumise à un certain nombre de conditions.

Une grande partie de la recherche en sciences sociales repose, en effet, sur l'analyse de données collectées auprès d'**échantillons** d'individus, c'est-à-dire auprès d'une fraction de la **population**. L'exploitation de telles données a classiquement pour objectif de généraliser les résultats à la population dont est issu l'échantillon : ainsi, une enquête sur les intentions de vote réalisée auprès d'un échantillon de personnes en âge de voter a pour objectif d'estimer les intentions de vote dans l'ensemble de la population en âge de voter ; réaliser une enquête sur la santé auprès d'un échantillon d'adultes en Belgique a également pour objectif de connaître l'état de santé des adultes en Belgique, et non des seuls adultes de l'échantillon.

Cette idée de **généralisation** des résultats d'un échantillon à une population – aussi appelée **inférence ou extrapolation** (Ardilly, 2000) – est relativement récente. Les fondements statistiques de l'inférence datent des années 1920, et les enquêtes par sondage se sont développées à partir de la fin des années 1930, pour connaître un réel essor à partir des années 1950 (Deaton, 1997).

L'**inférence** repose sur quelques principes importants (de Vaus, 2008 : 147-151). Une idée centrale est que pour **extrapoler** les résultats d'une enquête à une population, l'échantillon doit (idéalement) être un **échantillon probabiliste** de cette population. Chaque individu de la population a une probabilité non nulle et connue a priori d'être échantillonné, et le hasard intervient dans la sélection des individus (Vogt, 1999). La population à laquelle les résultats seront extrapolés doit donc être clairement définie, et une base de sondage[10] doit pouvoir être construite afin que chaque individu ait une chance d'être échantillonné. Ensuite, un échantillon aléatoire est sélectionné dans cette base de sondage. Les statistiques (moyennes, coefficients de corrélation, coefficients de régression…) mesurés dans cet échantillon sont utilisés pour **estimer leur valeur dans la population** (la valeur vraie). Une mesure des **variations d'échantillonnage** (appelée erreur-type) est associée à ces statistiques, permettant d'établir des **intervalles de confiance** [encadré 3] et de faire des **tests statistiques**.

Un échantillon probabiliste sélectionné dans une base de sondage de qualité donnera une bonne image de la population dont il est issu. On dira souvent que l'**échantillon** est **représentatif de la population**, même si cette notion prend des définitions multiples (Selz, 2012).

Plusieurs facteurs peuvent toutefois conduire à s'écarter plus ou moins fortement de cette situation idéale :

o Une base de sondage est rarement parfaite. Des erreurs de couverture (omissions de certains individus, double compte…) font que la base de sondage et la population de référence ne correspondent pas parfaitement. Si une partie importante de la population n'est pas reprise dans la base de sondage, et si cette partie de la population est différente de la population qui se trouve dans la base de sondage, l'échantillon ne représentera plus adéquatement

---

[10] Une base de sondage est une liste reprenant l'ensemble des individus de la population cible, dans laquelle est sélectionné l'échantillon. La base de sondage peut prendre des formes multiples. En Belgique, une base de sondage classique pour les grandes enquêtes est le registre national, qui comprend l'ensemble des personnes physiques résidant légalement sur le territoire.

la population de référence. Dit autrement, les estimations qui sont calculées à partir de cet échantillon sont **biaisées**.

o Quand les bases de sondage sont de piètre qualité, voire carrément inexistantes, la solution est de recourir à des méthodes non probabilistes, telles que la **méthode des quotas**. L'objectif de la méthode des quotas est précisément de faire en sorte que l'échantillon ressemble à la population pour un nombre limité de caractéristiques, en s'assurant, par exemple, que les proportions d'individus par âge, sexe et catégorie socio-professionnelle soient les mêmes dans l'échantillon et dans la population de référence. Dans ce cas, l'échantillon peut ne pas bien représenter la population sur les caractéristiques qui n'ont pas été prises en compte. Il est cependant courant de généraliser les résultats d'échantillons par quotas (Ardilly, 2000).

o Comme on l'a déjà mentionné, les cas de **non-participation**[11] de ménages ou d'individus échantillonnés peuvent aussi altérer la qualité d'un échantillon, et donc sa capacité à représenter correctement la population de référence. Ces taux de non-participation peuvent atteindre une proportion importante de l'échantillon sélectionné : il est en général moins élevé quand la participation à l'enquête est obligatoire, comme c'est le cas de *l'Enquête sur les forces de travail* (EFT) en Belgique où il atteignait un peu plus de 20% en 2007. Ils sont généralement bien plus élevés en cas de participation volontaire : le taux de participation à l'enquête européenne SILC de 2007 était de 64% en Belgique et près de 42% des personnes échantillonnées ont participé à l'enquête GGP (*Gender & Generation Panel Survey*) de 2008-2010 (Lauwereys *et al.*, 2011 : 33). De manière générale, si les personnes qui n'ont pas répondu à l'enquête sont différentes de celles qui ont répondu, les mesures risquent d'être biaisées. On est dans ce cas parfois amené à **redresser l'échantillon** afin de donner plus de poids aux catégories qui sont sous-représentées (celles où les taux de participation sont plus faibles), et moins de poids aux catégories surreprésentées.

---

[11] Ces cas de non-participation peuvent prendre des formes très diverses : refus de participer, le ménage ou l'individu échantillonné n'est pas retrouvé à l'adresse figurant dans la base de sondage, incapacité de la personne échantillonnée de participer en raison de problèmes de santé...

4. La logique des tests statistiques et leur usage

On vient de le voir, la décision d'organiser une enquête procède le plus souvent du souhait de pouvoir – à partir de l'analyse d'un échantillon de la population – acquérir une meilleure connaissance de la population dont est extrait cet échantillon. Dans un contexte où la base de sondage est adéquate et qu'un échantillon probabiliste a été sélectionné, que les consignes ont été respectées et que l'enquête s'est passée dans de bonnes conditions, l'échantillon peut adéquatement représenter la population dont il est issu. L'analyste des données va en général procéder à une validation ex-post de cette caractéristique, en vue, notamment, d'identifier les biais éventuels dont serait affecté cet échantillon [chapitre 11].

4.1. Pourquoi recourir à un test ?

Même si la base de sondage est parfaite, que l'ensemble des personnes contactées participe à l'enquête, et que les réponses aux questions sont de bonne qualité, les valeurs des indicateurs, des coefficients de régression, etc. mesurées dans un échantillon, ont de grandes chances d'être différentes de ce que l'on aurait obtenu, si on avait pu les mesurer dans la population. Comme l'échantillon analysé est une réalisation particulière parmi tous les échantillons possibles qu'on aurait pu constituer à partir de la population de référence, se pose la question de la **variabilité des résultats** qu'on aurait obtenus si l'étude avait porté sur l'un ou l'autre de ces échantillons.

Prenons un exemple simple : un échantillon aléatoire (tiré au hasard) de 10 personnes est sélectionné au sein de la population de la Belgique afin d'estimer la proportion de personnes favorables à l'immigration. Le hasard peut conduire à ce que cet échantillon comprenne 8 personnes favorables et 2 défavorables, ou au contraire 2 favorables et 8 défavorables, ou encore 5 favorables et 5 défavorables. On le perçoit facilement : la proportion de personnes favorables à l'immigration est susceptible de varier fortement selon la composition de l'échantillon, et la valeur de cet indicateur, telle que mesurée dans un petit échantillon, risque d'être très éloignée de sa valeur dans la population (que l'on cherche à estimer). De façon générale d'ailleurs, plus l'échantillon est grand, plus la variabilité des résultats d'un échantillon à l'autre est faible, et plus la valeur mesurée dans l'échantillon a de chances d'être proche de la valeur dans la population.

C'est dans ce contexte que **les tests statistiques** sont utilisés : ils servent à évaluer dans quelle mesure les résultats obtenus à partir d'un échantillon peuvent être dus au hasard (**variation d'échantillonnage**), ou reflètent le résultat qu'on aurait observé, si l'entièreté de la population de référence avait fait l'objet de l'enquête. On pourrait en effet multiplier les opérations de tirages d'échantillons et observer que ce ne sont jamais exactement les mêmes individus qui les composent : on peut dès lors légitimement s'interroger sur **le risque de se tromper** en affirmant que l'association observée à partir d'un seul échantillon n'est pas due au hasard.

Deux notions sous-tendent ce questionnement : le risque de se tromper qui va renvoyer au **niveau de signification** d'une association ou d'un effet et la variabilité des résultats que produiraient des échantillons différents : cette variabilité peut être mesurée par un « **intervalle de confiance** » [encadré 3].

Un échantillon aléatoire de 100 migrants d'origine congolaise résidant en Belgique a été constitué. Dans cet échantillon, on observe que 36 hommes parmi les 54 hommes de l'échantillon envoient régulièrement de l'argent en RD Congo (66,7%), alors que 34 des 46 femmes interrogées déclarent envoyer régulièrement de l'argent (73,9%). Peut-on conclure que les migrantes d'origine congolaise sont plus susceptibles d'envoyer régulièrement de l'argent que leurs homologues masculins ? Le recours à un test de Khi-deux [chapitre 3] permet d'évaluer dans quelle mesure ce résultat serait dû au hasard. Dans ce cas, le test nous indique qu'il y a plus de 40% de chances que ce résultat soit le reflet du hasard (niveau de signification statistique de 0,43 ou $p=0,43$). On a donc un risque élevé de se tromper en affirmant qu'il y a une différence entre les hommes et les femmes dans la population. Par contre, obtenir le même résultat sur un échantillon de 1.000 personnes a beaucoup moins de chances d'être le reflet du hasard (1,3% ou $p=0013$). On peut alors, à partir de cet échantillon de 1.000 personnes, affirmer, avec un faible risque de se tromper, que les femmes d'origine congolaise sont plus susceptibles de transférer de l'argent.

Si l'objectif de l'analyste est de décrire les données, sans aucune prétention de dépasser le cadre strict de l'univers observé, le recours aux **tests statistiques** n'est en principe pas nécessaire, mais est souvent utilisé.

Ainsi, dans le cas du naufrage du Titanic on observe des différences de chances de survie selon la classe et selon le genre et elles semblent suffisamment importantes pour conclure à un effet de la classe, d'une part, et un effet du genre, de l'autre. Cependant, en procédant à une analyse stratifiée selon le genre, l'effet « classe » doit être nuancé : s'il se maintient pour la strate « femmes et enfants » avec des chances de survie qui diminuent à mesure qu'on descend dans l'échelle sociale, tel n'est pas le cas des hommes chez qui on observe que les chances de survie des passagers de 3ème classe sont (légèrement) supérieures à celles des passagers de 2ème. La question qui se pose ici est de savoir si la (petite) différence observée entre 2ème et 3ème classe pourrait être interprétée comme une absence de différence, ce qui amènerait à conclure à des chances égales de survivre pour les passagers hommes ayant voyagé en 2ème et en 3ème classes, ou, alternativement, si l'inversion du sens de la relation classe → survie des hommes des 2ème et

3ème classes est suffisamment vraisemblable pour qu'on tente de la comprendre.

Raisonner de cette façon veut dire qu'on doute de la réalité – pourtant dûment observée – d'une survie plus élevée des passagers hommes de 3ème classe : le doute renvoie à la possibilité que **le hasard** ait produit cette différence. Le nombre d'hommes survivants ayant voyagé en 2ème classe est en effet assez faible : 13 sur 147 passagers. Un faible nombre de cas, ce qu'on appelle les « **petits nombres** » en statistiques, peut être à l'origine de résultats inattendus, tels qu'une absence d'effet significatif. Il se peut aussi que davantage de passagers de 2ème classe auraient, logiquement, dus être sauvés, mais que le **hasard** a fait que la chaloupe qui les transportait soit défectueuse, ce qui a faussé les résultats attendus.

De toute évidence, les naufragés du Titanic ne résultent pas d'un tirage aléatoire parmi l'ensemble possible des personnes qui auraient pu participer au voyage inaugural du Titanic. Comment dès lors légitimer le recours à un test pour valider les résultats de nos analyses ? La réponse à cette question renvoie à la relation population de référence-échantillon : on part de l'échantillon, donnée réelle (ici, les passagers du Titanic), et « on définit la population de référence comme étant la population que les naufragés du Titanic sont supposés représenter » (d'après Daniel Schwartz, 1994 : 33). Un détour bien utile, puisqu'il permet de tenir compte du hasard dans les résultats observés.

Le hasard, les erreurs peuvent donc affecter les résultats, en particulier quand les différences sont faibles et que de petits effectifs sont impliqués : c'est ici que le recours aux tests statistiques peut s'avérer utile.

4.2. L'« Hypothèse nulle » H0 du statisticien

Les tests statistiques les plus courants seront présentés au fur et à mesure que seront détaillées les techniques d'analyse bi- et multivariées de ce manuel, mais il en existe beaucoup d'autres qui peuvent être préférés dans des circonstances particulières (Kanji, 2005). En revanche, ce qu'ils ont en commun, c'est la logique du raisonnement qui les sous-tend, et pour cela il est nécessaire de comprendre ce que les statisticiens entendent par **Hypothèse nulle**, souvent indiquée par **H0**.

Le chercheur en sciences sociales souhaite, en général, vérifier à partir de ses données, la réalité d'une hypothèse théoriquement fondée : ainsi, l'effet de la classe sur la survie au naufrage du Titanic renvoie plus globalement aux inégalités sociales de santé. Cette hypothèse de recherche, qui est appelée ici **H1**, ne pourra cependant être acceptée et considérée comme vraisemblable, que s'il a pu **rejeter H0** à un **niveau de risque de se tromper** (5% ou, mieux encore, 1%) fixé au préalable.

H0 postule en effet l'absence de relation entre les deux variables concernées, parce que c'est seulement via le test d'une **absence de relation**[12] que « fonctionnent » les tests statistiques.

Pourquoi ce détour pour le moins compliqué ? C'est parce que les tests mis au point par les statisticiens tiennent compte du fait que les analyses portent généralement[13] sur un seul échantillon de la population de référence à laquelle on souhaite généraliser les résultats observés. Il s'agit dès lors d'estimer dans quelle mesure les **statistiques** (la moyenne, les mesures d'association comme le Khi-deux ou le coefficient de corrélation, les mesures d'effet comme le coefficient de régression...) réellement observées sont une estimation acceptable des **paramètres** [encadré 2] correspondants de la population de référence.

Ces statistiques calculées à partir d'une enquête particulière, sont comparées à l'ensemble des valeurs probables (la **distribution d'échantillonnage**[14]) que pourrait prendre cette mesure « **sous l'hypothèse nulle H0** », si un nombre très élevé d'échantillons de même taille (que l'échantillon) avaient été extraits de la population de référence. On examine alors dans quelle mesure la statistique calculée se situe en deçà ou au-delà de la valeur correspondant à un risque fixé (5%, 1%) d'absence de relation. Si elle se situe au-delà de la valeur-seuil fixée au préalable, on dira qu'on peut « **rejeter H0** » et, par voie de conséquence, que **l'hypothèse de recherche H1 ne peut être rejetée**. Le chercheur va alors conclure que l'existence d'une relation entre les variables étudiées est hautement probable. **Rejeter H0, correspond donc à « ne pas rejeter H1 » au niveau de risque de se tromper qui a été fixé au préalable (5%, 1%, ...).** À l'inverse, si la valeur observée de la mesure se situe en deçà de la valeur-seuil correspondant à l'absence de relation (H0), on « ne pourra pas rejeter H0 » et l'existence d'une relation entre les variables étudiées sera considérée comme peu probable : **ne pas**

---

[12] L'**hypothèse nulle** peut prendre différentes formes selon la nature du problème traité : il peut aussi s'agir de « l'absence de différences » entre deux sous-populations ou encore de « l'absence de relation » entre deux ou plusieurs variables, « d'absence d'effet » d'une variable sur l'autre...

[13] Les **tests statistiques** ne sont en principe pas nécessaires dans les analyses réalisées à partir d'enquêtes ou de bases de données dites **exhaustives**, comme les recensements, le Registre national ou encore les bases de données d'état civil. Dans ces cas, en effet, il n'y a pas lieu de généraliser à partir de données partielles, issues d'un échantillon. Cependant, si le nombre d'unités d'observation est faible, le recours aux tests statistiques sera utilisé pour écarter la possibilité de relations dues au hasard (ou aux petits nombres).

[14] Les **distributions d'échantillonnage** peuvent prendre plusieurs formes théoriques, dont la plus « populaire » est celle de la loi Normale [encadré 3] qui présente des propriétés intéressantes. Il y a aussi d'autres « lois » ou distributions, comme la loi binomiale ou celle du Khi-deux...

rejeter H0 correspond à dire que « H1 ne se vérifie pas » au niveau de risque fixé.

En sciences sociales ce risque est – par convention[15] – fixé à un maximum de 5%. Quand H0 est rejetée à ce niveau de risque, on donne en fait à H1, 95% de chances d'être « vraie », ce qui s'écrit : « la relation est statistiquement significative au niveau de 5% (de risque de se tromper)». Si le risque est *a priori* fixé à 1%, on veut s'assurer d'avoir 99% de chances de ne pas se tromper en affirmant l'existence d'une relation. Si tel est le cas, on écrira que la relation observée est « statistiquement significative au niveau (de risque de se tromper) de 1% ».

4.3. Les tests sont-ils infaillibles ?

La réponse est « Non ». Se donner un risque de se tromper de 5% implique qu'il arrive qu'on se trompe effectivement en moyenne une fois sur 20 (ou une fois sur 100, si le seuil de signification est établi à 1%) en ne rejetant pas H0. En d'autres termes, on peut conclure, dans certains cas, à une absence d'effet, alors qu'en réalité il y en a un : c'est **l'erreur α** (alpha) ou **erreur de type 1** des statisticiens. Alternativement, il se peut qu'en réalité H0 soit fausse, mais que le test appliqué aux données disponibles n'arrive pas à rejeter H0 : c'est **l'erreur β** (bêta) ou **erreur de type 2** des statisticiens. Si l'erreur α est inhérente au niveau de risque de se tromper que se donne le chercheur en recourant aux tests statistiques, l'erreur β, en revanche, est le plus souvent due à une combinaison entre petite taille de l'échantillon et la relativement faible importance de l'effet ou de la différence soumis au test.

Cette importance de la taille de l'échantillon en général – et aussi – de la fréquence ou de l'importance des effets étudiés sur les résultats livrés par les tests, est à prendre en considération par l'analyste : des tests effectués sur de très grands échantillons seront souvent très significatifs, même quand l'effet testé est très faible, alors que des effets plus importants, mais analysés sur de faibles effectifs, peuvent s'avérer non significatifs et donc produire une erreur β. Comme les recherches en sciences sociales portent souvent sur des variables qualitatives, des modalités de faible effectif peuvent poser problème et il faudra dans ce cas, chercher des compromis entre la nécessité d'opérer des regroupements de modalités et la perte d'information occasionnée par ces regroupements [chapitre 2].

---

[15] Il s'agit bien d'une convention : le chercheur peut aussi choisir une limite moins sévère de 10% ou au contraire prendre moins de risques de se tromper en mettant la barre à 0,1% de « risque de se tromper en affirmant que… ». Cette plus ou moins grande sévérité dans les limites à imposer au rejet ou à l'acceptation de H0 dépend le plus souvent de la taille de l'échantillon, mais aussi de la fréquence des événements analysés ou des enjeux de la recherche.

5. Que conclure de tout cela ?

Une conclusion s'impose : il faut penser les phénomènes sociaux dans leurs multiples dimensions et la complexité de leurs déterminants.

Adopter ce point de vue est nécessaire à la modélisation de la réalité que sous-tend le recours à l'analyse des données : modéliser c'est tenter de représenter la réalité sociale sous une forme simplifiée, en identifiant les concepts principaux et les relations entre ces concepts. C'est aussi réfléchir aux rôles qu'il convient d'assigner aux concepts qui seront retenus dans une première schématisation théorique du réel. Formuler des hypothèses quant aux relations s'établissant entre ces concepts théoriques va permettre de préciser ces rôles.

L'étape suivante est la traduction de ce schéma théorique en un schéma opérationnel où les concepts sont représentés par les variables (ou des indicateurs construits à partir d'un ensemble de variables) et les relations entre concepts sont transposées telles quelles aux variables dont on peut disposer ou aux indicateurs qui ont été créés. À l'image de leur correspondant théorique que sont les concepts, les rôles que peuvent jouer les variables sont très divers : il peut s'agir d'une simple **association** (elles varient simultanément, de façon concomitante, sans qu'un lien fonctionnel entre ces deux variables puisse être identifié) ; ou d'une **relation causale** et, dans ce cas, le sens de la relation doit être précisé.

Dès lors que plus de deux variables sont traitées simultanément, la variété de leurs formes de relations se diversifie : nous avons vu ce qu'est une **interaction** et un effet de **confusion**, mais on peut également organiser les variables et leurs effets en séquence en respectant un ordre chronologique de l'action des variables retenues. Dans ce cas, l'effet de la variable la plus distante (comme le niveau d'instruction) passe par une variable **intermédiaire** (le comportement préventif) pour exercer un effet sur la variable dépendante (la santé subjective).

Schéma 3
Le comportement préventif est intermédiaire dans la relation s'établissant entre le niveau d'instruction et la santé subjective

Instruction ⟶ **prévention** ⟶ santé

Sans poursuivre plus avant l'énumération de ces rôles, il est important de retenir, à ce stade, que le **type de variables** dont on dispose, le **niveau** auquel elles seront analysées et le **rôle** qui leur est assigné vont, ensemble, **déterminer la ou les techniques d'analyse des données** à privilégier.

6. Pour aller plus loin

Dans son ouvrage « *Understanding Significance Testing* », Lawrence B. Mohr (1990) donne des explications non techniques permettant de comprendre la logique des tests statistiques. Il y aborde également la loi Normale et les intervalles de confiance qui sont abordés au chapitre 4.

À ceux et celles que la technique statistique rebute, je conseille la lecture du petit ouvrage de Daniel Schwartz (1994) intitulé : « *Le Jeu de la science et du hasard* ». Il y expose le mode de pensée statistique de manière simple sans faire appel à la mathématique et y aborde bon nombre des concepts exposés dans ce premier chapitre.

ANALYSE UNIVARIÉE

CHAPITRE 2

L'exploration : évaluer, préparer et décrire

Amandine J. MASUY

L'aide des proches aux plus âgés

Le vieillissement des populations occidentales amène les politiques à s'intéresser à l'aide qui devrait être apportée aux plus âgés quand ils auront des difficultés à pouvoir réaliser seuls les tâches quotidiennes nécessaires à leur survie. C'est tout « naturellement » vers la famille (conjoint, enfants, petits-enfants) que se dirigent les regards : mais est-elle à même d'ajouter ce rôle d'aidant aux autres responsabilités (familiales, professionnelles) qu'elle assume déjà ? Pour analyser l'évolution de l'aide apportée aux personnes âgées par leurs proches, une étude a été réalisée sur un sous-échantillon de 1.123 personnes âgées de 65 ans et plus interrogées lors du *Panel Study of Belgian Households* (PSBH[1]) de 1992 à 2002 (Masuy, 2011)[2]. Pour illustrer la phase d'exploration des données, la situation familiale de 1994 du sous-échantillon des personnes âgées (définies dans cette étude comme celles qui sont nées avant 1930) servira d'exemple. La littérature sur l'aide aux personnes âgées montre en effet que le conjoint et les enfants sont ceux qui aident le plus intensément et le plus souvent.

Prendre connaissance des caractéristiques de l'enquête et des données qui devraient permettre au chercheur de répondre à sa question de recherche est un préalable indispensable à toute démarche d'analyse des données. Cette **phase exploratoire** doit être complétée d'une **évaluation de la qualité** des données disponibles pour ensuite les **préparer** aux analyses qui vont suivre. Pour cela, l'analyste des données a princi-

---

[1] Le *Panel Study of Belgian Households* a suivi annuellement, de 1992 à 2002, un échantillon représentatif de 4.439 ménages belges. Cette enquête a été menée conjointement par l'Université de Liège pour la partie francophone et l'Universiteit Antwerpen pour la partie néerlandophone du pays.

[2] Pour des raisons pédagogiques, les exemples ont été retravaillés et simplifiés. Les données chiffrées ne correspondent donc pas exactement à celles qui ont été publiées dans cette étude doctorale.

palement recours aux techniques de la **statistique univariée**[3]. Loin d'être mécanique, l'exploration des données mobilise l'esprit critique du chercheur, sa connaissance préalable du phénomène à analyser, ainsi que sa créativité : elle mène souvent à procéder – de façon raisonnée et justifiée – à des opérations de **recodage** des variables, de **regroupement de modalités** faiblement représentées et parfois même à prendre des décisions quant au sort à réserver aux **valeurs aberrantes** ou extrêmes (*outliers*) et aux **non-réponses**, tout en tenant compte des objectifs de l'étude.

1. Évaluer la qualité des données

« L'analyse exploratoire est un état d'esprit, une façon de penser l'analyse des données et aussi une façon de la faire. (…) L'hypothèse sous-jacente est que plus on en sait à propos des données, mieux les données pourront être utilisées pour développer, tester et affiner les théories. Dès lors l'approche exploratoire cherche à maximiser ce que les données peuvent nous apprendre et pour cela l'adhésion aux principes d'ouverture (d'esprit) et de scepticisme est indispensable » (d'après Hartwig et Dearing, 1979 : 9).

Le premier objectif de cette phase exploratoire est donc de faire connaissance avec sa base de données. Ceci implique tout d'abord de disposer :

o Bien évidemment, du *codebook* ou dictionnaire des variables explicitant les modalités de chaque variable et la façon dont elles ont été codifiées, y compris le repérage des non-réponses.

o Mais aussi, puisqu'il s'agit de données d'enquêtes, du questionnaire lui-même : la façon dont les questions sont formulées, de même que leur position dans la logique du questionnaire peuvent influencer la qualité de l'information recueillie.

o D'un certain nombre d'informations quant au mode de recueil des données : Quelle est la population concernée ? Quelle est la base de sondage ? Comment l'échantillon a-t-il été constitué [chapitre 1]? La participation a-t-elle été volontaire ou non ? S'agissait-il d'un questionnaire auto-administré ou d'une enquête par questionnement en face-à-face, par téléphone… ?

o S'ils sont disponibles, des éléments d'évaluation de la façon dont l'enquête a été menée, tels le taux de participation, l'analyse des caractéristiques des non-participants, le recours à des proches ou des tiers-répondants[4] pour répondre en lieu et place des personnes

---

[3] Les premiers chapitres de l'ouvrage de William Fox (1999) offrent un panorama très didactique des statistiques de base de l'analyse univariée.

[4] Quand la personne « échantillonnée » est dans l'incapacité de répondre, en raison de son état mental (démence sénile, handicap mental) ou parce qu'elle est temporaire-

échantillonnées, etc. permettent de comprendre d'éventuelles incohérences dans les données, les défauts de représentativité de l'enquête ou de nuancer l'interprétation des résultats des analyses.

Explorer les données avec les logiciels d'analyse statistique actuels, tels SPSS, SAS, Stata, R, EPI Info… c'est surtout s'approprier les données en ayant recours à des **techniques statistiques simples** et des **représentations graphiques**. L'analyse exploratoire s'appuie en premier lieu sur un examen des fréquences absolues et relatives des modalités des variables qualitatives, et des valeurs des variables quantitatives.

Ce premier examen offre déjà pas mal d'informations :

o Le **nombre d'unités d'analyse** (les effectifs) que compte chaque modalité de la variable,

o Le nombre d'unités d'analyse n'ayant **pas répondu** (les non-réponses) à la question,

o L'existence de **valeurs aberrantes** ou extrêmes (*outliers*) faiblement représentées dans la population.

o La répartition des valeurs ou modalités de la variable : on parlera par la suite de **distribution de fréquences**.

Cette première analyse permet au chercheur de se familiariser avec ses données et d'acquérir une connaissance des effectifs associés à chaque valeur ou modalité des variables. Cela l'aidera par la suite à vérifier la validité des éventuelles opérations de recodage et de transformation des variables qu'il faudra réaliser.

On verra par la suite à quel point les faibles effectifs ou « **petits nombres** » de personnes associées à des modalités précises de certaines variables qualitatives peuvent poser problème, en particulier lors du passage à l'analyse multivariée.

À ce stade, l'objectif n'est pas de produire des tableaux ou des graphiques publiables, mais bien de s'assurer de la **cohérence** et de la **qualité** des données. Différents éléments sont à prendre en compte : le type de variables disponibles, l'importance des **non-réponses**, les effectifs que comptent les différentes modalités des variables, l'existence éventuelle d'**erreurs de codage** ou de **valeurs improbables**, ainsi que la **forme de la distribution** des variables.

Quelques exemples seront sans doute plus éclairants :

Observer une proportion importante de données manquantes (non-réponses) sur une ou plusieurs variables est toujours interpellant. Si cela s'observe

---

ment absente, il est prévu dans certaines enquêtes d'avoir recours à un proche ou un tiers pour répondre aux questions la concernant.

pour un grand nombre de variables, on s'interrogera sur la qualité de la collecte ou de l'encodage des données. La première chose à faire est de consulter la documentation disponible sur l'enquête ou de contacter les personnes qui l'ont réalisée : Comment l'échantillon a-t-il été constitué ? Y a-t-il eu des difficultés sur le terrain ? Mais les données manquantes peuvent aussi être des **données manquantes structurelles** quand les questions sont posées en cascade à une partie de plus en plus particulière de l'échantillon et qu'alors les données manquantes ne distinguent pas entre les vraies « **non-réponses** » et les « **non-concernés** » par la question.

Identifier les **valeurs impossibles ou improbables** : si un âge de 5 ans apparaît, alors que l'enquête s'adresse aux seules personnes en âge de travailler, il peut s'agir d'une erreur de codage. De même si on compte une proportion anormalement élevée de diplômés universitaires, alors que l'enquête concernait des sans-abris. Par contre ne trouver que 10% d'hommes dans l'échantillon n'est pas anormal s'il s'agit d'une enquête auprès d'infirmières ou d'une autre population principalement féminine.

Le chercheur doit aussi vérifier la **cohérence interne** des données de l'enquête. Il s'agit d'abord de vérifier si les effectifs concernés concordent d'une variable à l'autre : ainsi, le nombre de personnes ayant précisé la quantité de cigarettes fumées quotidiennement ne doit pas excéder le nombre de personnes qui, à la question précédente, ont répondu être fumeuses. L'analyse de la cohérence interne sera cependant plus précise si on procède à des croisements de variables [chapitres 3, 4 et 5] : en particulier, pour vérifier si les variables relatives à un même concept sont significativement associées (ainsi, on s'attend à ce que le niveau d'instruction soit positivement associé au revenu). Cela revient à faire la **validation interne** de l'échantillon.

Pour évaluer la **représentativité** de l'échantillon, on compare la distribution des variables sociodémographiques (âge, genre, niveau d'instruction, nationalité, etc.) de l'échantillon avec leur distribution dans la population d'où l'échantillon a été tiré, ou encore, avec leur distribution dans d'autres bases de données, dont la qualité est déjà validée et qui portent sur une population *a priori* similaire. Cette opération relève de la **validation externe**[5] de l'échantillon.

Dans l'exemple de la situation familiale des personnes âgées en 1994 (PSBH), deux variables ont été utilisées pour définir la situation familiale : le « Nombre d'enfants » et le « Mode de vie en couple ». Pour vérifier la sélection du sous-échantillon des personnes âgées, opérée en fonction de la date de naissance, la variable « Âge », regroupée en catégories de 5 années d'âges, sera également examinée (les personnes nées avant 1930 doivent être âgées de 65 ans au moins en 1994).

---

[5] Pour une présentation des différents types de validation (interne, externe, d'association, de construit, etc.), voir Cook et Campbell (1979).

Tableau 1
Mode de vie en couple des 65+

Mode de vie	n	%
Pas en couple	371	33,0
Couple non-marié	22	2,0
Couple marié	730	65,0
Total	**1.123**	**100,0**

Tableau 2
L'âge des 65+

Âge	n	%
65-69 ans	362	32,2
70-74 ans	239	21,3
75-79 ans	180	16,0
80-84 ans	105	9,4
85 ans +	237	21,1
Total	**1.123**	**100,0**

Tableau 3
Le nombre d'enfants des 65+

Nombre d'enfants	n	%
1	252	27,0
2	259	27,8
3	184	19,7
4	125	13,4
5	65	7,0
6	30	3,2
7	12	1,3
8	3	0,3
11	1	0,1
17	1	0,1
Total	**932**	**100,0**

Source : PSBH-1994. Calculs de l'auteure

Une analyse rapide des tableaux 1 à 3 révèle que :

o   On a affaire ici à trois **types de variables** : le « Nombre d'enfants » est une variable **quantitative discrète**, tandis que le « Mode de vie » est une **variable qualitative nominale** et l'« Âge » une **variable qualitative ordinale**.

o   Le nombre total des unités d'analyse concernées « Total » varie d'une variable à l'autre. En particulier, on peut s'étonner que le « Total » de la variable « Nombre d'enfants » soit égal à 932, alors que l'échantillon des 65 ans et plus compte 1.123 personnes. Cette différence amène à se demander combien d'enfants ont les 191 personnes (soit 1.123 - 932) non incluses dans le tableau 3 ?

o   Enfin, l'examen de la variable « Mode de vie » révèle qu'une personne sur 3 ne vit pas en couple : cela correspond-il à la réalité de cette sous-population ?

o   Très peu de personnes ont plus de 7 enfants. En avoir 17 peut certainement être considéré comme une **valeur extrême** (*outlier*) mais qui n'est pas impossible.

o   En ce qui concerne l'âge, on peut s'interroger sur la proportion assez élevée (21%) des plus de 85 ans.

Pour évaluer la **validité interne** de la variable « Mode de vie en couple », on peut la croiser avec l'état civil légal et la taille du ménage : si les données sont cohérentes, tous ceux qui vivent dans un ménage composé d'une seule personne devraient se retrouver dans la modalité « Pas en couple » et les personnes ayant comme état civil « Marié » devraient se retrouver dans la modalité « Couple marié ». Le nombre d'enfants se prête moins bien à une validation interne directe dans la base de données. S'agissant d'une enquête de ménages et que tous les membres du ménage ont, en principe, été interrogés, il était possible, si la personne vit en couple, de comparer sa réponse à celle de son conjoint. En posant l'hypothèse qu'ils ont eu leurs enfants ensemble, ils devraient donc déclarer le même nombre d'enfants. Une telle hypothèse est acceptable pour les générations nées avant 1930, qui ont, pour la plupart, suivi un modèle familial traditionnel. Elle l'est beaucoup moins aujourd'hui en raison du nombre croissant de familles recomposées. Ceci implique qu'il est donc toujours important de resituer les données et la population étudiée dans leur contexte social, culturel, voire historique, pour en évaluer la qualité.

La **validation externe** des caractéristiques de la sous-population s'est opérée en comparant son profil sociodémographique (âge, sexe, niveau d'instruction…) à celui de la population belge née avant 1930 observée lors du recensement de 1991[6]. Cette comparaison a notamment montré que la moyenne d'âge de l'échantillon est plus basse que celle du recensement. Cela s'explique très logiquement par le fait que les personnes âgées vivant en institution (souvent très âgées) ont participé au recensement, mais pas au PSBH qui a exclu les ménages collectifs. En s'intéressant aux seuls ménages vivant à domicile, le PSBH a opéré une sélection : il faudra donc retenir que les personnes très âgées de l'échantillon sont sans doute en meilleure santé que la moyenne de leur groupe d'âge, puisqu'elles sont capables de rester vivre chez elles malgré leur grand âge.

2. Préparer les données

Les données brutes telles qu'elles se présentent dans la base de données doivent souvent être « nettoyées », **recodées, transformées** – voire **corrigées** – ou encore faire l'objet d'**imputations** avant de pouvoir être analysées. L'importance du travail de préparation des données dépend de plusieurs facteurs :

o **L'état de la base** de données : elle peut avoir été « nettoyée », documentée et corrigée au préalable ou pas.

o L'importance des **non-réponses** ou valeurs manquantes (*missing values*).

---

[6] Le recensement a été réalisé en 1991 et la première vague du PSBH a été organisée en 1992 : ces deux sources de données sont, à peu de choses près, contemporaines.

o La **faiblesse des effectifs** associés à certaines des modalités des variables qualitatives. Ce sera souvent le cas des valeurs extrêmes ou *outliers* ou encore de variables très détaillées, comportant un grand nombre de modalités.

o **La stratégie d'analyse** à entreprendre. S'il s'agit de procéder à une analyse multivariée, il faudra nécessairement résoudre le problème des non-réponses : dans ce cas, en effet, il suffit qu'une unité d'observation ait une non-réponse ou valeur manquante à une seule des variables introduites dans l'analyse pour que cette unité d'observation soit totalement exclue de l'analyse. Cette exclusion est souvent sélective et peut amener à réduire considérablement la taille de l'échantillon effectivement pris en compte.

o Comme le type de variables détermine l'éventail des techniques d'analyse multivariée qu'il est possible d'utiliser, il peut être nécessaire de **transformer les variables** quantitatives en variables qualitatives pour l'analyse factorielle des correspondances [chapitre 7], de « dichotomiser » une variable pour l'introduire comme dépendante en vue de l'analyser dans une régression logistique [chapitre 10], etc.

o Dans certains cas, il s'avère utile de créer de **nouvelles variables** à partir des informations disponibles : il s'agit le plus souvent de la construction d'**indicateurs** ou de variables composites cumulant les réponses apportées à plusieurs questions. Ainsi, il est possible de construire un indicateur de confort du logement en additionnant des éléments d'équipement du logement, comme l'existence ou non d'un chauffage central, le double vitrage, l'isolation de la toiture, la présence d'une salle de bains et d'une cuisine équipée : un score de « 1 » est alors attribué à la présence de l'élément, tandis qu'un « 0 » signale l'absence de cet élément. L'addition des scores sur un nombre déterminé (ici il y en a 5) d'éléments produit une variable discrète pouvant prendre des valeurs variant de « 0 » (aucun élément de confort) à « 5 » (tous les éléments sont présents). Cette façon de faire transforme en fait un ensemble de variables qualitatives (ici : dichotomiques) en une variable quantitative.

Rares sont les manuels de méthodes quantitatives qui consacrent plusieurs pages à cette étape de l'analyse. C'est sans doute parce qu'il n'y a pas règles ou de tests statistiques qui permettent de savoir s'il vaut mieux regrouper les modalités d'une variable ou non, conserver les unités d'observation ayant des données manquantes en leur attribuant une valeur (imputation, voir section 2.4) ou encore les écarter de l'analyse… Comment, en effet, énoncer une règle absolue quand les contraintes liées aux données disponibles, à leur qualité, aux objectifs de la recherche et à la stratégie d'analyse vont, ensemble, orienter les choix de traitement et de transformation des données ?

Selon le point de vue adopté, les **données manquantes** d'une même variable peuvent être traitées de différentes façons.

En prenant comme exemple la variable « Temps de travail » des femmes :

Une analyse économétrique prendrait le nombre d'heures hebdomadaires de travail comme variable dépendante. Les femmes qui n'ont pas – ou mal – répondu à la question sur le temps de travail sont, soit assimilées à celles qui ne travaillent pas – et donc exclues des analyses – soit se voient attribuer (**imputer**) un nombre d'heures selon la méthode jugée la plus appropriée par le chercheur.

Une recherche sur les déterminants du temps partiel, menée en vue d'identifier les obstacles que rencontrent les femmes pour travailler à temps plein, pourrait ne pas s'intéresser au nombre exact d'heures de travail habituellement presté : parce que c'est la distinction temps partiel/temps complet qui importe. En cas de données manquantes, on préférera utiliser des **variables proches** (aussi appelées *proxy*)[7], pour estimer le temps passé à l'activité professionnelle, plutôt qu'écarter ces personnes de l'analyse.

Le travail des femmes peut aussi être analysé sous un angle plus spécifique, comme l'articulation famille-travail chez les mères de famille. Le temps de travail n'est alors qu'un aspect parmi bien d'autres du travail professionnel. On s'intéressera aussi au type de contrat, à la proximité géographique du lieu de travail et à la flexibilité des horaires, au coût de la garde et à l'âge des enfants. L'objectif serait de créer un **indicateur composite** de « *family friendly job* ». Cet indicateur va bien au-delà de la simple distinction temps partiel/temps complet. En combinant plusieurs variables, on évite aussi de supprimer trop rapidement les unités d'analyse qui auraient des données manquantes à l'une d'entre elles. Étant donné que les analyses ne portent que sur le sous-échantillon des mères de famille qui travaillent, il faut autant que possible éviter de trop réduire la taille de celui-ci.

Il en va de même des caractéristiques spécifiques du phénomène étudié et des relations observées dans la littérature.

Si on étudie l'aide informelle apportée aux personnes âgées par leur famille, considérer que les données manquantes sur l'aide sont assimilables à une absence d'aide peut amener à une forte sous-estimation de l'aide réellement apportée. La littérature montre, en effet, que l'aide est souvent sous-déclarée par les proches aidants, particulièrement lorsque l'aide est apportée par le conjoint : dans ce cas, elle est souvent considérée comme « allant de soi »,

---

[7] Une variable proche aussi appelée *proxy* est une variable disponible qui peut être utilisée comme substitut d'une autre variable dont on ne dispose pas : la qualité du substitut dépend bien sûr de l'association supposée entre les deux variables.

faisant partie de la relation ou liée à la répartition des tâches entre conjoints, et donc non-déclarée comme telle. La littérature montre également que le conjoint est souvent l'aidant principal (celui qui aide en premier, qui aide le plus et qui assure l'aide la plus stable). Sachant cela, on peut poser des hypothèses et imputer l'aide du conjoint à partir des autres données disponibles, comme l'état de santé de la personne âgée, la présence d'autres aidants, la répartition des tâches dans le ménage, etc., (Masuy, 2011).

Les choix posés dépendent également du bagage méthodologique, théorique et disciplinaire du chercheur, de sa formation de base, de son environnement de travail (présence de collègues d'autres disciplines ou utilisant d'autres paradigmes explicatifs, la documentation et les logiciels disponibles) et de ses préférences ou expériences personnelles. Il ne faut pas négliger l'influence de ces composantes plus « subjectives » ou « contextuelles ».

Au vu des nombreux paramètres mentionnés ci-dessus, on comprend qu'il soit impossible de proposer des solutions « tout-terrain ». Quelques grands principes peuvent cependant servir de guide au chercheur et l'aider à prendre des décisions raisonnables et justifiées.

2.1. Vérifier et éventuellement modifier le codage des variables

Quel est le problème ? Une source d'incohérence dans la distribution d'une variable est due au codage de certaines modalités (pour les variables qualitatives) ou au statut attribué aux données manquantes.

Les codes non prévus par le *codebook* et ne pouvant être clarifiés par le contenu des questions posées, doivent faire l'objet d'un recodage. Il peut tout simplement s'agir d'une erreur dactylographique lors de la saisie du code : dans ce cas, la mise en relation avec d'autres variables caractérisant l'unité d'observation concernée permet souvent de rectifier l'erreur. Ainsi, un âge de 5 ans pourra être transformé en 15 ans, si la personne a déclaré être élève de secondaire inférieur.

Dans une enquête auprès de personnes en âge de travailler, les données manquantes de la variable âge ont été codées « 99 », mais n'ont pas ce statut pour le logiciel, parce qu'elles n'ont pas été déclarées comme « données manquantes », selon les règles propres au logiciel statistique. Ne pas avoir précisé leur statut fera qu'elles vont être prises en compte dans le calcul des statistiques et, notamment, augmenter la moyenne d'âge de l'échantillon.

Quel que soit le sort réservé aux données manquantes, il est important, dès le début, de leur attribuer un code qui évite toute confusion avec les autres modalités : il faut surtout éviter de leur attribuer un code qui fasse partie de la série de valeurs licites de la variable (ex. « 99 » et non pas « 9 », si la variable peut prendre des valeurs allant de 0 à 25) et déclarer ce code comme « manquant » selon les règles en vigueur dans le logiciel utilisé.

De même, si le chercheur souhaite construire un indicateur à partir de plusieurs variables d'opinion, souvent codées selon une échelle allant de 1 à 3 ou de 1 à 5, il est nécessaire de vérifier si les scores les plus élevés font systématiquement référence à une même attitude.

Un indicateur sur la perception de la jeunesse est construit à partir de questions sur des aspects négatifs comme le vandalisme, les problèmes d'alcool... et sur des aspects positifs comme l'entraide intergénérationnelle, la créativité, l'engagement... Un indicateur d'attitude à l'égard des jeunes peut être construit en cumulant les réponses à ces questions : si un score élevé de l'indicateur est sensé correspondre à une attitude positive, il faudra préalablement veiller à inverser le codage des variables portant sur les aspects négatifs.

2.2. Identifier et résoudre les problèmes posés par les valeurs extrêmes

Quel est le problème ? On parle de **valeurs extrêmes** dans le cas de variables quantitatives, quand certaines unités d'observation ont une valeur très différente des autres, souvent une valeur particulièrement faible ou élevée[8] pour une ou plusieurs des variables qui les caractérisent (ex. 5 mères ont plus de 10 enfants dans une enquête réalisée en Wallonie ; deux personnes déclarent un revenu mensuel dépassant 20.000€ ; un homme dit être âgé de 110 ans, etc.). La présence de telles unités d'observation risque, même si elles sont rares, d'influencer les statistiques univariées. La **moyenne** est très sensible aux valeurs extrêmes, de même que l'**écart-type** et toutes les mesures qui en dérivent, comme le **coefficient de corrélation** par exemple), mais peuvent aussi être problématiques lors du passage à l'analyse bivariée ou multivariée.

Que faire ? La tentation est alors grande de supprimer purement et simplement ces « trouble-fête ». Il est cependant utile de mieux les identifier à l'aide des variables sociodémographiques disponibles, afin, par comparaison[9] avec le reste de l'échantillon, d'évaluer dans quelle mesure ces cas extrêmes s'en distinguent.

Si elles ne sont pas très différentes du reste de l'échantillon (hormis sur la variable pour laquelle ils ont une valeur extrême), le chercheur peut décider, soit d'écarter tout simplement ces unités d'observation des analyses, soit de les conserver en procédant au regroupement des valeurs les plus élevées (ou les plus faibles, s'il s'agit d'une valeur particulière-

---

[8]   Il n'y a pas de critères mathématiques spécifiques permettant de repérer ces valeurs extrêmes : c'est à l'analyste de les identifier comme telles en référence aux valeurs plausibles que peut prendre la variable.

[9]   Si le nombre *d'outliers* est suffisamment important (n>30), des tests statistiques bivariés peuvent être utilisés pour comparer la distribution des variables chez les *outliers* et dans le reste de l'échantillon.

ment faible). Ces regroupements, comme tous ceux qui seront opérés, **doivent avoir du sens** ou, en d'autres termes, pouvoir être justifiés autrement que pour des raisons techniques.

Ainsi, on décidera de regrouper, en une seule modalité, l'ensemble de mères ayant eu trois enfants au moins (ceci inclut les quelques mères de 10 enfants). Cela peut se justifier, dans le cas de la Belgique, de 2 façons au moins : les familles de trois enfants et plus sont considérées comme des « familles nombreuses » et bénéficient de ce fait d'un certain nombre d'avantages ; la fréquence des familles nombreuses est moindre que celles comptant 2, 1 ou pas d'enfants du tout.

Si elles sont très différentes du reste de l'échantillon, et qu'elles sont relativement nombreuses, les écarter peut amener à travailler sur un échantillon sélectionné. Il est alors recommandé, au minimum, de préciser quelles sont les caractéristiques spécifiques des unités écartées et de formuler des hypothèses sur la manière dont leur exclusion risque d'influencer les résultats. Si, par exemple, les personnes les plus pauvres sont écartées de l'analyse, l'échantillon restant sera plus homogène sur le revenu, probablement en meilleure santé et globalement plus instruit que la population générale. Cette homogénéité peut diminuer l'effet de certaines variables indépendantes et ne permettra pas de généraliser les résultats obtenus à la population de référence de l'échantillon.

2.3. Les variables qualitatives très (trop) détaillées

Quel est le problème ? Lorsqu'une variable qualitative a de nombreuses modalités, il arrive, sauf si l'échantillon est très grand, que certaines de ses modalités soient peu présentes dans l'échantillon. Outre que son analyse descriptive (distribution de fréquences, diagramme en bâtons) sera peu lisible, la faiblesse de certains effectifs peut poser problème dès le stade des analyses bivariées, quand cette variable sera croisée avec une autre variable, en particulier quand cette autre variable compte aussi un nombre important de modalités : le calcul du **Khi-deux** [chapitre 3] pourrait en être fragilisé.

Quelle solution apporter ? Elle est simple : il suffit de regrouper certaines modalités. Dans le cas d'une variable nominale, le regroupement doit se faire de façon raisonnée en s'assurant à la fois que le regroupement aboutisse à des effectifs suffisants et que les modalités regroupées soient le fait de sous-populations assez similaires. Dans le cas d'une variable ordinale ou quantitative, le chercheur peut aussi choisir de se baser sur la distribution de la variable pour constituer des groupes de taille plus ou moins égale.

Jusqu'où regrouper ? Chaque regroupement occasionne nécessairement une perte d'information. Il faut donc trouver un juste équilibre entre deux objectifs sous tension : conserver un maximum de variabilité de la variable et la décliner en modalités ou catégories de taille suffisante et ayant du sens en référence au phénomène étudié.

2.4. Les données manquantes

Quel est le problème ? Il arrive souvent qu'il y ait des données manquantes sur l'une ou l'autre variable.

Si les données sont manquantes de manière complètement **aléatoire**[10], écarter les unités d'observation concernées ne devrait pas influencer les résultats, mais diminue la taille de l'échantillon et la **puissance statistique** (Acock, 2005). De même, si les données manquantes se concentrent sur des variables qui sont d'un intérêt secondaire pour le chercheur, mieux vaut ne pas traiter ces variables. Enfin, les données manquantes peuvent aussi être particulièrement rares et ne concerner que très peu d'unités d'observation : dans ce cas c'est au chercheur de décider s'il leur impute ou non une valeur.

En revanche, si les données ne sont pas manquantes de manière aléatoire (ce qui est souvent le cas) et concernent des variables importantes pour la recherche, écarter les unités d'observation concernées risque d'amener le chercheur à analyser une partie **sélectionnée** de l'échantillon et à produire des résultats **biaisés**. Il suffit, en effet, qu'une unité d'observation présente une donnée manquante à une seule des variables reprises dans l'**analyse multivariée** pour que cette unité d'observation soit écartée : dès lors, les risques de sélection et de réduction de la taille de la sous-population qui fera effectivement l'objet d'analyses multivariées, seront d'autant plus importants que le nombre de variables traitées simultanément est élevé.

Il faudra donc envisager d'autres solutions, mais avant tout, il est important de s'interroger sur la ou les causes de ce défaut d'information.

Pourquoi les valeurs manquent-elles ? Il peut s'agir :

o De **personnes particulières** : les non-réponses à la question sur le diplôme le plus élevé obtenu est surtout le fait de personnes

---

[10] Si on considère la base de données comme étant une matrice et que les données manquantes sont distribuées de manière aléatoire dans cette matrice, on peut les considérer comme « **complètement aléatoires** ». Ce cas de figure est rare dans les données en sciences sociales. Il est souvent plus réaliste de considérer que les données manquantes sont « **aléatoires** » par rapport à la variable dépendante, c'est-à-dire que la probabilité d'avoir une donnée manquante sur une variable indépendante n'est pas associée à la valeur de la variable dépendante après avoir contrôlé l'effet des autres variables. Plus problématique est le cas de données manquantes « **non-aléatoires** » lorsque la non-réponse peut être expliquée par des caractéristiques non-observées dans les données, qu'on ne peut donc contrôler. Dans ce cas, il est conseillé d'essayer plusieurs techniques d'imputation et de comparer la sensibilité des résultats obtenus (Jamshidian, 2004).

très âgées ou d'étrangers. Soit qu'elles préfèrent ne pas avouer leur faible niveau d'instruction, ou encore qu'il soit difficile de faire correspondre des diplômes acquis dans le passé ou à l'étranger dans les nomenclatures des diplômes en vigueur en Belgique aujourd'hui.

o D'une **question sensible** : la littérature sur le phénomène étudié et sur les caractéristiques de la population (y compris ses traditions, opinions, rôles culturels etc.) permettra d'identifier les questions potentiellement sensibles.

o D'une question à laquelle l'enquêté **n'a pu répondre** : il ne connaît pas la date de construction de son logement, ni la distance en kilomètres entre son domicile et son lieu de travail.

o De la **formulation de la question** (la modalité de réponse « n'a pas d'avis » n'a pas été prévue, la question est ambigüe…), d'un problème de collecte ou d'encodage des données.

o De **réponses non valides :** l'enquêté ou l'enquêteur a coché 2 modalités de réponses alors qu'une seule réponse est acceptée.

o Ou même, de **données manquantes structurelles**. Tel est le cas de questions qui ne concernent qu'une partie de l'échantillon sélectionné sur la base des réponses à une question précédente. Les non-concernés correspondent aux données manquantes structurelles et il faudra, par un recodage adéquat, les distinguer des « vraies » données manquantes.

Quelles solutions apporter aux données manquantes ? **Imputer** consiste à substituer une valeur/modalité vraisemblable à chaque unité d'observation ayant une donnée manquante sur la variable. De nombreuses techniques plus ou moins sophistiquées et plus ou moins intuitives sont utilisées pour définir la valeur (ou la modalité) à imputer.

o La plus simple en apparence consiste à imputer la **valeur moyenne ou modale**. Cette technique est cependant à éviter, car elle se base sur l'hypothèse que les unités d'observation ayant des données manquantes sont des unités « moyennes », qui diffèrent peu des autres. Une variante consiste à imputer la valeur **moyenne calculée** sur la **sous-population** (âge, genre, activité, composition familiale, nationalité) à laquelle appartient l'unité d'observation avec donnée manquante. L'appartenance à cette sous-population de référence peut être déterminée par une seule variable ou par une combinaison de plusieurs variables sociodémographiques.[11]. En plus de parfois introduire des biais, ces tech-

---

[11] Il est aussi possible d'utiliser des modèles de régression, avec comme variable dépendante celle dont on cherche à imputer des valeurs, et comme variables indépen-

niques ont pour défaut majeur de sous-estimer la variabilité des phénomènes étudiés, et donc les intervalles de confiance qui leurs sont associés. Elles font « comme si » les valeurs imputées étaient connues avec certitude. Or, l'imputation implique évidemment une part d'incertitude.

Les **techniques d'imputation aléatoire multiple** permettent précisément de tenir compte du fait que les valeurs imputées ne sont qu'une possibilité parmi d'autres (Allison, 2001). En deux mots, ces techniques consistent à remplacer une valeur manquante par plusieurs valeurs, plutôt que par une seule. Par exemple, au lieu de calculer la moyenne d'une variable sur une sous-population à laquelle appartient l'unité d'observation avec donnée manquante, on va d'abord sélectionner de manière aléatoire un individu dans cette sous-population, et prendre comme valeur imputée la valeur observée chez cet individu. En répétant cette opération plusieurs fois, plusieurs valeurs vont être imputées et les résultats seront combinés afin de refléter la plus grande variabilité des estimations liée au processus d'imputation. De telles techniques sont maintenant disponibles dans plusieurs logiciels statistiques généralistes. Le chercheur doit parfois renoncer à imputer, en raison de l'importance des non-réponses et se contenter d'utiliser une **variable proche** (*proxy*) en substitution à la variable initialement choisie. Ainsi, si la question sur le revenu a été évitée par un nombre important de personnes enquêtées, on peut, par exemple, lui substituer une variable plus subjective comme la « capacité à joindre les deux bouts », pour autant que cette information soit disponible et qu'elle représente bien le concept que l'on cherche à mesurer.

Faut-il toujours imputer ? Quand les données manquantes concernent un grand nombre de cas et de nombreuses variables, il convient de s'interroger d'abord sur la qualité générale de l'enquête ou de la base de données. Lorsqu'il n'y a que quelques données manquantes, plusieurs solutions peuvent être envisagées. Le choix d'une solution doit à chaque fois être justifié, ses avantages et inconvénients évalués, de même que l'interprétation des résultats tenir compte des correctifs qui ont été apportés aux données.

Si la décision est prise d'écarter les unités d'analyse problématiques lors de la réalisation d'une analyse multivariée, il est souvent possible

---

dantes des variables qui permettent de « prédire » la variable dépendante. On remplace alors les valeurs manquantes par les valeurs prédites par le modèle. Les variables indépendantes peuvent être des variables sociodémographiques (âge, genre, etc.), mais aussi d'autres variables proches ou représentant le même concept. Par exemple, les réponses sur la présence de maladies chroniques, d'incapacités et d'hospitalisation récente peuvent être utilisées pour imputer des réponses manquantes à une question sur la santé subjective.

de décrire ces cas particuliers à l'aide des variables pour lesquelles une information est disponible : c'est via l'âge et la nationalité, qu'il a été possible d'identifier que les données manquantes sur le dernier diplôme obtenu étaient surtout le fait de personnes très âgées ou d'étrangers de nationalité non-européenne. Sachant cela, il est à la fois possible de rechercher une explication à ce qui relève sans doute d'une difficulté à répondre à la question, de proposer l'ajout d'une modalité « autre, précisez… » en vue d'obtenir une meilleure information lors d'enquêtes ultérieures, ou encore, de nuancer les résultats des analyses qui auront porté sur une population en partie sélectionnée avec plus de jeunes et moins d'étrangers que dans l'échantillon qui a fait l'objet de l'enquête.

À noter que le fait d'écarter certains individus des analyses va aussi modifier les effectifs concernés : il est impératif de toujours signaler le **nombre d'unités d'observation** sur lesquelles les analyses sont réalisées lors de la publication des résultats, et le lecteur doit pouvoir repérer, dans le texte ou les notes, les raisons justifiant les changements d'effectifs. Il ne faut pas oublier de mentionner les **biais de sélection** qui seraient occasionnés par une analyse portant sur un nombre réduit d'unités d'observation.

2.5. Le niveau de mesure de la variable ne convient pas à la technique choisie

Quel est le problème ? Dans certain cas, la variable ne présente pas ou plus de problème particulier, mais elle n'a pas la forme requise par la stratégie d'analyse choisie.

Comment le résoudre ? Les solutions relèvent le plus souvent du recodage ou du regroupement de la variable : pour rappel, il est toujours possible de passer à un niveau de mesure inférieur [chapitre 1]. En clair, il est toujours possible de transformer une variable quantitative en une variable qualitative et même d'en faire une variable dichotomique. Ainsi, le poids de naissance, en tant que variable quantitative, peut être traité comme variable dépendante dans un modèle de régression multiple ou, après sa transformation en variable dichotomique (moins de 2.500g/2.500g ou plus), comme dépendante dans une régression logistique.

La transformation de variables qualitatives en variables quantitatives est en principe impossible, sauf via le calcul d'un score élaboré en sommant, par exemple, la présence d'attributs qualitatifs (exemple de l'indicateur de confort du logement décrit précédemment) ou encore en sommant les scores correspondant aux positions des individus sur des échelles d'opinions ou d'attitudes (exemple de la perception des jeunes).

2.6. Les variables disponibles ne correspondent pas aux concepts

Quel est le problème ? C'est souvent le cas d'analyses secondaires de données d'enquêtes existantes et qui ne sont pas tout à fait adaptées aux concepts que le chercheur souhaite traiter dans ses analyses. Cette phase de préparation des données est sans doute celle qui fera le plus appel à la créativité du chercheur, à sa connaissance du phénomène qu'il veut étudier et à son expérience d'analyste des données.

Quelques exemples de solutions : Pour construire les indicateurs souhaités, les solutions sont multiples et peuvent aller du simple recodage de variables au recours à des analyses multidimensionnelles :

o Le **recodage** d'une variable existante. Si le chercheur s'intéresse globalement aux « jeunes », ou aux « ados », il n'a pas besoin d'avoir le détail de l'âge, et recodera la variable « âge » en distinguant, par exemple, les « < de 25 ans » ou les « 14-18 ans » des autres âges, selon la définition des concepts « jeunes » ou « ados » dans la société étudiée.

o La combinaison de deux ou davantage de variables existantes. Le chercheur s'intéresse aux couples mariés avec enfants. Les variables disponibles sont : la composition familiale (avec comme modalités : « isolé », « couple sans enfant(s) », « couple avec enfant(s) », « familiale monoparentale », « autres types ») et l'état civil légal (célibataire, marié(e), divorcé(e), séparé(e)). Il suffit alors de croiser les deux variables pour isoler les personnes qui ont à la fois la caractéristique « couple avec enfants » et « marié(e) » pour créer une **variable combinée** de couples mariés avec enfants comprenant 2 modalités : « oui » et « non », ce qui lui permet ultérieurement de ne travailler qu'avec cette sous-population particulière.

o La prise en compte de l'ensemble des éléments ou dimensions d'un concept en sommant, puis pondérant éventuellement, les réponses aux variables constitutives de ces dimensions. Cette forme de construction d'indicateurs a déjà été présentée pour illustrer la possibilité de transformation de **variables qualitatives** en un score quantitatif. On cherche à mesurer le niveau de stress en sommant (chaque événement vaut 1, s'il a été signalé, et 0 dans le cas contraire) tous les événements considérés comme stressants que l'enquêté a vécu au cours de l'année précédente (le décès du partenaire, un nouveau travail, un déménagement…). Il est également possible de **pondérer**[12] les items dans ce calcul, pour tenir compte des différences de stress associés *a priori* aux événements pris en compte dans l'indicateur. Cette façon de procéder est également applicable aux **variables quantitatives** dont les valeurs – pondérées ou non, standardisées [encadré 7] ou non – sont sommées pour produire un nouvel indicateur composite, censé mieux représenter le concept.

o On peut aussi utiliser des procédés plus complexes comme l'analyse en composantes principales (variables quantitatives) [chapitre 6] ou l'analyse factorielle des correspondantes multiples (variables qualitatives) [chapitre 7], pour construire un indicateur synthétisant l'information contenue par un ensemble de variables élémentaires (celles qui sont disponibles dans le fichier de données) sélectionnées en fonction de leur association avec le concept dont elles sont chacune une expression partielle.

Ces solutions renvoient à la création d'indicateurs à partir des données disponibles : c'est dans la **création d'indicateurs** qui mettent en œuvre les connaissances théoriques du chercheur et ses compétences techniques d'analyste de données que sa créativité peut pleinement s'exprimer. Il est cependant important de valider[13] les nouveaux indicateurs et de pouvoir les interpréter en tenant compte des variables initiales à partir desquelles ils ont été construits.

Tableau 4
Types de problèmes et solutions possibles

Problèmes \ Solutions	Supprimer les unités d'observation	Variable proxy	Regrouper les modalités/ valeurs	Construire 1 nouvelle variable	Imputation
Valeurs extrêmes, *outliers*	X		X		
Modalités à faibles effectifs			X		
Modalités inadéquates pour la recherche			X	X	
Variables ne correspondent pas aux concepts		X	X	X	
Données manquantes	X	X	X	X	X

---

[12] **Pondérer** revient à accorder un poids (une importance) différente aux différentes variables qui seront prises en compte dans le calcul de l'indicateur. La pondération concerne aussi les unités d'observation quand il s'agit de redresser un échantillon afin d'en améliorer la représentativité.

[13] Quelques exemples de vérification de la validité d'un indicateur peuvent être trouvés dans de Vaus (2008 : 25-32) : « *How to check that the right thing is being measured* ».

La liste des solutions apportées à ces différents problèmes est bien loin d'être exhaustive, mais elle donne une idée des possibilités qui s'offrent au chercheur pour extraire le maximum d'informations à partir de la base de données dont il dispose. Comme on vient de le voir, un même problème peut être résolu de plusieurs manières (tableau 4).

Dans l'exemple de la situation familiale des personnes âgées en 1994 (PSBH), le premier problème identifié était celui des **données manquantes** à la variable « Nombre d'enfants ». En retournant au questionnaire, on s'aperçoit qu'on demande d'abord à la personne enquêtée si elle a des enfants ou non. Si « Oui », on lui demande combien. On se trouve dans un cas de **données manquantes structurelles** : les personnes ayant répondu « Non » à la première question ne sont pas concernées par la deuxième. Pour avoir une variable sans données manquantes, il suffit de combiner la réponse aux deux questions en ajoutant une modalité « 0 enfant » à la variable sur le nombre d'enfants (tableau 5).

Le problème de **modalités à faibles effectifs** caractérise les variables « Nombre d'enfants » et « Mode de vie » et, plus particulièrement, les modalités « En couple non-marié » et celles qui concernent des nombres élevés d'enfants. Cela peut facilement se régler par un regroupement de modalités. Ici, il faut se rappeler que l'objet d'étude est le potentiel d'aide que pourrait offrir la famille. Ainsi, peu importe d'être légalement marié ou non, c'est le fait de vivre en couple, d'avoir quelqu'un à ses côtés qui importe. Il en va de même pour le nombre d'enfants : en avoir un seul ou plusieurs fait certainement une différence dans les possibilités de se partager l'aide à apporter, mais quel est l'apport marginal du 8ème enfant ? Après correction de la variable « Nombre d'enfants », on ne retiendra que 3 modalités : « Pas d'enfant », « Un enfant », « Plusieurs enfants ». Ces regroupements ont pour effet de modifier le type de variable : le mode de vie qui était une variable nominale à l'origine, devient dichotomique (En couple = 1 ; Non en couple = 0) et le nombre d'enfants passe de variable quantitative discrète à qualitative ordinale. Les deux variables recodées s'appellent respectivement « Couple » et « Descendance » (tableaux 5 et 6).

Tableau 5
Mode de vie en « couple » des 65+

Couple	N	%
0 : Pas en couple	371	33,0
1 : En couple	752	67,0
Total	**1.123**	**100,0**

Tableau 6
La « descendance » des 65+

Descendance	n	%
Pas d'enfant	191	17,0
Un enfant	252	22,4
2+ enfants	680	60,6
Total	**1.123**	**100,0**

Tableau 7
« Situation familiale » des 65+

Famille	N	%
Sans famille	102	9,1
Conjoint seulement	89	7,9
Conjoint + enfant(s)	663	59,0
Un seul enfant	96	8,6
Plusieurs enfants	173	15,4
Total	**1.123**	**100,0**

Tableau 8
L'âge (corrigé) des 65+

Âge	n	%
65-69 ans	382	34,0
70-74 ans	348	31,0
75-79 ans	191	17,0
80-84 ans	135	12,0
85 ans +	67	6,0
Total	**1.123**	**100,0**

Source : PSBH-1994. Calculs de l'auteure

La proportion élevée de très âgés (85+) devait être examinée. En croisant la variable âge avec la variable date de naissance (utilisée pour la sélection), on se rend compte que l'âge « 99 » est plus fréquent que les autres âges compris dans le groupe des 85+ et qu'il correspond à plusieurs années de naissance. En fait, ce code a été utilisé pour les données manquantes. Il faut donc recalculer l'âge révolu en 1994 à partir de la date de naissance des personnes ayant le code « 99 » pour la variable « Âge » (tableau 8).

La quatrième modification à apporter pour finir la préparation des données est la **construction d'une variable** qui représente au mieux et le plus simplement possible le **concept** ou la dimension que l'on veut étudier : la situation familiale. Dans le cas des personnes âgées, il est important de distinguer celles qui n'ont pas de famille (proche), c'est-à-dire ni conjoint, ni enfants, car elles vont plus rapidement devoir faire appel à de l'aide de professionnels (à domicile ou en institution). Il peut aussi être intéressant de distinguer celles qui n'ont que leur conjoint, car elles sont aussi dans une situation fragile, si celui-ci est également âgé. On peut se demander si un enfant est plus enclin à aider s'il est seul ou s'il peut partager la charge de l'aide avec d'autres membres de la famille. En tenant compte de tous ces éléments, une proposition de variable « Situation familiale » issue de la combinaison des 2 variables initiales et comportant 5 modalités a été construite (tableau 7).

3. Décrire les données

Une fois que les données ont été corrigées, recodées et validées, leur analyse descriptive peut démarrer. Décrire les données, c'est trouver la meilleure façon d'en offrir une image à la fois synthétique et la plus complète possible. Pour cela, il sera fait usage à la fois de la **statistique univariée** et d'outils **graphiques**.

Figure 1
Mesures statistiques et représentations graphiques par type de variables

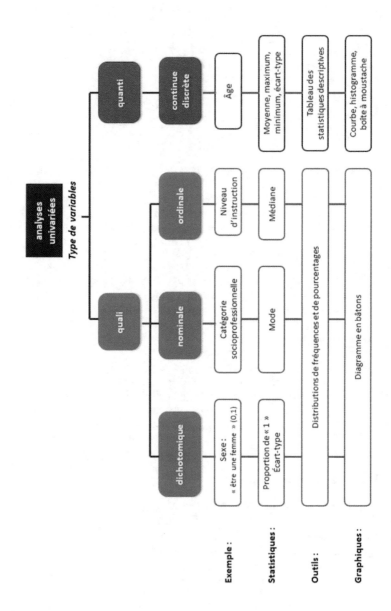

Le niveau de mesure (ou type) des variables détermine bien entendu l'éventail des statistiques de tendance centrale et de dispersion, ainsi que les graphiques qui permettent de les présenter et d'en résumer la répartition (figure 1)[14]. Seuls les principaux outils de l'analyse descriptive univariée sont rappelés ici avec leurs atouts et leurs limites.

3.1. Fréquences, mesures de position et de dispersion

o Les deux modalités qui composent les **variables dichotomiques** sont décrites par leur **proportion *p*** ou **part relative** (%) dans l'échantillon. Si elles sont codées [0 ; 1] ou [1 ; 0], la moyenne des valeurs sera équivalente à la part relative *p* de la modalité à laquelle le code « 1 » a été attribué. Il est aussi possible de calculer l'**écart-type** *s* [s = $\sqrt{(p(1-p))}$] de la distribution de la variable dichotomique qui est une mesure de la dispersion de ses valeurs. L'écart-type est maximal quand les 2 modalités sont aussi fréquentes l'une que l'autre ; plus la distribution est asymétrique, plus faible sera l'écart-type.

Soixante-six pourcent (66%) des 65+ du sous-échantillon du PSBH-1994 vit en couple et l'écart-type de la distribution de cette variable dichotomique est de 47%.

o Les **variables nominales** sont – après un éventuel regroupement de modalités – bien décrites par leurs **fréquences relatives** dans l'échantillon et leur **mode** (ou modalité la plus fréquente). À noter qu'il peut y avoir plusieurs modes.

Le **mode** de la variable nominale « Situation familiale » des 65+ (tableau 7) est manifestement la famille composée d'un couple de parents ayant un ou plusieurs enfants qui représente 59% des situations. Les **fréquences relatives** des autres formes de famille sont, par ordre décroissant d'importance, les 65+ sans conjoint avec plusieurs enfants (15,4%), les 65+ isolés sans famille (9%), ceux qui n'ont plus qu'un seul enfant (8,6%) et ceux qui n'ont que leur conjoint (7,9%). C'est surtout si sa fréquence est nettement plus élevée que celle des autres modalités, que le mode (ou les modes s'il y en a plusieurs) sera mis en évidence.

o Les **fréquences relatives** des **variables ordinales** seront **ordonnées** et c'est leur caractère ordinal qui permet le calcul **de fréquences cumulées** et de situer la position **médiane** de leur distribution. La médiane correspond à la modalité (variable qualitative)

---

[14] Attention, si des codes numériques sont attribués aux différentes modalités d'une variable qualitative (0 : pas en couple ; 1 : en couple non-marié ; 2 : en couple marié), la plupart des logiciels vont la considérer comme quantitative et calculer toutes les statistiques descriptives pour ce type de variables. C'est à l'analyste d'être vigilant et de savoir qu'il n'y a aucun sens à calculer une moyenne sur une variable nominale : comment en effet interpréter un « Mode de vie » moyen de 1,32 ?

ou s'opère la répartition de l'échantillon en 2 parts égales : 50% des unités d'observation se situent de part et d'autre de cette position médiane. Si la variable comporte un nombre important de modalités, la logique de la médiane peut éventuellement être affinée en divisant l'échantillon en 4 parts égales (on parlera alors de **quartiles**), etc. Dans le cas de variables quantitatives, on pourra situer plus précisément la valeur médiane de la distribution.

o Qu'elles soient discrètes ou continues, les **variables quantitatives** sont habituellement décrites par leur **étendue** [valeur minimale ; valeur maximale]. Comme elles comptent souvent un grand nombre de valeurs différentes, on évitera en général de présenter le détail de leurs fréquences, leur préférant deux statistiques, la **moyenne** et l'**écart-type** qui offrent un bon résumé de leur répartition dans l'échantillon. La **moyenne** $\bar{x}$ s'obtient en sommant les valeurs de la variable X pour chaque unité d'analyse *i* et en divisant cette somme par le nombre *n* d'unités d'analyse.

$$\bar{x} = \frac{\sum x_i}{n}$$

La **moyenne** est la mesure de tendance centrale la plus précise puisque, contrairement au mode et à la médiane, elle inclut dans son calcul la totalité des valeurs que prend la variable dans l'échantillon. Elle a cependant comme défaut d'être très sensible aux valeurs extrêmes de la variable, même si ces valeurs extrêmes sont peu fréquentes. L'**écart-type** est une mesure de la dispersion des valeurs de la variable autour de sa valeur moyenne. L'écart-type *s* est la racine carrée de la **variance**. La **variance** s^2 s'obtient en sommant le carré des écarts des valeurs observés pour chaque unité d'analyse *i* par rapport à la moyenne $\bar{x}$, puis en divisant cette somme par le nombre *n* d'unités d'analyse.

$$s = \sqrt{\frac{\sum(x_i - \bar{x})^2}{n}}$$

L'**écart-type** exprimé en unités de mesure de la variable, est toujours positif, puisque résultant de la racine carrée de la **variance**. L'écart-type (de même que la variance) est d'autant plus élevé que les valeurs de la variable dans l'échantillon sont dispersées et d'autant plus faible que l'ensemble de ces valeurs se rapproche de la moyenne. Comme le calcul de l'écart-type se base sur la moyenne, il est également sensible aux valeurs extrêmes de la variable.

Les outils descriptifs des variables qualitatives, comme le **mode** ou la **médiane**, peuvent également servir à décrire la distribution d'une variable quantitative, mais il faut retenir ici que seule la moyenne inclut dans son calcul la totalité des valeurs observées de la variable.

Prenons l'exemple du nombre d'enfants dans le sous échantillon des 65+ du PSBH[15] : le **mode** (figure 2) est égal à 2 enfants, c'est donc la dimension familiale la plus fréquente. La **médiane** (figure 3) est égale à 1,5 : la dimension familiale de 1,5 enfant répartit donc les 65+ du PSBH en deux groupes d'égales dimensions. Comme le nombre d'enfants est une variable discrète (on ne peut imaginer de famille comptant exactement 1,5 enfants), la médiane se situe entre les familles de 1 et de 2 enfants. La **moyenne** est de 2,2 et l'**écart-type** de 1,75. Les 65+ du PSBH ont donc eu en moyenne un peu plus de 2 (2,2) enfants avec un écart moyen de 1,75 enfant par rapport à cette moyenne.

Figure 2
Le nombre d'enfants des 65+
(%), n= 1.123

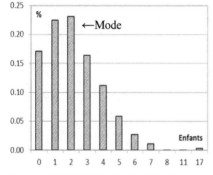

Figure 3
Le nombre d'enfants des 65+
(fréquences cumulées), n= 1.123

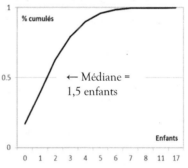

Source : PSBH-1994. Calculs de l'auteure

La sensibilité de ces mesures aux valeurs extrêmes peut être illustrée par la situation (imaginaire) suivante : on s'est rendu compte que le seul cas de 17 enfants (tableau 3) résulte d'une erreur de saisie et qu'il s'agit en fait d'une famille de 1 enfant : la moyenne devient alors 2,18 et l'écart-type 1,69. À noter que cette correction n'a en rien modifié le mode, ni la médiane.

On peut aussi utiliser les extensions de la **médiane**, comme les **quartiles**, qui partitionnent l'échantillon en 4 groupes d'égale importance regroupant à chaque fois 25% de l'échantillon ou les **quintiles** en 5 catégories groupant 20% de l'échantillon. Des divisions plus fines, comme les **déciles** qui distinguent 10 catégories représentant à chaque fois 10% de l'échantillon, seront surtout utilisées quand on souhaite

---

[15] Calculé à partir des données du tableau 3 auquel on a ajouté les 191 personnes ayant 0 enfants : la moyenne et l'écart-type sont donc calculés sur la totalité de l'échantillon (n=1.123).

comparer les valeurs extrêmes de la variable quantitative, comme de comparer le revenu de la fraction la plus pauvre de la population à celle de la fraction la plus riche.

L'**écart interquartile** qui est la différence entre le troisième et le premier quartile, est égal à l'étendue des valeurs de la variable après élimination de 25% des valeurs les plus faibles et de 25% des valeurs les plus élevées. La médiane et ses variantes, de même que l'écart inter-quartile sont moins sensibles aux valeurs extrêmes que la moyenne et l'écart-type (figure 5).

3.2. Représentations graphiques

Les résultats d'une analyse descriptive peuvent être présentés de plusieurs façons. Soit sous la forme de **tableau**, soit sous forme de **graphique** : le tableau a l'avantage de donner les chiffres exacts (fréquences absolues et relatives), tandis que le graphique donne la forme de la distribution de la variable.

Il faut veiller à respecter la correspondance entre type de graphiques et type de variables :

o Le **diagramme en bâtons espacés** est à préférer pour les variables **qualitatives** (dichotomiques, nominales ou ordinales). L'espace entre les bâtons montre que les modalités sont distinctes, l'ordre des variables ordinales sera, bien entendu, respecté. Les **diagrammes en secteurs** (aussi appelés « camembert » ou « tarte ») peuvent être utilisés quand le nombre de modalités n'est pas trop important, ils peuvent cependant systématiquement être remplacés par des diagrammes en bâtons, qui permettent de comparer les fréquences sans ambiguïtés (de Vaus, 2008 : 209-210 ; van Belle, 2008 : 203-210).

o Les variables **quantitatives discrètes**, comme le nombre d'enfants, occupent un statut intermédiaire entre variables qualitatives ordinales et variables quantitatives continues, en ce qui concerne leurs outils descriptifs : les distributions de fréquences relatives (%) et les **diagrammes en bâtons** (figure 2) sont souvent préférés aux **courbes** et **histogrammes**.

o Pour les variables **quantitatives continues**, l'**histogramme** (ou diagramme de surfaces) et la courbe (figure 4) sont les graphiques qui conviennent le mieux. On peut résumer la distribution d'une variable quantitative par un diagramme en forme de boîte mise au point par John Wilder TUKEY : **la boîte à moustaches**[16] décrit

---

[16] Tukey l'appelle *Box & Whiskers Plot* : *whiskers* désignant les moustaches ou les favoris, ce diagramme est traduit en français par le terme « Boîte à moustaches ». Des aménagements ont été apportés au graphique original : ainsi les données se si-

une distribution par sa **médiane** et ses **quartiles**, ainsi que le **maximum** et le **minimum** des valeurs de la variable.

Ainsi, l'âge médian des 65 + du PSBH en 1994 est de 71,6 ans ; entre 67,8 ans (1er quartile) et 78,1 ans (3ème quartile) se concentre 50% des 65+. L'étendue des âges va de 65 à 96 ans dans cet échantillon, avec une concentration des personnes âgées dans les âges les plus jeunes, comme en témoigne la position de la « boîte » dans l'échelle des âges (figure 5). L'écart interquartile est ici de 10,3 ans (78,1-67,8). En prenant comme limite aux moustaches une longueur égale à 1,5 l'écart interquartile de la boîte, on considère les âges supérieurs à 93,6 ans (78,1 + 15,5) comme valeurs extrêmes, ce qui concerne très peu de cas.

Figure 4
Distribution des 65 + selon l'âge
(%), n= 1.123

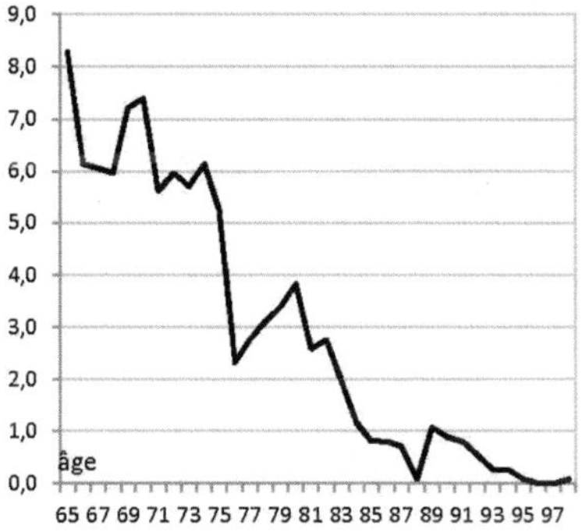

Figure 5
« Boîte à moustaches » : l'âge des 65 +,
n= 1.123

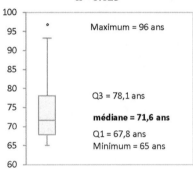

Source : PSBH-1994. Calculs de l'auteur

Enfin, il ne faut pas nécessairement recourir aux tableaux, ni aux graphiques : s'ils ne sont pas trop nombreux, il suffit souvent de donner les résultats les plus importants dans le texte. Ainsi, « sur un total de 1.123 personnes âgées de 65 ans ou plus, 67% vivent en couple, ce qui veut dire qu'une sur trois n'a plus ou n'a jamais eu de conjoint ».

---

tuant au-delà de 1,5 écarts interquartiles de la médiane, peuvent être considérées comme valeurs extrêmes, etc.

4. Pour aller plus loin

Les techniques de la statistique univariée et les représentations graphiques relèvent d'ouvrages de base de la statistique descriptive. David de Vaus (2008 : 195-236), Luc Amyotte (1996 : 87-184 ; 239-346) et William Fox (1999 : 3-120), notamment, les appliquent aux sciences sociales.

Des solutions plus complexes à apporter aux données manquantes sont détaillées par Paul D. Allison (2001) dans son ouvrage intitulé « *Missing data* ». On trouvera aussi des solutions à l'analyse de données incomplètes chez Mortaza Jamshidian (2004 : 113-130).

ANALYSE BIVARIÉE

CHAPITRE 3

Deux variables qualitatives

Godelieve MASUY-STROOBANT

Le naufrage du Titanic (reprise)

Pour vérifier l'hypothèse d'une relation entre classe sociale et survie des passagers au Naufrage du Titanic en 1912, deux variables qualitatives ont été analysées simultanément : la classe ou niveau de confort dont bénéficiaient les voyageurs et la survie au naufrage. Il s'agit de vérifier si l'aisance économique des voyageurs – dont la classe est une variable *proxy*[1] – est positivement associée à leurs chances de survie.

« Associée » et « positivement » sont deux caractéristiques de cette relation :

o « Associée » renvoie au fait que le chercheur souhaite vérifier si la relation entre ces **deux variables qualitatives** a des chances raisonnables de ne pas être due au hasard : il faut pour cela appliquer un test statistique à cette relation, le plus souvent le **test du Khi-deux**, aussi appelé Chi² et souvent représenté par la lettre grecque χ^2.

o « Positivement » donne un sens à cette relation et relève d'abord de l'interprétation du chercheur qui, dans l'exemple du naufrage du Titanic, ordonne la variable classe en attribuant une connotation positive à l'aisance économique du voyageur et à sa survie. Pour interpréter l'association entre ces deux variables en termes de « positif » ou de « négatif », on utilisera soit le **risque relatif (RR)**, soit le rapport de cotes ou *odds ratio* (**OR**). Ces deux mesures comparent la relation entre une variable indépendante et une variable dépendante pour chacune des modalités de la variable indépendante. Dans le cas du naufrage du Titanic, on peut comparer l'effet « Classe » (variable indépendante ou variable explicative) sur la « Survie » (variable dépendante ou à expliquer) en calculant la proportion de survivants pour chacune des 3 classes

---

[1] En 1912, la hiérarchie des « classes » dans les trains ou les transports maritimes correspondaient à des niveaux de coût et de confort très différents, et recouvraient aussi largement la division de la société en classes sociales.

et en comparant ces proportions à l'aide de risques relatifs. On peut aussi calculer le rapport survivants/décédés pour chacune des trois classes et comparer ces rapports à l'aide d'*odds ratios*. Le Khi-deux est alors utilisé pour calculer les **intervalles de confiance** des risques relatifs ou des *odds ratios* (rapport de cotes) et vérifier si les risques ou les *odds* (cotes) qui leur sont associés diffèrent significativement les uns des autres.

La survie au naufrage du Titanic, dont l'histoire a déjà été racontée [chapitre 1] servira ici d'exemple aux différentes étapes de **l'analyse bivariée de deux variables qualitatives** : la construction d'un **tableau de contingence**, la logique du **test du Khi-deux** et l'hypothèse nulle, le calcul des **risques relatifs**, des *odds ratios* et de leurs **intervalles de confiance**.

1. Le tableau de contingence

Les fichiers de données constitués à partir d'enquêtes ou de registres administratifs se présentent habituellement sous la forme d'une série de lignes, chaque ligne ou enregistrement se rapportant à une seule unité d'observation ou individu. Ces lignes sont organisées selon un format standard et comportent toutes les informations enregistrées à propos des unités d'observations [chapitre 1]. Dans le cas d'**analyses univariées**, chaque variable est analysée indépendamment de la variation des autres variables disponibles [chapitre 2]. L'**analyse bivariée** va examiner si et comment deux variables qualifiant simultanément chaque unité d'analyse, varient quand elles sont analysées conjointement. En d'autres termes, il s'agira de vérifier l'existence d'une relation entre deux variables et, s'il y a lieu, d'identifier la forme de cette relation. L'interprétation de cette relation en termes d'**association** ou de **causalité** [chapitre 1] dépendra d'hypothèses théoriques que le chercheur aura développées à propos des phénomènes que représentent ces variables.

Pour vérifier l'existence d'une relation entre deux variables qualitatives, il faut d'abord produire un **tableau de contingence** : celui-ci « croise » les modalités des deux variables en présence et comptabilise le nombre d'unités d'analyse caractérisées simultanément par chacune des combinaisons possibles de couples de modalités de ces deux variables. Dans l'exemple du naufrage du Titanic, il y a 6 couples [3 x 2] de modalités possibles, puisque la variable « Classe » compte 3 modalités et la variable « Survie » en compte 2.

Ces fréquences (absolues) sont alors présentées sous la forme d'un tableau avec – et c'est une convention – en lignes, la variable indépendante ou explicative et, en colonnes, la variable dépendante[2].

Comme une première hypothèse [chapitre 1] posait que « La classe (sociale) des passagers a influencé leurs chances de survie au naufrage du Titanic », ce sont les 3 modalités de la variable « Classe » qui identifient les lignes et les 2 modalités de la variable « Survie » qui identifient les colonnes du tableau de contingence :

Tableau 1
La survie des passagers selon la classe.
Naufrage du Titanic, n= 1.308

	Sauvés	Morts	Total
1° classe	202	120	**322**
2° classe	115	162	**277**
3° classe	176	533	**709**
Total	**493**	**815**	**1.308**

Les **fréquences internes** forment le noyau du tableau de contingence. Elles résultent du croisement des modalités des deux variables en présence : ainsi, 202 voyageurs de 1ère classe ont été sauvés, tandis que 120 voyageurs de cette même classe ont péri lors du naufrage ; on observe aussi que la fréquence la plus élevée est celle des voyageurs de 3ème classe qui n'ont pas survécu au naufrage.

La ligne et la colonne intitulées chacune « Total » sont les **fréquences marginales** du tableau de contingence et correspondent en fait aux distributions de fréquences de chacune des deux variables : ainsi il y a au total 322 passagers qui ont voyagé en 1ère classe, 277 en 2ème classe et 709 en 3ème classe. La variable « Survie » comporte au total 493 survivants et 815 décédés.

Le total de ces deux distributions de fréquences marginales est appelée le **total général** et correspond également à la somme des fréquences internes du tableau : au total, le Titanic transportait 1.308 passagers lors de son voyage inaugural.

---

[2] Dans certains cas, il n'est pas nécessaire d'assigner les rôles de dépendante et d'indépendante aux variables analysées, le seul objectif étant de vérifier l'existence d'une relation. Le Khi-deux ne tenant pas compte de la relation supposée entre les deux variables, les positionner en lignes ou colonnes est indifférent. Tel n'est pas le cas du risque relatif RR et de l'*odds ratio* OR qui nécessitent que les rôles de variable dépendante et de variable indépendante soient attribués.

Comme le nombre de passagers varie beaucoup d'une classe à l'autre, il est difficile de vérifier – au vu des seules fréquences absolues – si les chances de survie diffèrent selon la classe choisie par les passagers. Pour pouvoir comparer, il est donc nécessaire de rapporter le nombre de survivants et de décédés de chaque classe au total des passagers de cette classe : on calcule en fait des **fréquences relatives** (de survivants et de décédés) pour chaque modalité de la variable indépendante, ce qui, dans ce cas-ci, correspond à la proportion de survivants et ou de décédés des classes 1, 2 et 3.

La somme (en ligne) des fréquences relatives étant toujours égale à 100%, on évite généralement de l'indiquer dans les tableaux publiés, il est par contre utile de rappeler sur combien d'individus au total (colonne N) ces fréquences ont été calculées.

Ainsi constitué, le tableau des fréquences relatives (tableau 2) se prête beaucoup mieux à l'interprétation : on y lit que la proportion de survivants est beaucoup plus élevée chez les passagers de 1ère classe que chez ceux de la 2ème et davantage encore que celle des passagers de 3ème classe. Comme la variable dépendante (la « survie ») est une **variable dichotomique**, l'interprétation de la proportion de décédés s'opère en complément de celle des survivants : le décès est proportionnellement plus fréquent en 3ème classe, qu'en 2ème, et davantage encore qu'en 1ère classe. C'est au chercheur d'opter pour l'un ou l'autre point de vue : celui de la fréquence des survivants ou de la fréquence des décédés.

Tableau 2
La survie des passagers selon la classe. Fréquences relatives.
Naufrage du Titanic, n= 1.308

	% Sauvés	% Morts	N
1° classe	62,8	38,2	**322**
2° classe	41,5	58,5	**277**
3° classe	24,8	75,2	**709**
Total	**37,7**	**62,3**	**1.308**

À noter que les chiffres globaux de survie (37,7% de sauvés et 62,3% de décédés), calculés sur le total des 1.308 passagers sans distinction de classe, se situent dans l'intervalle des valeurs observées pour la première et la troisième classe.

On observe aussi que les chances de survie augmentent à mesure qu'on s'élève dans la hiérarchie sociale mesurée ici par la variable « Classe ». Plus la classe du passager est de niveau élevé, plus élevées ont été ses chances de survie. On peut, de ce fait, parler de **sens** ou de direction dans la relation entre classe et survie à ce naufrage.

2. Le test du Khi-deux

Par-delà l'observation réelle d'inégalités sociales dans les chances de survie à ce naufrage particulier[3], le chercheur peut souhaiter vérifier si la relation observée ne résulte pas d'un hasard. Ceci implique qu'il confronte ses observations à la situation hypothétique où les voyageurs qui ont effectivement participé au voyage inaugural du Titanic sont un échantillon parmi d'autres échantillons possibles de la population de référence qui aurait pu participer à cette aventure[4]. Pour évaluer la part de hasard dans le lien observé, il faut recourir à un test statistique.

Le test du Khi-deux permet de comparer les **fréquences** internes **observées** dans un tableau bivarié aux **fréquences** qu'on aurait dû **théoriquement** observer s'il n'y avait pas de relation entre les deux variables étudiées : pas de relation veut dire que les chances de survie auraient été les mêmes pour chacune des classes. Les fréquences théoriques correspondent donc à l'hypothèse nulle H0 des statisticiens. Le cumul des écarts[5] relatifs entre les fréquences observées et les fréquences théoriques produit une statistique [encadré 2] : le **Khi-deux**, dont la valeur sera d'autant plus élevée que :

o L'**écart entre les fréquences** observées et les fréquences théoriques est grand.

o La valeur du Khi-deux dépend également du **nombre d'unités d'analyse** : le nombre d'unités d'analyse détermine l'importance des fréquences absolues et donc la possibilité d'avoir de grands écarts entre les fréquences observées et les fréquences théoriques.

o Enfin, le **nombre de modalités des variables** (nombre de cellules du tableau de contingence) mises en relation va également jouer : plus ce nombre est élevé, plus il y aura d'écarts à cumuler, ce qui contribue aussi à augmenter la valeur du Khi-deux.

Un Khi-deux élevé signifie que les fréquences observées s'écartent de l'hypothèse nulle H0 d'une absence de relation entre les deux va-

---

3 Cette observation peut se suffire à elle-même, sans recours à un quelconque test statistique, pour autant que le chercheur se limite à la description de ce naufrage en particulier et que le nombre de passagers par classe soit suffisant pour permettre une comparaison valide de la survie des passagers des 3 classes prises en compte [chapitre 1].

4 Si on se réfère au film de D. Cameron, on se rappellera que le personnage incarné par Leonardo di Caprio a gagné son billet au jeu juste avant le départ du paquebot : c'est bien le hasard qui l'a amené à faire partie des naufragés.

5 Il s'agit d'écarts relatifs dont la formule de calcul est donnée plus loin.

riables, mais encore faut-il savoir à partir de quelle valeur – et avec quel risque de se tromper – le Khi-deux permet de rejeter H0 (l'hypothèse nulle). Pour cela, le Khi-deux calculé sera confronté à sa valeur correspondante dans une table appelée « **Table du Khi-deux** » qui est une distribution théorique du Khi-deux sous hypothèse nulle H0. Cette table comporte toute une série de valeurs théoriques de Khi-deux déclinées selon le nombre de **degrés de libertés** [encadré 1] du tableau de contingence et la probabilité de réalisation de H0. Si le Khi-deux calculé est, pour le nombre de degrés de libertés *ad hoc*, **supérieur à la valeur du Khi-deux de la table** au niveau de 5% de probabilité que H0 soit « vraie », on décidera de rejeter H0. Rejeter H0 avec un risque de se tromper égal ou inférieur à 5%, correspond à « ne pas rejeter H1 au niveau de signification de 5% ». Si tel est le cas, on peut conclure, avec une probabilité de 95%, à l'existence d'une relation entre les deux variables.

Ce raisonnement est appliqué au « Naufrage du Titanic » en procédant par étapes :

Étape 1 : Élaborer le tableau de contingence avec les fréquences observées (tableau 1).

Tableau 3
La survie des passagers selon la classe. Calcul des fréquences théoriques (ft) sous H0. Naufrage du Titanic, n= 1.308

	Sauvés : ft	Morts : ft	N
1° classe	0,377 x 322 = **121**	0,623 x 322 = **201**	322
2° classe	0,377 x 277 = **104**	0,623 x 277 = **173**	277
3° classe	0,377 x 709 = **267**	0,623 x 709 = **442**	709
Total	493	815	1.308

Étape 2 : Calcul des fréquences théoriques correspondant à H0. Elles s'obtiennent en attribuant à chaque classe la répartition survivants/morts observée pour l'ensemble des 1.308 passagers sans distinction de classe. En effet, si chaque classe avait compté 37,7% de survivants et 62,3% de décédés, il n'y aurait eu aucune relation entre la variable « Classe » et la variable « Survie ». Peu importe la classe, les chances de survie auraient été les mêmes (soit 37,7%), ce qui correspond à H0.

Étape 3 : Calcul des écarts relatifs entre fréquences observées « fo » (tableau 1) et fréquences théoriques « ft » (tableau 3) pour chaque cellule du tableau de contingence, selon la formule :

$$(ft - fo)^2 / ft$$

La différence [ft - fo] est mise au carré pour que les écarts entre ft et fo soit toujours positifs.

Tableau 4
La survie des passagers selon la classe. Calcul des écarts entre ft et fo.
Naufrage du Titanic, n= 1.308

	Sauvés : ft	Morts : ft	N
1° classe	$(121 - 202)^2/121 = \mathbf{54{,}22}$	$(201 - 120)^2/201 = \mathbf{32{,}00}$	**322**
2° classe	$(104 - 115)^2/104 = \mathbf{0{,}95}$	$(173 - 162)^2/173 = \mathbf{0{,}70}$	**277**
3° classe	$(267 - 176)^2/267 = \mathbf{31{,}01}$	$(442 - 533)^2/442 = \mathbf{18{,}28}$	**709**

Les écarts relatifs ou **Khi-deux partiels**, sont particulièrement importants en 1ère et 3ème classe. La survie observée dans ces deux classes extrêmes est donc très différente de ce qui s'observe sous H0, qui est aussi la survie « moyenne » calculée sur l'ensemble des passagers. La survie observée en 2ème classe est proche de cette survie « moyenne », comme en témoignent les très faibles Khi-deux partiels de cette classe.

Étape 4 : Le Khi-deux s'obtient en sommant tous les Khi-deux partiels et est ici égal à 137,16.

Étape 5 : Pour confronter cette valeur calculée du Khi-deux à sa valeur correspondante de la « Table du Khi-deux », il faut encore calculer le nombre de **degrés de liberté** « *ddl* » du tableau de contingence [encadré 1].

ddl = (nombre de colonnes - 1) x (nombre de lignes - 1)

Soit, dans le cas du naufrage du Titanic :

ddl = (2 - 1) x (3 - 1) = 2

Étape 6 : Le Khi-deux de 137,16 est confronté à la valeur du Khi-deux correspondant à H0 dans la « Table du Khi-deux », dans le cas de 2 *ddl* (tableau 5).

Encadré 1

Les « degrés de liberté »

Le nombre de degrés de liberté (*ddl*) appelés en anglais *degrees of freedom* (*df*) apparaît fréquemment dans le calcul des niveaux de signification des tests statistiques.

On peut comprendre cette notion d'une façon intuitive en considérant une simple équation de type : $[a + b = 15]$. Cette équation comporte 2 inconnues *a* et *b*, qui peuvent prendre différentes valeurs, pour peu que leur somme soit égale à 15. Pourtant, dès que la valeur d'une seule de ces inconnues est fixée, soit $a = 3$, par exemple, la valeur de *b* en est automatiquement dérivée. On ne dispose dans ce cas que d'1 seul degré de liberté : celui de fixer la valeur d'une des deux inconnues.

Un autre exemple est celui d'un tableau de contingence croisant deux variables dichotomiques : le sexe des élèves et leur réussite en fin d'année. On connaît les fréquences marginales, mais pas les fréquences internes. Quelle est dans ce cas la marge de « liberté » dont on dispose pour les définir ?

	Oui	Non	Total
Garçons	A	b	15
Filles	C	d	25
Total	20	20	40

On se rendra vite compte qu'on ne dispose que d'un seul degré de liberté dans ce cas : en effet, dès que la valeur d'une seule des 4 cellules (fréquences internes) est déterminée en tenant compte, bien entendu, des limites imposées par les fréquences marginales, les fréquences des trois autres cellules en sont automatiquement dérivées. Ainsi, en décidant que $b = 3$, on aura nécessairement : $a = 12$, $c = 8$ et $d = 17$. Par contre, si $c = 10$, alors *a* ne peut qu'être égal à 10, $b = 5$ et $d = 15$. Il y a donc plusieurs solutions possibles, mais il suffit d'une seule information en sus des fréquences marginales, pour que le tableau de contingence soit complété de façon univoque. On revient au *ddl* associé au test du Khi-deux où le *ddl* = (Colonnes -1)(Lignes -1) = (2-1)(2-1) = 1, comme dans cet exemple-ci.

Une définition générale du nombre de degrés de libertés est qu'il est égal au nombre d'inconnues à estimer moins le nombre de relations connues entre ces inconnues. Ainsi, dans le premier exemple la somme de *a* et *b* est connue : [*ddl* = 2-1]. Dans le second exemple on a 4 paramètres à estimer et on connait 3 des 4 sommes marginales du tableau (la 4ème somme dérive de la connaissance des 3 autres) : [*ddl* = 4-3] qui est généralisé ici par la formule [*ddl* = (1 - 1)(c - 1)]. On verra dans d'autres formules que la connaissance de la moyenne d'une variable dans un échantillon conduit à un [*ddl* = *n* - 1] où *n* est le nombre d'observations de cette variable. Effectivement, si on connaît la valeur moyenne d'une variable et la valeur de cette variable pour toute la population observée sauf une, la valeur de cette dernière personne peut en être déduite de façon univoque.

Tableau 5
Extrait de la distribution du Khi-deux (Fox, 1999 : 343)

ddl	**0,05**	Probabilité **0,02**	**0,01**	**0,001**
1	3,84	5,41	6,64	10,83
2	5,99	7,82	9,21	**13,82**
3	7,82	9,84	11,35	26,27
...	...	...	...	...
30	43,77	47,96	50,89	59,70

Le Khi-deux calculé est supérieur à toutes les valeurs de référence de la table correspondant à 2 *ddl* (tableau 5) et est donc très certainement supérieur à la valeur-seuil de 5,99 au niveau de signification de 5% (ou une probabilité $p<0,05$ d'accepter H0). On préférera cependant le situer par rapport à la valeur correspondant à la probabilité la plus faible d'accepter H0 : soit le Khi-deux de la table qui s'élève à 13,82, qui est la valeur-seuil en dessous de laquelle il y a une probabilité de 0,1% (ou $p<0,001$) que l'hypothèse nulle H0 d'absence de relation ne puisse être rejetée. Le Khi-deux calculé lui est largement supérieur [137,16 > 13,82] : **H0** est donc rejetée au niveau de signification de 0,1%. L'hypothèse **H1** d'une relation entre la « classe » et la survie a donc moins d'une chance sur 1.000 d'être due au hasard.

Cette logique d'utilisation des tests est − à des détails près − semblable pour la plupart des tests statistiques qui seront présentés dans ce manuel. Leur usage est cependant grandement simplifié par le recours aux logiciels statistiques qui réalisent toutes les étapes qui viennent d'être détaillées ici, y compris le calcul exact du niveau de signification du Khi-deux. Si c'est au chercheur à décider du test statistique à appliquer à ses données, il n'est en revanche plus indispensable de savoir lire les tables statistiques de référence, telle que celle du Khi-deux (tableau 5).

Lors de l'interprétation du Khi-deux, il faut se rappeler :

1. Que la valeur du Khi-deux est dépendante à la fois du nombre de modalités que comptent les deux variables mises en relation et du nombre d'unités d'observation : on ne peut donc comparer les valeurs des Khi-deux d'une étude ou d'une analyse à l'autre, seul compte son **niveau de signification statistique**.

2. La stabilité du Khi-deux implique qu'aucune cellule (fréquences internes) du tableau de contingence des **fréquences théoriques** ne compte moins de 5 unités. Si tel est le cas, il faudra le plus souvent procéder à des regroupements de modalités.

3. À côté du Khi-deux − qui est de loin la mesure la plus utilisée pour valider statistiquement l'existence d'une relation entre deux variables qualitatives − bien d'autres mesures d'association entre

variables nominales ont été développées, comme le **Coefficient de contingence de Pearson** qui neutralise l'effet du nombre d'unités d'observation, le **V de Cramer** qui, de plus, tient compte du nombre de modalités, etc.[6]

3. Risques relatifs (RR) et *odds ratios* (OR)

Le test du Khi-deux donne une évaluation globale de l'existence d'un lien entre deux variables, mais ne donne aucune information quant à l'intensité, ni à la direction de ce lien. Le recours aux **risques relatifs RR** ou aux *odds ratios* **OR** permet de qualifier ce lien. Ces mesures utilisent le Khi-deux pour calculer les **intervalles de confiance IC** des RR associés à chaque modalité de la variable indépendante. Si l'interprétation de *l'odds ratio* est moins intuitive que celle du risque relatif, le large usage qui en est fait en sciences sociales et en épidémiologie[7], notamment, comme coefficient des régressions logistiques, en rend la présentation nécessaire.

3.1. Le risque relatif

Le **risque relatif RR** est une façon de comparer les risques de survenue d'un événement d'une modalité à l'autre de la variable indépendante. Cela a surtout du sens quand le chercheur fait l'hypothèse d'une **relation de causalité** entre la variable indépendante et la variable dépendante. Le calcul des intervalles de confiance **IC** [encadré 3] autour du **RR** permet en outre de vérifier si l'effet[8] de chacune des modalités de la variable indépendante diffère significativement de l'effet de la modalité de référence.

Le calcul du risque relatif RR de survivre au naufrage du Titanic s'obtient comme suit :

Étape 1 : la proportion de survivants (ou « risque » R de survie) est calculée pour chaque classe.

Étape 2 : une modalité de la variable indépendante est alors sélectionnée pour jouer le rôle de « modalité de référence » : ici c'est la classe ayant le « risque » R de survie le plus faible qui a été sélectionnée.

Étape 3 : les risques de survie R de chaque modalité de la variable « Classe » sont alors divisés par le risque de survie R de la modalité de référence : on obtient le risque relatif RR. À noter que le RR de la modalité de

---

[6] Pour un certain nombre d'entre elles, voir William Fox (1999), pp. 169-201.

[7] Les économistes lui préfèrent le coefficient β (bêta) qui est une autre forme de résultat de la régression logistique et des techniques de régressions apparentées [chapitre 10].

[8] Cet « effet » est en réalité le risque de survenue de la variable dépendante pour chaque modalité de la variable indépendante.

référence est toujours égal à 1, puisqu'il résulte de la division du risque qui y est associé par ce même risque, qui est aussi le risque de référence.

Tableau 6
Risques relatifs (RR) de survie des passagers selon la classe.
Naufrage du Titanic, n= 1.308

	Sauvés	Morts	Total	Sauvés/Total R	RR
1° classe	202	120	**322**	0,63	0,63 / 0,25 = **2,53**
2° classe	115	162	**277**	0,42	0,42 / 0,25 = **1,67**
3° classe	176	533	**709**	0,25	0,25 / 0,25 = **1**

L'interprétation en est immédiate : le « risque » de survie des passagers de 1ère classe est multiplié par 2,5 par rapport à celui des passagers de 3ème classe ; et les passagers de 2ème classe ont eu un « risque » de survie égal à 1,7 fois celui des passagers de 3ème classe.

À noter que le choix de la modalité de référence porte de préférence sur la modalité qui théoriquement devrait être associée au risque le plus faible : dans ce cas en effet, les RR des autres modalités seront ≥ 1 et plus faciles à interpréter. Mais il ne s'agit pas d'une règle absolue : en prenant la 1ère classe comme modalité de référence, les RR des autres modalités sont respectivement : 1 pour la 1ère classe (modalité de référence), 0,66 pour la 2ème classe et 0,39 pour la 3ème classe. L'interprétation de ces RR est alors que le « risque » de survie de la 3ème classe était de près de 40% (donc moindre que) celui de la première classe, ce qui est équivalent à dire que les passagers de a 1ère classe avaient 2,5 fois le « risque » de survie de la 3ème classe. En effet, l'inverse de 2,53 est égal à 0,39 [1/2,53 = 0,39] et vice-versa.

Le RR ne suit pas une progression arithmétique : la valeur pivot « 1 » signifie l'absence d'effet (ou de différence) par rapport à la modalité de référence de la variable et les valeurs de RR peuvent théoriquement s'étendre de « 0 » à « ∞ » :

0 ... 0,25 ... 0,50 ... 0,75 ... 1 ... 1,33 ... 2,00... 4,00 ... ∞

Où une valeur de 0,25 (soit un risque divisé par 4) est équidistante de la valeur 1 (il n'y a pas d'effet) que la valeur 4 (soit un risque multiplié par 4) ; 0,50 (« la moitié de... ») est équivalente à 2,00 (« le double de... »).

Étape 4 : le calcul des **intervalles de confiance IC** [encadré 3] autour de ces valeurs s'opère à l'aide du Khi-deux (noté χ^2 dans les formules) calculé précédemment, selon une formule approchée[9] :

$$IC\ (95\%) : RR^{(1-1,96/\sqrt{\chi^2})} < RR < RR^{(1+1,96/\sqrt{\chi^2})}$$

$$IC\ (99\%) : RR^{(1-2,58/\sqrt{\chi^2})} < RR < RR^{(1+2,58/\sqrt{\chi^2})}$$

En optant pour un IC couvrant 95% des valeurs possibles du RR, on obtient :

Tableau 7
Risques relatifs (RR) de survie des passagers selon la classe.
Naufrage du Titanic, n= 1.308

	Sauvés	Morts	Total	Sauvés/Total R	RR	IC (95%)
1° classe	202	120	**322**	0,63	**2,53**	**2,36 – 2,70**
2° classe	115	162	**277**	0,42	**1,67**	**1,50 – 1,84**
3° classe	176	533	**709**	0,25	**1**	**1**

À noter ici que la série de valeurs possibles serait plus large avec un IC couvrant 99% des valeurs (correspondant à $p<0,01$), mais on se limite habituellement à un IC à 95% qui est associé à un niveau de signification de 5% ($p<0,05$).

L'examen des IC doit se focaliser sur deux aspects :

o Vérifier si l'intervalle de confiance contient la valeur « 1 » : dans ce cas, il faudra conclure que l'effet de cette modalité de la variable indépendante ne diffère pas significativement, au niveau $p<0,05$, de l'effet de la modalité de référence. La présence de la valeur « 1 » implique en effet qu'il est possible que le RR de cette modalité-là ne diffère pas du RR de la modalité de référence.

o Vérifier si les intervalles de confiance des différentes modalités se recouvrent, même si ce n'est que très partiellement : s'il est possible que les RR de deux ou davantage de modalités d'une variable indépendante soient identiques – même pour un nombre limité de valeurs – cela implique qu'elles pourraient ne pas différer quant à leur effet sur la variable dépendante.

---

[9] C'est une formule approchée proposée par Miettinen en 1976 et qui est assez facile à calculer manuellement. Elle peut légèrement différer des IC obtenus via les programmes informatiques disponibles, mais elle a le mérite ici de montrer le lien entre l'IC et le Khi-deux (χ^2).

Dans notre exemple, l'effet exercé par la 1ère classe se distingue de celui de la 3ème classe : la valeur « 1 » ne fait pas partie des valeurs délimitées par l'IC (95%). Cet effet se distingue également de celui qu'exerce la 2ème classe : la limite basse de l'IC (95%) de la 1ère classe (2,36) est plus élevée que la limite haute (1,84) de l'IC (95%) de la 2ème classe.

o À noter qu'il suffit qu'une seule des modalités de la variable exerce un effet significatif pour qu'une association entre deux variables soit globalement significative. Une association globalement non-significative entre deux variables n'implique cependant pas qu'aucune modalité n'exerce d'effet significatif.

3.2. Le rapport de cotes ou odds ratio

L'*odds* ou « cote[10] » qui compare quantitativement la présence d'une caractéristique à son absence dans un échantillon, a été développée en épidémiologie comme mesure de fréquence dans le cadre des études cas-témoins. L'*odds ratio* (OR) ou rapport de cotes en a été dérivé comme mesure d'effet (Rothman, 1986 ; Hosmer, Lemeshow, 2000 : 50). L'*odds ratio* (OR) s'est diffusé en sciences sociales par le recours de plus en plus répandu aux régressions logistiques [chapitre 10] dont la variable dépendante est une dichotomie, c'est-à dire une variable qui répartit l'échantillon en deux sous-échantillons définis par la présence *versus* l'absence d'une caractéristique ou d'un événement. Si le **risque R,** ou proportion, rapporte le nombre d'événements étudiés (de la variable dépendante) d'une des modalités de la variable indépendante à l'effectif total de cette modalité, l'*odds* **(ou cote)** rapporte le nombre d'événements au nombre de non-événements caractérisant cette même modalité. Le risque et l'*odds* ont donc le même numérateur, mais leurs dénominateurs diffèrent et, par définition, un *odds* sera toujours égal ou supérieur au risque correspondant. Il ne faut donc pas interpréter un *odds* en termes de risque : l'*odds ratio* est une estimation valide du risque relatif seulement si la fréquence de l'événement étudié est rare dans la population.

À cette différence d'interprétation près, l'usage de l'*odds ratio* OR et du risque relatif RR se ressemblent beaucoup.

Il apparaît d'emblée à la lecture du tableau 8 qu'un *odds* n'est pas un risque. En effet, comme la première classe compte davantage de survivants que de décédés, l'*odds* de survie est supérieur à 1 (ici : 1,68), une valeur qu'un risque ou une probabilité ne peut atteindre, étant strictement limités à des valeurs se situant entre 0 et 1.

---

[10] L'*odds* (anglais) ou cote (français) désigne les chances de succès d'un cheval de course : « sa cote est de 3 contre 1 ». En statistique, c'est le rapport entre événement et non-événement.

Tableau 8
Odds ratios (OR) de survie des passagers selon la classe.
Naufrage du Titanic, n= 1.308

	Sauvés	Morts	Total	*Odds* Sauvés/Morts	OR	IC (95%)*
1° classe	202	120	**322**	1,68	**5,09**	**3,84 – 6,77**
2° classe	115	162	**277**	0,71	**2,15**	**1,60 – 2,88**
3° classe	176	533	**709**	0,33	1	1

Le calcul des intervalles de confiance (IC) des OR s'opère par l'intermédiaire de l'intervalle de confiance de son logarithme népérien : pour l'obtenir, le plus simple est de recourir aux résultats d'une régression logistique binaire [chapitre 10] avec le rapport Sauvés/Morts comme variable dépendante et la variable « Classe » comme seule variable indépendante. On peut également les calculer à l'aide de la formule approchée de Miettinen (1976), comme pour le RR :

$$\text{IC (95\%) : OR}^{(1 - 1,96 / \sqrt{\chi^2})} < \text{OR} < \text{OR}^{(1 + 1,96 / \sqrt{\chi^2})}$$

L'interprétation s'énonce en termes de « chances » ou d'*odds ratios* : les « chances » de survie des passagers de 1ère classe étaient multipliées par 5 par rapport à celles des passagers de 3ème classe, tandis que celles des passagers de 2ème classe étaient multipliées par un peu plus de 2.

Ici aussi, le choix de la modalité de référence porte, de préférence, sur la modalité ayant l'*odds* le plus faible, pour les mêmes raisons de facilité d'interprétation que le RR. Mais il ne s'agit pas d'une règle absolue : si on avait pris la 1ère classe comme modalité de référence, les OR des autres modalités seraient respectivement : 1 pour la 1ère classe (modalité de référence) ; 0,42 pour la 2ème classe et 0,20 pour la 3ème classe. L'interprétation de ces OR est alors que les « chances » de survie de la 3ème classe était de 20% (donc moindre) celles de la première classe, ce qui est équivalent à dire que les passagers de a 1ère classe avaient 5 fois les « chances » de survie de la 3ème classe. En effet, l'inverse de 5,09 est égal à 0,20 et vice-versa.

Les précautions à prendre lors de la lecture des IC des OR sont les mêmes que pour le RR : si la valeur « 1 » est comprise dans l'IC, on ne peut conclure à un effet de la modalité concernée, puisque sa relation avec la variable dépendante peut être identique à celle de la modalité choisie comme référence au calcul de l'OR. Des IC dont les valeurs se recouvrent, même partiellement, impliquent que les effets des modalités concernées peuvent ne pas différer statistiquement l'un de l'autre.

3.3. Pour interpréter correctement les RR et les OR

1. Ne pas interpréter les *odds* et les *odds ratios* en termes de risques ou de risques relatifs. Les *odds* **ne sont pas** des proportions et ne peuvent être assimilés à une probabilité. Seules les situations de très faible probabilité de survenue de l'événement étudié produisent un *odds ratio* proche du risque relatif.

2. Comparer la valeur d'un *odds* ou d'un *odds ratio* d'une étude au risque R ou au risque relatif RR calculé sur le même couple de variables dans une autre étude, pose également problème : les *odds* ayant systématiquement des valeurs (rarement) égales et (généralement) plus élevées que le risque correspondant.

3. Les RR et les OR sont des mesures relatives, comme leur nom l'indique : elles sont calculées relativement à la valeur du risque ou de l'*odds* de la modalité de référence. Il vaut toujours mieux mentionner la valeur de référence à partir de laquelle ces mesures relatives sont calculées, pour en nuancer l'interprétation : un même RR (et un même OR) peut en effet être obtenu en référence à des risques (des *odds*) très différents.

4. Il faut éviter de choisir comme modalité de référence des modalités très peu fréquentes dans l'échantillon : dans ce cas, la faiblesse des effectifs concernés peut conduire à un risque (ou *odds*) de référence particulièrement faible, ce qui a pour conséquence de produire des RR ou des OR anormalement élevés et difficilement interprétables.

3.4. Comparer les RR pour repérer les effets d'interaction et de confusion

Les effets de **confusion** et d'**interaction** ont été décrits précédemment [chapitre 1]. Bien qu'ils concernent l'analyse simultanée de 3 variables, et non l'analyse bivariée *stricto sensu*, il nous a semblé utile de mentionner ici l'intérêt qu'il y a à utiliser les RR ou les OR pour identifier comment s'articulent les effets de deux variables indépendantes qualitatives sur une dépendante dans le cas d'analyses stratifiées.

Le principe en est simple et s'inspire des exemples d'études épidémiologiques (Kleinbaum et *al.*, 1982 : 242-265) qui procèdent par comparaison des effets d'une intervention (variable indépendante principale) sur la guérison (variable dépendante) dans deux strates définies par une deuxième variable indépendante, comme l'âge ou la classe sociale. L'objectif est d'identifier si la variable de stratification agit de façon **indépendante** de la variable d'intervention sur la guérison ou si elle **interagit** avec l'intervention ou encore **confond** la relation entre intervention et guérison. L'effet est mesuré soit par le RR, soit par l'OR.

Il s'agit tout simplement de comparer la valeur du RR de chaque strate et le RR calculé sur l'ensemble des strates. Le raisonnement est identique pour les OR.

En partant de deux strates, comme dans l'exemple du naufrage du Titanic, on comparera donc RR1 (strate 1), RR2 (strate 2) et RRT (total) (tableau 9).

Tableau 9
Comparaison des RR dans une analyse stratifiée et effets exercés par la variable de stratification sur la relation bivariée principale

Comparaison des RR	Effet de la variable de stratification
RR1 = RR2 = RRT	Ni interaction, ni confusion
RR1 = RR2 ; RRT ≠ RR1 ou RR2	Confusion
RR1 ≠ RR2 ; et RRT se situe à l'intérieur de l'intervalle des valeurs définies par [RR1 ; RR2]	Interaction
RR1 ≠ RR2 ; et RRT se situe en dehors de l'intervalle des valeurs définies par [RR1 ; RR2]	Interaction et confusion

Appliquée à l'exemple des effets des variables « Classe » et « Genre » sur la survie au naufrage du Titanic [chapitre 1, tableau 3], la comparaison des RR selon les classes pour les deux strates comparant la survie des hommes (strate 1), d'une part, et des femmes et des enfants (strate 2), d'autre part, aboutit à l'existence d'un **effet d'interaction** entre les variables indépendantes « Classe » et « Genre » sur la variable dépendante « Survie ».

	Strate 1	Strate 2	Total	
Classe 1	2,76	2,03	2,53	On se trouve bien dans la situation où les RR partiels diffèrent et le RR total se situe dans les intervalles de valeurs des RR partiels. Classe et genre agissent donc en **interaction** sur les chances de survie.
Classe 2	0,67	1,83	1,67	
Classe 3	1	1	1	

L'exemple de la réussite au bac des garçons et filles de la petite ville de Bombach illustre bien l'**effet de confusion** [chapitre 1, tableaux 4 et 5]. Ici on compare les RR de réussite au bac (variable dépendante) des garçons et des filles (le genre est la variable indépendante principale) de St Athanase (strate 1) et de Ste Bénédicte (strate 2).

	Strate 1	Strate 2	Total
Garçons	3,00	1,29	0,66
Filles	1	1	1

Le RR total se situe en dehors de l'intervalle de valeurs des RR partiels ce qui relève d'un effet de **confusion**. Les RR partiels diffèrent dans leur intensité, ce qui indique qu'il y a également un effet d'**interaction**.

Le cumul des deux effets montre ici l'importance de contrôler l'effet de l'école quand on s'intéresse aux différences de réussite scolaire entre les garçons et les filles. Il est clair que c'est surtout l'effet de confusion qui est préoccupant : sans stratifier, on aurait pu conclure à une moindre réussite des garçons (RRT<1), alors que dans chaque école, les garçons réussissent mieux que les filles (RR1>1 ; RR2>1).

4. Pour aller plus loin

D'autres tests d'association entre variables qualitatives, ainsi que des mesures spécifiques au cas où l'une des deux variables est ordinale, sont détaillés par William Fox (1999 : 169-201), David de Vaus (2008 : 296-300), Gilbert Saporta (2006 :146-154), Jean Dickinson Gibbons (1993) ou encore Gopal K. Kanji (1999 : 69-77).

La relation entre risque relatifs et *odds ratios* est bien décrite par Gerald van Belle (2008 : 115-120).

L'identification d'un effet d'interaction dans le cas d'analyses stratifiées est bien documentée dans les manuels d'analyse de données en sciences sociales, comme celui de David Knoke, George W. Bohrnstedt et Alisa Potter Mee (2002 : 207-233). Cependant, ils ne distinguent généralement pas l'effet de confusion qui est davantage « traqué » de façon spécifique en épidémiologie : l'utilisation des RR ou des OR pour identifier des effets de confusion ou d'interaction est décrite en détails par David G. Kleinbaum, Lawrence L. Kupper et Hal Morgenstern (1982 : 242-265).

CHAPITRE 4

Une variable qualitative
et une variable quantitative

Lorise MOREAU

Chômage et sentiment de dévalorisation

La formation professionnelle constitue aujourd'hui un axe central des politiques d'emploi en Europe. Sous l'influence des institutions européennes, elle s'est rapidement développée comme un instrument privilégié de lutte contre le chômage de masse persistant et contre la détérioration toujours croissante de la position relative des individus faiblement qualifiés sur le marché du travail (Van der Linden, 1997).

Le Fonds social européen (FSE) constitue l'instrument principal de mise en œuvre des politiques européennes de formation. Dans chaque État membre, l'action du FSE vient renforcer les Plans d'action nationaux pour l'emploi.

Une enquête a été réalisée en 2008-2009 auprès de 840 demandeurs d'emploi (de Wilde *et al.*, 2009)[1] ayant bénéficié d'une action de formation cofinancée par le Fonds social européen Wallonie-Bruxelles (FSE) au cours de l'année 2005. L'Agence FSE s'intéressait en particulier aux trajectoires professionnelles des stagiaires suite à la formation, mais de nombreux autres renseignements ont été recueillis. Cette enquête en face-à-face a permis d'obtenir non seulement des données factuelles sur les caractéristiques des formations (durée, domaine, stage, certification, etc.) des publics (âge, sexe, situation et origine familiales, niveau d'études, nationalité, etc.) et des parcours professionnels (antérieurs ou postérieurs), mais aussi des données subjectives, telles que la perception des rôles familiaux, la motivation à l'entrée en formation, le rapport au travail, la perception du marché du travail, etc.

Nous nous intéressons ici à la relation entre la « Durée de la période de chômage la plus longue » et le « Sentiment de dévalorisation », d'une

---

[1] L'analyse de l'« *Enquête de suivi de l'insertion des demandeurs d'emploi FSE Wallonie-Bruxelles* » a été confiée au Groupe interdisciplinaire de Recherche sur la Socialisation, l'Éducation et la Formation (GIRSEF/UCL).

part, et la « Province de résidence », d'autre part. La durée du chômage est ici considérée comme un indicateur des difficultés du parcours professionnel du demandeur d'emploi.

Deux hypothèses sont examinées ici :

Hypothèse 1 : La durée du chômage s'associe à un sentiment de dévalorisation.

Hypothèse 2 : La durée du chômage varie selon la région de résidence, en raison notamment de la possibilité d'y trouver du travail.

Les variables mises en présence sont :

o La « Durée de la plus longue période de chômage » (**variable quantitative**) est mesurée en mois, elle est recueillie comme telle en réponse à la question : « *Combien de temps a duré votre période de chômage la plus longue ?* ». Cette durée varie de 2 à 260 mois (tableau 1).

o Le « Sentiment de dévalorisation » procède du degré d'accord du demandeur d'emploi avec la phrase : « *Pendant les périodes de chômage, je me suis senti(e) dévalorisé(e) aux yeux des autres* » : les scores en ont été regroupés de façon à produire une **variable dichotomique** (« Non » = 1 ; « Oui » = 2).

o La « Province de résidence » (**variable qualitative**) est considérée ici comme indicatrice du bassin d'emploi et comporte 4 modalités : Bruxelles, Hainaut, Liège et l'ensemble Brabant wallon-Namur-Luxembourg[2]

L'analyse de la relation entre une variable quantitative et une variable qualitative peut bien sûr s'opérer au moyen du Khi-deux, mais il faut pour cela regrouper les valeurs de la variable quantitative en un nombre restreint de modalités, la transformant en une variable qualitative (ordinale). Cependant, si on souhaite conserver toute la variabilité de la variable « Durée… » – et donc la traiter en tant que quantitative – d'autres tests peuvent être utilisés. Ils permettent de **comparer les valeurs moyennes d'une variable quantitative de chacune des strates définies par les modalités d'une variable qualitative** et donc d'établir si ces moyennes diffèrent et dans quelle mesure (avec quel risque de se tromper) les différences observées seraient dues au hasard (à une variation d'échantillonnage).

---

[2]   Ces 3 provinces ont été regroupées, dans le cadre de cet exemple, en raison de la relative faiblesse des effectifs de demandeurs d'emplois qui sont concernés par l'enquête sur la formation professionnelle (n = 315), et de la proximité des résultats observés dans ces provinces pour les variables analysées dans ce chapitre. Ces rapprochements ne sont évidemment pas généralisables.

Le nombre de modalités de la variable qualitative qu'on souhaite associer à la variable quantitative détermine le type de test à appliquer : le **test *t* de Student** est privilégié pour analyser l'association entre une variable quantitative et une variable qualitative à 2 modalités (**variable dichotomique**), alors qu'à partir de trois modalités (**variable polychotomique**), c'est le **test *F* de Fisher** qui est appliqué.

Avant de détailler le fonctionnement de ces tests, une petite mise au point sémantique et de notation s'avère nécessaire, dans la mesure où elle est couramment utilisée dans la littérature sur les tests en général et, en particulier, pour les tests *t* et *F* [encadré 2].

Encadré 2

Échantillon et distribution d'échantillonnage

Statistiques et paramètres

Pour distinguer entre mesure calculée directement à partir des données disponibles et la mesure correspondante des distributions d'échantillonnage théoriques on va parler de **statistique** (données observées) et de **paramètre** (distribution d'échantillonnage). Pour désigner les statistiques, on recourt aux caractères latins : $\bar{x}$, s, … tandis que les paramètres, qui sont les mesures correspondantes des distributions théoriques d'échantillonnage, sont désignées par des caractères grecs : μ (*mu*), σ (*sigma*). Ce sont ces paramètres qui permettent d'estimer les caractéristiques (inconnues en principe) de la distribution de la variable dans la population de référence.

Statistiques descriptives de X	Échantillon (statistiques)	Population (paramètres)
Moyenne	$\bar{X}$	μ
Écart-type	s	σ
Variance	s^2	σ^2
Effectif	n	N

Erreur-type et écart-type

L'erreur-type d'une estimation $\bar{X}$ (échantillon observé) du **paramètre μ** (population de référence) est mesurée par l'**écart-type s** de cette estimation **divisé par la racine carrée de l'effectif de l'échantillon n**. Le raisonnement est le suivant : la moyenne observée $\bar{X}$ est une estimation parmi l'ensemble des moyennes qu'on aurait pu observer si un grand nombre d'échantillons de même taille n avaient été tirés de la population de référence. L'**erreur-type** est donc une mesure de la variation de cette estimation, elle va servir à calculer l'intervalle de confiance IC de $\bar{X}$ [encadré 3]. Elle est égale à $s/\sqrt{n}$ où s remplace l'écart-type σ (en principe inconnu) de la variable X dans la population de référence.

---

1. Le test *t* de Student

1.1. Sélectionner la sous-population d'intérêt et la décrire

Analyser les effets de la durée du chômage implique que la population étudiée ait déjà vécu des périodes de chômage plus ou moins longues. L'exemple sera donc limité aux demandeurs d'emploi âgés de 30 à 49 ans engagés en 2005 dans une formation cofinancée par l'Agence FSE, qui ont passé au moins 5 ans sur le marché du travail et qui ont connu le chômage, soit 315 personnes.

Il s'agit pour l'essentiel de répondre à deux questions :

1. « La durée de la plus longue période de chômage est-elle associée à un sentiment de dévalorisation ? »

2. « Si une relation est observée, pourrait-elle relever du hasard (d'une variation d'échantillonnage) ? »

Décrire la relation entre une variable quantitative et une variable qualitative revient à utiliser les outils de l'analyse univariée d'une variable quantitative pour chacune des strates définies par les modalités de la variable qualitative : on peut dès lors comparer l'**étendue**[3], la **moyenne** et l'**écart-type** de la plus longue période de chômage des demandeurs d'emploi selon qu'ils se sont sentis ou non dévalorisés au cours de cette période.

On observe une différence de 8,8 mois entre la durée moyenne de la plus longue période de chômage de ceux qui ne se sont pas sentis dévalorisés pendant cette période (31,8 mois) et ceux qui se sont sentis dévalorisés (40,6 mois). Les écart-types des distributions des durées se situent tous les deux au-delà de 30 mois ($s_1 = 33,1$ mois ; $s_2 = 36,9$ mois) (tableau 1).

Si une grande dispersion de valeurs autour de la moyenne, comme on l'observe ici, s'interprète, en principe, comme une grande hétérogénéité des durées dans les deux situations de dévalorisation étudiées ici, elle peut aussi être l'indice du fait que la distribution de la variable durée n'est pas « Normale » [Encadré 3].

---

[3] La série de valeurs que prise par la variable entre son maximum et son minimum.

Tableau 1
Durée (mois) de la période de chômage la plus longue de demandeurs d'emploi
FSE Wallonie-Bruxelles âgés de 30-49 ans et ayant été au moins 5 ans sur le
marché du travail, selon le sentiment de dévalorisation (n = 312)[4]

| | Sentiment de dévalorisation | | Ensemble |
	Non	Oui	
Moyenne $\bar{x}$	31,8	40,6	37,3
Écart-type s	33,1	36,9	35,8
Minimum	2	1	1
Maximum	208	260	260
N	114	198	312

Source : *Enquête de suivi de l'insertion des demandeurs d'emploi FSE Wallonie-Bruxelles*, 2008-2009. Calculs de l'auteure

Un examen visuel (figure 1a) de la distribution de la durée de chômage la plus longue des demandeurs d'emploi confirme le caractère asymétrique de cette variable avec – et c'est heureux – davantage de courtes durées que de longues durées. Sans transformation de la variable quantitative, cet écart par rapport à la normalité fait que le test *t* ne pourra que donner une information approximative (Kanji, 2005 : 28). C'est pourquoi il a été décidé de procéder à une transformation logarithmique de la variable afin d'en « normaliser » la distribution[5] (figure 1b). Cela rend certes l'interprétation des résultats de l'analyse bivariée plus délicate, mais permet d'appliquer le test de façon légitime.

À noter ici que les variables en sciences sociales se distribuent rarement selon une **loi Normale** : ainsi, la distribution de l'âge ou du niveau de revenus d'une population générale n'est pas symétrique ; en revanche, la distribution de caractéristiques physiques comme le poids ou la taille sont souvent proches de la « Normale ». Les tests statistiques supportent heureusement des distributions « approximativement Normales ».

---

[4] Il y a 3 valeurs manquantes sur la variable « sentiment de dévalorisation ».

[5] Voir plus loin pour le détail des conditions d'application du test *t* ainsi que les solutions à apporter en cas de non-respect de ces conditions.

Encadré 3

La loi Normale

Parmi les conditions d'application de plusieurs tests statistiques figure la « normalité » de la distribution des variables analysées. Cette « normalité » renvoie à une distribution théorique appelée **loi Normale** ou encore **loi de Laplace-Gauss** du nom de leurs initiateurs (XIXe siècle).

La Loi Normale se caractérise par sa distribution symétrique en forme de cloche. Sa distribution est entièrement définie par deux paramètres : sa moyenne μ et son écart-type σ. De ce fait elle aura une forme plus resserrée autour de sa moyenne si son écart-type σ (et donc sa variance σ²) est faible, si cet écart-type est élevé, la distribution présentera une forme plus étalée.

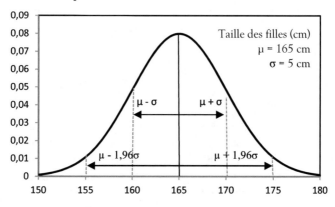

Son **mode** (la valeur la plus fréquemment observée) se situe au centre de la distribution et correspond exactement à sa **médiane** et à sa **moyenne** μ.

Elle présente une particularité qui introduit la notion d'**intervalle de confiance (IC)**:

68% des observations se situent dans l'intervalle de valeurs [μ-σ ; μ+σ]
95% des observations se situent dans l'intervalle de valeurs [μ-1,96σ ; μ+1,96σ]
99% des observations se situent dans l'intervalle de valeurs [μ-2,58σ ; μ+2,58σ]

Le complément à 100% de ces intervalles est la fréquence des observations ayant des valeurs extrêmes (soit très faibles, soit très élevées) de la distribution. Ainsi aux 95% des observations se situant à un maximum de 2 écart-types [2≈1,96] de la moyenne, correspondent les 5% de valeurs extrêmes, considérées comme trop éloignées.

Le calcul de l'**intervalle de confiance (IC)** autour de l'estimation de la moyenne d'une variable utilise la loi Normale. Ainsi, l'IC à 95% (avec 5% de risque de se tromper) est égal à [$\bar{x} - 1,96 \frac{s}{\sqrt{n}}$; $\bar{x} + 1,96 \frac{s}{\sqrt{n}}$], où $\frac{s}{\sqrt{n}}$ est l'erreur-type de la distribution d'échantillonnage [encadré 2].

Comme la distribution d'échantillonnage de la moyenne suit une loi Normale lorsque la taille d'échantillon est suffisamment élevée (n>30), la distribution de la variable ne doit pas être normale pour recourir à cette approche.

Figure 1
Demandeurs d'emploi FSE Wallonie-Bruxelles âgés de 30-49 ans **et** ayant
été au moins 5 ans sur le marché du travail selon la durée (mois) de la période
de chômage la plus longue (n= 315)

a. Variable originelle

b. Logarithme népérien de la variable

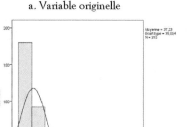
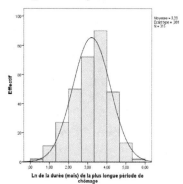

Source : *Enquête de suivi de l'insertion des demandeurs d'emploi FSE Wallonie-Bruxelles, 2008-2009.* Calculs de l'auteure

La représentation graphique d'une relation entre une variable qualitative et une variable quantitative peut prendre plusieurs formes :

o Une superposition ou une juxtaposition des distributions de fréquences de la variable quantitative pour chacune des deux modalités de la variable qualitative, pour autant que cela rende les différences visibles.

o Les « **boîtes à moustaches** » [chapitre 2] permettent de comparer visuellement la distribution de la variable quantitative dans les strates définies par la variable qualitative. La **médiane**, les **quartiles** et l'**étendue** (minimum et maximum) de la variable quantitative (figure 2) en sont les composantes. Comme elles sont bornées par le 1er et le 3ème quartile, les « boîtes » représentent à chaque fois la moitié (50%) de la population des deux strates. Le ln (logarithme népérien) de la durée médiane de la période de chômage la plus longue est un peu plus élevée chez les chômeurs qui se sont sentis dévalorisés, mais c'est aussi chez eux qu'on observe quelques durées de chômage extrêmement basses (situées à plus de 1,5 écart-types du 1er quartile) (figure 2).

Figure 2
Demandeurs d'emploi FSE Wallonie-Bruxelles âgés de 30-49 ans **et** ayant
été au moins 5 ans sur le marché du travail selon la durée ln[mois] de la
période de chômage la plus longue **et** le sentiment de dévalorisation
($n_1 = 114$; $n_2 = 198$)

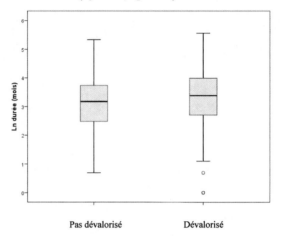

Pas dévalorisé   Dévalorisé

Source : *Enquête de suivi de l'insertion des demandeurs d'emploi FSE
Wallonie-Bruxelles, 2008-2009.* Calculs de l'auteure

o   La comparaison graphique des valeurs **moyennes** et des **intervalles de confiance** à 95% $[\bar{x}_j - 1,96(s_j/\sqrt{n_j})\,;\,\bar{x}_j + 1,96(s_j/\sqrt{n_j})]$ [encadré 3] de la variable quantitative X pour chacune des modalités *j* de la variable qualitative est une alternative intéressante. Elle n'est cependant licite que si la distribution de la variable quantitative est approximativement « Normale ».

1.2. Le test t

Une question est restée en suspens : celle de la signification statistique de la différence de durée de chômage observée de 8,8 mois (ou 0,26 ln[mois]) après transformation logarithmique. Ceci revient à s'interroger sur la probabilité que la différence observée puisse être due au hasard.

C'est le **test *t* de Student** qui est le plus souvent utilisé pour tester si la différence de moyennes d'une variable quantitative de deux groupes indépendants[6] définis par une variable qualitative dichotomique pourrait

---

[6]   Les demandeurs d'emploi qui s'étaient sentis dévalorisés et ceux qui n'ont pas éprouvé ce sentiment constituent bien ici deux groupes indépendants, car les réponses des uns et des autres ne sont pas liées, contrairement aux mesures répétées recueillies auprès de mêmes individus. D'autres tests doivent être appliqués dans ce cas.

être due à une variation d'échantillonnage. La **statistique** *t* **effectivement calculée** à partir de la différence de moyennes observée sera confrontée à la **distribution d'échantillonnage de** *t* **sous H0** en tenant compte du nombre d'unités d'observation des deux strates qui sont analysées (*ddl* = $n_1 + n_2 - 2$). L'hypothèse nulle H0 correspond ici à une absence de différence entre les moyennes de la variable quantitative calculée pour les deux strates. On vérifiera donc si le *t* calculé est supérieur à la valeur-seuil du *t* théorique correspondant à un risque de 5% de se tromper en rejetant H0. Il est évident que si le risque s'avère moindre (1% ou 0,1%), on pourra rejeter l'hypothèse nulle avec davantage de certitude.

1.3. Application du test t

Pour comprendre la logique d'application du test *t*, on procède par étapes :

Étape 1 : On commence par calculer les moyennes à comparer et leur différence. Dans l'exemple des demandeurs d'emploi, la transformation logarithmique de la durée moyenne de la plus longue période de chômage est de $\bar{x}_1 = 3,04$ ln[mois] parmi ceux qui ne se sont pas sentis dévalorisés, et de $\bar{x}_2 = 3,30$ ln[mois] parmi ceux qui se sont sentis dévalorisés. La différence de ces durées moyennes est de $|\bar{x}_1 - \bar{x}_2| = 0,26$ ln[mois].

Étape 2 : Il s'agit ensuite de définir l'hypothèse nulle H0. Le test *t* revient à tester l'hypothèse nulle (H0) qu'il n'y a pas de différence de durée entre ceux qui se sont sentis dévalorisés et ceux qui n'ont pas éprouvé ce sentiment, ceci revient à dire que la durée de la plus longue période de chômage qu'ont connue les demandeurs d'emploi était en moyenne la même dans les deux groupes. On pose donc l'hypothèse théorique H0 :

$$\mu_1 = \mu_2$$

Ou, ce qui revient au même : $\mu_1 - \mu_2 = 0$

L'hypothèse alternative H1 est qu'il existe une différence entre la durée moyenne de la plus longue période de chômage de ceux qui se sont sentis dévalorisés et celle de ceux qui n'ont pas éprouvé ce sentiment : il y aurait une relation entre le sentiment de dévalorisation et la durée du chômage. L'hypothèse H1 peut aussi se présenter de deux façons :

$$\mu_1 \neq \mu_2$$

Ou, ce qui revient au même : $\mu_1 - \mu_2 \neq 0$

Étape 3 : Sous H0, la distribution d'échantillonnage de la différence de moyennes (μ_1 - μ_2) suit une loi de Student[7]. Il s'agit plus précisément de la distribution d'échantillonnage de la statistique *t* qui s'annule en cas de moyennes identiques. Cette statistique s'écrit comme suit après simplification :

$$t = \frac{\bar{x}_1 - \bar{x}_2}{\sigma_{\bar{x}_1 - \bar{x}_2}}$$

La **statistique *t*** calculée équivaut donc à diviser la différence de moyennes par l'**erreur-type** σ de leur différence.

Elle nous dit à combien d'**erreurs-types** [encadré 2] cette différence se situe de « 0 ». Plus *t* est « grand » plus on s'éloigne de « 0 » qui correspond à l'hypothèse nulle d'égalité des moyennes H0.

À noter que l'erreur-type de la distribution d'échantillonnage des différences entre les moyennes est fonction des effectifs (n_1 et n_2) et des variances (σ_1^2 et σ_2^2) de la distribution de X dans chacune des deux modalités de la variable qualitative dans la population[8]. Ces variances étant inconnues, on les estime à partir des variances s_1^2 et s_2^2 des distributions des durées en fonction du sentiment de dévalorisation dans l'échantillon.

Connaissant les moyennes et ayant calculé l'erreur-type, *t* calculé est égal à :

$$t = \frac{3,04 - 3,30}{0,115} = -2,202$$

Étape 4 : Pour confronter la valeur du *t* calculé à la valeur théorique correspondante de la « Table du *t* » ou distribution d'échantillonnage, il faut encore calculer le nombre de **degrés de libertés** « *ddl* » de l'échantillon analysé [encadré 1].

$$ddl = (n_1 + n_2 - 2)$$

Soit, dans le cas de la durée du chômage :

$$ddl = (114 + 198 - 2) = 310.$$

---

[7] La loi de Student est utilisée en substitution de la loi Normale lorsque les échantillons sont petits et que les variances des populations ne sont pas connues, mais estimées à partir de l'échantillon. Notons que la loi de Student s'approche de la **loi Normale centrée réduite** quand *n* est supérieur à 50. La loi Normale centrée réduite résulte d'une standardisation de la distribution : ses paramètres ont de ce fait des valeurs fixes avec [μ=0] et [σ=1] [encadré 7].

[8] À titre d'information, l'erreur- type de la différence de moyennes se calcule comme suit : $\sigma_{\bar{x}_1 - \bar{x}_2} = \sqrt{\left(\frac{n_1 s_1^2 + n_2 s_2^2}{n_1 + n_2 - 2}\right)\left(\frac{n_1 + n_2}{n_1 n_2}\right)}$. Comme cette statistique est calculée par les logiciels statistiques, nous ne nous y attarderons pas.

Étape 5 : L'analyse et l'interprétation des résultats : l'application du test *t* révèle qu'il correspond au niveau de risque calculé *p*=0,028[9] de la distribution d'échantillonnage que H0 soit vraie. Autrement dit, en l'absence de différence de moyennes dans la population, il y a seulement 2,8% de chances d'obtenir cette valeur du test *t*. La décision sera donc de rejeter H0 au niveau *p*<0,05 et de se prononcer en faveur de l'hypothèse alternative H1, soit celle de l'existence d'une relation entre la durée de la plus longue période de chômage et le sentiment de dévalorisation chez les demandeurs d'emploi de Bruxelles et de Wallonie.

Étape 6 : Pour la présentation des résultats, on conservera généralement la valeur du test, les degrés de libertés et le niveau de signification.

Dans cet exemple, le résultat se présenterait comme suit :

$$t = -2,202 \ ; \ ddl = 310 \ ; \ p = 0,028.$$

Une présentation alternative est de signaler que le niveau de signification du test est bien inférieur à la valeur-seuil de 5% qui a été retenue ici : *p*<0,05.

On peut également lui préférer l'intervalle de confiance à 95% autour de la différence des valeurs moyennes du logarithme de la variable quantitative : IC (95%) = [-0,479 – -0,027]. À noter que la valeur « 0 », correspondant à l'absence de différence H0, n'est pas incluse dans cet intervalle, ce qui est logique étant donné que le test avait conclu au rejet de H0 au niveau *p*<0,05. Ces présentations sont largement équivalentes.

La présentation de ces résultats s'accompagne nécessairement d'un commentaire : « On peut rejeter H0 et conclure qu'avec une différence de durée de 0,26 ln[mois], soit environ 9 mois, il y a un lien statistiquement significatif entre de la durée de la plus longue période de chômage des demandeurs d'emploi de Bruxelles et de Wallonie et leur sentiment de dévalorisation aux yeux d'autrui.»

1.4. Conditions d'application du test t

Comme le test *t* a été élaboré en référence à des lois théoriques, son utilisation implique que certaines conditions soient respectées :

1. L'échantillon analysé doit en principe résulter d'un **tirage aléatoire**, les moyennes des deux sous-populations définies par la variable dichotomique doivent être indépendantes et les observations doivent elles aussi être indépendantes les unes des autres.

---

[9] Les logiciels statistiques calculent la valeur de *p* avec précision : en général dans la publication des résultats on regroupe ces valeurs en distinguant généralement *p*<0,05 ; *p*<0,01 ; *p*<0,001, etc.

2. Les distributions de la variable quantitative doivent se rapprocher d'une distribution « **Normale** »

3. Enfin, la **variance** de la variable quantitative doit être approximativement **égale** pour les deux sous-populations.

Si la première série de conditions (échantillon aléatoire, indépendance des moyennes et indépendance des observations) résulte de l'échantillonnage et est donc un préalable à la décision de recourir au test *t*, les deux autres conditions (**normalité** et **égalité des variances**) peuvent être testées *a posteriori*. En fonction des résultats, la démarche à suivre pour effectuer le test *t* doit être adaptée.

Comment tester la normalité ? Plusieurs options sont possibles : on procède soit à un examen visuel de la distribution en ayant recours à une représentation graphique de la variable quantitative[10], soit on applique un test *ad hoc*[11].

C'est la première option qui est choisie ici : on compare visuellement la similitude entre la forme de la distribution de la variable et celle de la courbe Normale associée définie par la moyenne $\bar{x}$ et l'écart-type *s* de la distribution observée de la variable. L'examen visuel des histogrammes des valeurs observées permet de conclure à une forme des distributions de la durée du chômage proche de la « Normale », tant pour les demandeurs d'emploi qui se sont sentis dévalorisés, que pour ceux qui n'ont pas éprouvé ce sentiment (figure 3).

Si la normalité de la distribution ne peut être acceptée, c'est-à-dire quand la distribution de la variable s'éloigne fortement de la « Normale », deux voies de solutions sont envisageables : la **transformation** de la variable, pour en « normaliser » la distribution, ou encore, le recours à des **tests non-paramétriques**[12], moins puissants[13] – mais surtout moins exigeants quant à leurs conditions d'application (normalité de la distribution, égalité des variances) – que les tests paramétriques comme le test *t* de Student ou le test *F* de Fisher (voir ci-après).

---

[10] Un autre test graphique est le Q-Q plot qui permet aussi de confronter la distribution observée à une distribution Normale.

[11] Le test de Kolmogorov-Smirnov compare les distributions d'une variable dans deux populations (Gopal K. Kanji, 2005 : 67-68) ou la distribution d'une variable à une distribution théorique, telle que la distribution Normale.

[12] Un test non-paramétrique est un test qui ne nécessite aucune hypothèse sur la distribution (moyenne, variance, normalité) sous-jacente des données. Le test du Khideux est un test non-paramétrique.

[13] La puissance d'un test renvoie à l'erreur β (bêta) évoquée au chapitre 1. Il s'agit de la probabilité de rejeter l'hypothèse nulle sachant que l'hypothèse nulle est fausse. L'analyse de la puissance permet de calculer la taille de l'échantillon qui serait suffisante pour pouvoir mettre en évidence l'effet attendu (de Vaus, 2008 : 180-186).

Figure 3

Test de normalité de la distribution des demandeurs d'emploi FSE Wallonie-Bruxelles âgés de 30-49 ans et ayant été au moins 5 ans sur le marché du travail selon la durée ln[mois] de la période de chômage la plus longue et le sentiment de dévalorisation (n_1=114, n_2=198).

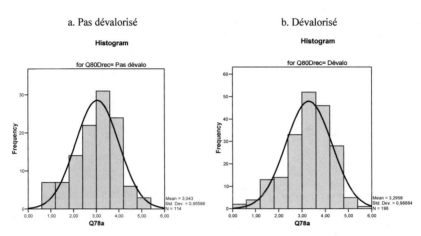

Source : *Enquête de suivi de l'insertion des demandeurs d'emploi FSE Wallonie-Bruxelles, 2008-2009.* Calculs de l'auteure

o La décision de **transformer la variable** va dépendre de la forme de sa distribution et de la capacité de la transformation à amener la variable à approcher une distribution Normale. Les transformations les plus courantes sont la **transformation logarithmique ln(x)** quand la distribution initiale de X est asymétrique et s'étend largement vers la droite ou encore la **racine carrée √x** quand la distribution initiale de X est asymétrique avec une concentration légèrement supérieure à gauche. Il faudra cependant tenir compte de cette transformation dans l'interprétation des résultats, ce qui peut s'avérer délicat : il est plus facile d'interpréter des différences de durées en mois que la différence de leurs logarithmes !

o Le choix d'un **test non-paramétrique**, tel le test de Khi-deux ou le test de Mann-Witney, va dépendre du niveau de mesure des variables en présence et peut amener le chercheur à transformer sa variable quantitative en une variable qualitative. Pour la plupart des **échantillons de très faible effectif**, la normalité de la distribution ne peut être approchée et le recours aux tests non-paramétriques est une solution.

Comment tester l'égalité des variances ? Le **test de Levene** est habituellement utilisé pour tester l'égalité des variances. L'hypothèse nulle (H0) de ce test pose que les variances sont égales : dans ce cas, si $p > 0,05$, on ne peut pas rejeter H0 et la condition d'égalité des variances est respectée. Si l'égalité des variances ne se vérifie pas (la p-valeur du test de Levene est inférieure à 0,05), le logiciel calcule habituellement un **test t corrigé** et ce sont ces résultats-là qu'il faudra retenir et interpréter. À noter que lors de l'application du test de Levene, il est généralement souhaité que H0 ne soit pas rejetée et donc que la p-valeur soit supérieure à 0,05 !

Pour comparer les moyennes de deux populations, le test t requiert que les variances (et donc les écarts-types) des deux sous-populations soient semblables. Dans l'exemple du logarithme népérien de la durée de la plus longue période de chômage, cette condition semble être respectée : les deux distributions ont des écarts-types proches (0,96 et 0,99 ln[mois]). Cependant, il vaut mieux vérifier cette observation à l'aide d'un test.

Tableau 2

Test de Levene d'égalité des variances des distributions de la durée ln[mois] de la période de chômage la plus longue de demandeurs d'emploi FSE Wallonie-Bruxelles âgés de 30-49 ans et ayant été au moins 5 ans sur le marché du travail, selon le sentiment de dévalorisation ($n_1 = 114$; $n_2 = 198$)

(1)	F	0,004
(2)	ddl = [(n_1-1) ; (n_2-1)]	[113 ; 197]
(3)	Niveau de signification de F pour ddl = [113 ; 197]	0,949

Source : *Enquête de suivi de l'insertion des demandeurs d'emploi FSE Wallonie-Bruxelles, 2008-2009*. Calculs de l'auteure

Dans l'exemple, la p-valeur du **test de Levene** est largement supérieure à 5% [0,949 > 0,05] : on ne peut dès lors rejeter l'hypothèse nulle H0 d'égalité de variances. La condition d'égalité des variances des deux groupes en présence est donc respectée.

2. Le test F de Fisher et l'analyse de la variance (ANOVA)

2.1. Sélectionner la sous-population d'intérêt et la décrire

La durée de la plus longue période de chômage est ici considérée comme une conséquence des possibilités d'emploi de la province de résidence du demandeur d'emploi. La sous-population d'intérêt est la même que celle de l'exemple précédent : les demandeurs d'emploi âgés de 30 à 49 ans engagés en 2005 dans une formation cofinancée par l'Agence du Fonds social européen FSE, qui ont passé au moins 5 ans sur le marché du travail et ont connu le chômage, soit 315 personnes.

Rappelons qu'un regroupement des provinces du Brabant wallon, de Namur et du Luxembourg (Bw-N-L) a été opéré en raison de la faiblesse des effectifs d'individus interrogés lors de l'enquête et sélectionnés pour les besoins de l'exemple. L'analyse portera sur les différences de durée de chômage de demandeurs d'emploi résidant à Bruxelles, en Hainaut, dans la Province de Liège et dans le groupe Bw-N-L.

Il s'agit pour l'essentiel de répondre à deux questions :

1. « La durée de la plus longue période de chômage diffère-t-elle selon la province de résidence du demandeur d'emploi ? »

2. « Si une relation est observée, pourrait-elle relever du hasard (d'une variation d'échantillonnage) ? »

Tableau 3
Durée (mois) de la période de chômage la plus longue de demandeurs d'emploi FSE Wallonie-Bruxelles âgés de 30-49 ans et ayant été au moins 5 ans sur le marché du travail, selon la province de résidence (n = 315)

	Hainaut	Bruxelles	Liège	Bw-N-L	Total
Moyenne $\bar{x}_G$	42,4	45,9	28,8	33,8	37,2
Écart-type s_G	3,5	8,4	3,1	3,3	2,0
Minimum	1	9	1	3	1
Maximum	208	260	152	144	260
N	130	30	81	74	315

Source : *Enquête de suivi de l'insertion des demandeurs d'emploi FSE Wallonie-Bruxelles, 2008-2009*. Calculs de l'auteure

Des différences de durée moyenne de la période de chômage la plus longue sont effectivement observées entre les provinces (tableau 3). Les demandeurs d'emploi du Hainaut et de Bruxelles sont ceux qui en moyenne ont connu la plus longue période de chômage (respectivement 42,4 et 45,9 mois). Viennent ensuite les provinces de Bw-N-L (33,8 mois) et de Liège (28,8 mois).

Plusieurs explications peuvent être avancées : une offre d'emploi variable selon les provinces, une inadéquation plus importante dans certaines provinces entre les caractéristiques des demandeurs d'emploi et les emplois disponibles, etc.

Les **boîtes à moustaches** (figure 4) permettent d'apprécier visuellement cette diversité, mais peut-on en conclure que les différences entre les provinces sont statistiquement significatives ? Afin de le savoir, il faut procéder à un test, ce sera **l'analyse de la variance**.

Figure 4

Demandeurs d'emploi FSE Wallonie-Bruxelles âgés de 30-49 ans, ayant été au moins 5 ans sur le marché du travail, selon la durée ln[mois] de la période de chômage la plus longue et la province de résidence
(n_1=130 ; n_2= 30 ; n_3= 81 ; n_4= 74)

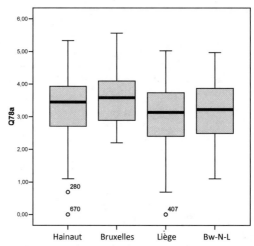

Source : *Enquête de suivi de l'insertion des demandeurs d'emploi FSE Wallonie-Bruxelles, 2008-2009.* Calculs de l'auteure

Avant de poursuivre, on rappellera ici que la distribution de la variable « durée de la plus longue période de chômage » est asymétrique avec des fréquences plus élevées pour les courtes durées de chômage. De ce fait la « condition de normalité » nécessaire à l'application de tests paramétriques comme le test F de Fisher, n'est pas respectée. C'est donc à la transformation logarithmique de la variable que le test sera appliqué, comme cela a été le cas lors de l'application du test t.

2.2. Le test F et l'analyse de la variance *ANOVA*

Il s'agit ici d'analyser la relation s'établissant entre une variable quantitative (la durée de chômage…) et une variable qualitative comportant plus de 2 modalités : c'est le **test *F* de Fisher** qui repose sur une **analyse de variance** (aussi appelée ANOVA : *ANalysis Of VAriance*), qui est le plus approprié. Il ne s'agit plus ici de comparer les seules moyennes, mais bien de s'intéresser à la dispersion de la variable quantitative autour de sa valeur moyenne en distinguant plusieurs sous-ensembles d'unités d'analyse et donc plusieurs variances (de chacune des provinces). La différence (en mois) entre la durée de la plus longue période de chômage d'un demandeur d'emploi particulier par rapport à la durée moyenne de chômage de l'ensemble des 315 demandeurs d'emploi peut en effet être décomposée en 2 différences : [1] la différence entre sa durée personnelle et la durée moyenne calculée sur l'ensemble des demandeurs d'emploi de sa province et [2] la différence entre la durée moyenne de sa province et la durée moyenne de l'ensemble des 315 demandeurs d'emploi de Bruxelles et de Wallonie.

Schéma 1

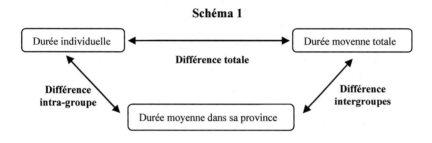

L'analyse de la variance, décompose la **variance totale** des scores de la variable quantitative en deux parties :

1. La variance de la variable à l'intérieur de chaque modalité de la variable qualitative (**variance intra-groupe**)
2. La variance des moyennes de la variable, calculée pour chaque modalité de la variable qualitative (**variance intergroupes**).

Intuitivement, on peut comprendre que moins il y a de différences de durée du chômage à l'intérieur de chaque province (faible variance intra-groupe de la durée de chômage) et plus cette durée diffère d'une province à l'autre (variance intergroupes élevée), plus on pourra rechercher les causes de la durée du chômage dans des conditions d'emploi provinciales et non pas individuelles. Autrement dit, plus la variance inter-groupes de la variable quantitative est élevée par rapport à la variance intra-groupe, plus fort sera le lien entre la variable qualitative (la province) et la variable quantitative (la durée du chômage).

Le test F de Fisher compare ces variances en divisant la **variance intergroupes** par la **variance intra-groupe**. Comme pour le test du Khi-deux et le test t, ce test F calculé sera alors comparé à la valeur théorique du test F sous H0, tout en tenant compte du nombre de degrés de libertés (*ddl*) spécifique à l'échantillon analysé. Le nombre de **degrés de liberté** est déterminé par la taille n de l'échantillon analysé et par le nombre de modalités k que compte la variable indépendante qualitative. Si le F calculé est, pour le nombre de degrés de libertés concerné, supérieur à la valeur du F de la table au niveau de 5% de probabilité que H0 soit « vraie », on rejette H0 et on peut dès lors « ne pas rejeter H1 au niveau de signification de 5% ». Ce qui amène à conclure – avec une probabilité de 95% « de ne pas se tromper » – à l'existence d'une relation entre les deux variables.

Le **test *F*** permet donc de vérifier l'existence d'une **relation globale** entre une variable quantitative et une variable qualitative **polychotomique** (comportant plus de 2 modalités). Il ne donne cependant pas d'information sur la **contribution spécifique** de chaque modalité (de chaque province) dans la variation de la dépendante (durée de la plus longue période de chômage). En d'autres termes, nous n'avons pas d'information sur les différences entre provinces, paire par paire. Pour évaluer dans quelle mesure les différences spécifiques entre les modalités de la variable qualitative peuvent être considérées comme significatives des **tests post-hoc** sont nécessaires[14]. On peut également procéder au test *t* de différences de moyennes de chaque paire de modalités de la variable qualitative.

2.3. *Application du test* F

Comme c'était le cas du test *t*, pour comprendre la logique d'application du test *F*, on procède par étapes :

Étape 1 : Il faut d'abord calculer les variances inter- et intra-groupes. Pour chaque observation individuelle *i*, l'**écart entre son score** x_i (durée de la plus longue période de chômage de l'individu *i*) **et la moyenne totale** $\bar{x}_T$ **[1]** est décomposé en deux écarts : l'écart de son score x_i à la moyenne de son groupe d'appartenance $\bar{x}_G$ **[2]** et l'écart entre la moyenne de son groupe d'appartenance $\bar{x}_G$ et la moyenne totale $\bar{x}_T$ **[3]**.

$$\underbrace{(x_i - \bar{x}_T)}_{[1]} = \underbrace{(x_i - \bar{x}_G)}_{[2]} + \underbrace{(\bar{x}_G - \bar{x}_T)}_{[3]}$$

En termes de **variance** ou de somme des carrés des écarts calculée pour l'ensemble des observations, l'équation devient :

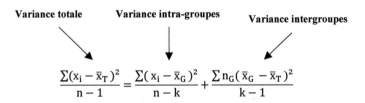

$$\underbrace{\frac{\sum(x_i - \bar{x}_T)^2}{n-1}}_{\text{Variance totale}} = \underbrace{\frac{\sum(x_i - \bar{x}_G)^2}{n-k}}_{\text{Variance intra-groupes}} + \underbrace{\frac{\sum n_G(\bar{x}_G - \bar{x}_T)^2}{k-1}}_{\text{Variance intergroupes}}$$

Où n_G est le nombre d'observations que compte le groupe, *n* est le nombre total d'observations et *k* le nombre de modalités de la variable qualitative.

---

[14] Chaque modalité est alors confrontée aux autres. Pour L'ANOVA, le test de Bonferroni s'avère un choix satisfaisant.

Ces quantités interviennent dans le calcul des degrés de liberté *ddl* qui figurent aux dénominateurs des variances.

Appliquée aux demandeurs d'emploi FSE Wallonie-Bruxelles avec $n=315$ et $k=4$, la variance totale de la distribution du logarithme népérien de la durée de leur plus longue période de chômage se décompose comme suit selon leur province de résidence :

Variance intra-groupes : $\dfrac{288{,}668}{315-4} = 0{,}928$

Variance intergroupes : $\dfrac{13{,}254}{4-1} = 4{,}418$

Variance totale : 0,928 + 4,418 = 5,436

Étape 2. Il s'agit ensuite de définir l'hypothèse nulle H0. Elle pose ici que la valeur moyenne de la variable quantitative est identique pour chacun des groupes d'unités d'observations définis par les modalités de la variable qualitative.

$$\mu_1 = \mu_2 = \mu_3 = \mu_4$$

De ce fait, la moyenne générale est égale à celle qui est observée pour chacun des groupes et la variance intergroupes s'annule, puisqu'il n'y a pas de différences entre toutes ces moyennes. H0 pose donc que la valeur théorique de *F* s'annule puisque son numérateur est égal à 0.

H1 l'hypothèse alternative est qu'au moins un des μ diffère des autres.

Étape 3. On procède ensuite au calcul de *F*. La statistique *F* s'obtient en divisant la variance intergroupes par la variance intra-groupe :

F = variance intergroupes/variance intra-groupes

Le F calculé devient : F = 4,418/0,928 = 4,761

L'importance de *F* résulte donc de l'importance relative de ces deux variances. Une variance intergroupes importante (ce qui correspond à des grandes différences entre groupes définis par les modalités de la variable indépendante) associée à une variance intra-groupe faible (soit une homogénéité forte à l'intérieur des groupes) produit un *F* élevé (tableau 4).

Tableau 4
Statistique F : Intensité de la relation selon l'importance respective
des variances inter- et intragroupes

Variance Intergroupes	Variance intra-groupes	F : Intensité de la relation
Élevée	Faible	Élevée
Modérée	Modérée	Modérée
Faible	Élevée	Faible

Étape 4. La statistique F **calculée** est alors confrontée à la valeur-seuil théorique de F en deçà de laquelle on ne peut rejeter H0 au niveau $p = 0,05$ pour les degrés de liberté correspondants. À noter que le F **théorique** dépend à la fois des **ddl intergroupes** et des **ddl intra-groupes** :

Pour la variance totale, $ddl = [n - 1]$: la prise en compte de la moyenne dans la formule fait perdre 1 *ddl*.

Pour la variance intra-groupe, $ddl = [n - k]$: k est le nombre de moyennes de groupes prises en compte dans la formule.

Pour la variance intergroupes, $ddl = [k - 1]$: il y a a k moyennes et la prise en compte de la moyenne générale fait perdre 1 *ddl*.

On notera que l'addition des *ddl* intra-groupes et des *ddl* intergroupes est égale aux *ddl* de la variance totale.

Étape 5 : L'analyse et l'interprétation des résultats révèlent que le logarithme népérien de la durée de la plus longue période de chômage diffère significativement selon la province : en effet le test F calculé pour 3 et 311 *ddl* $[F_{[3\,;\,311]}]$ est plus élevé que la valeur correspondante du $F_{[3\,;\,311]}$ théorique correspondant au niveau $p = 0,05$. La p-valeur estimée est plus précisément égale à $p = 0,003$. Il y a au plus 3 chances sur 1.000 que H0 soit vraie : le risque de se tromper en affirmant qu'il y a une relation entre la province et la durée de la plus longue période de chômage est donc très faible.

Étape 6 : Enfin, pour présenter les résultats, on retient généralement la valeur du test, les degrés de liberté et le niveau de signification.

Dans cet exemple, le résultat se présenterait donc comme suit :

$$F = 4,761 \; ; \; ddl = [3 \; ; \; 311] \; ; \; p = 0,003$$

Une présentation alternative est de signaler que le niveau de signification du test est bien inférieur à la valeur-seuil de 5% qui a été retenue ici : $p < 0,05$.

La présentation de ces résultats s'accompagne d'un commentaire : « On peut rejeter H0 et conclure qu'il y a un lien statistiquement significatif entre le logarithme népérien de la durée de la plus longue période de chômage des demandeurs d'emploi de Bruxelles et de Wallonie et leur province de résidence. »

2.4. Conditions d'application du test F

Les conditions d'application du test F sont les mêmes que celles du test t :

1. L'échantillon analysé résulte en principe d'un **tirage aléatoire et les moyennes des sous-populations définies par la variable nominale doivent être indépendantes.**
2. Les distributions de la variable quantitative doivent se rapprocher d'une distribution « **Normale** ».
3. Enfin, la condition d'**égalité des variances** de la variable qualitative dans les sous-populations doit également être respectée.

La normalité des distributions de la variable qualitative et l'égalité des variances peuvent être testées, comme pour le test t.

Si le **test de Levene** devait conclure à un non-respect de la condition d'égalité des variances (quand $p>0,05$), il faut préférer une ANOVA avec **correction de Welch**.

3. Pour aller plus loin

Le caractère non symétrique de la variable quantitative traitée ici nous a amenés à opérer une transformation logarithmique de la variable d'origine pour pouvoir y appliquer les tests t et F. D'autres options sont possibles, comme cela a été signalé : voir David de Vaus (2008 : 77-78).

D'autres tests statistiques ont été mentionnés dans le texte et n'y ont pas été développés : on se référera donc à Michel Tenenhaus (2007 : 60-64) pour une présentation du test de Levene d'égalité des variances, du test t d'Aspin-Welch en cas de non-respect de la condition d'égalité des variances, de même que le test F corrigé de Welch quand les variances sont différentes.

Pour les tests de Kolmogorov-Smirnov et de Mann-Witney, Gopal K. Kanji (2005) en donne l'essentiel, mais on trouvera une explication plus détaillée, exemple chiffré à l'appui, du test de la normalité de la distribution d'une variable avec le test de Kolmogorov-Smirnov chez Michel Tenenhaus (2007 : 40-42).

Dernière remarque, les tests t et F, ne peuvent pas être appliqués dans toutes les situations : si la distribution de la variable quantitative s'écarte trop fortement de la « Normale », on pensera aux tests non paramétriques en tant qu'alternative et dans les cas de mesures répétées auprès des mêmes individus, on se tournera vers les tests adéquats.

CHAPITRE 5

Deux variables quantitatives

Rafael COSTA

Précarité, mortalité et santé des communes belges

L'observation d'un lien fort entre la misère et la mortalité est ancienne. Dans son étude sur la mortalité des quartiers de Paris en 1817-1826, Louis René Villermé (1782-1863), médecin et sociologue français, constate que « *La richesse, l'aisance, la misère sont (...) pour les habitants des divers arrondissements de Paris, les principales causes (...) auxquelles il faut attribuer les grandes différences que l'on remarque dans la mortalité* » (Villermé, 1930 : 311-312). Depuis, les recherches sur les inégalités sociales de mortalité et de santé se sont multipliées.

L'exemple choisi porte plus modestement sur l'analyse des relations entre le niveau de mortalité des communes belges du début du XXIe siècle, la santé perçue par les habitants et un indice de précarité. L'analyse se situe au niveau des 588[1] communes belges et les trois **variables** sont toutes **quantitatives**. Elles ont été construites comme suit :

o L'indice standardisé de mortalité (2001-2005), calculé à partir des données du Registre national, mesure le niveau de mortalité de la commune. Cet indice s'interprète par rapport à la valeur pivot de 1, qui correspond au niveau de mortalité moyen du Royaume. Une valeur supérieure à 1 indique une surmortalité relative dans la commune, et une valeur inférieure à l'unité, une sous-mortalité relative.

o L'ESE 2001[2] avait prévu une question sur la santé subjective : « *Quel est votre état de santé général ?* ». Les réponses « Bon » et « Très bon », rapportées à l'ensemble de la population rési-

---

[1] La Belgique compte un total de 589 communes. La commune d'Herstappe a été écartée des analyses en raison du nombre réduit de ses habitants, soit 84 habitants en 2006, ce qui rend impossible le calcul d'indicateurs démographiques valides.

[2] En Belgique, le recensement général de la population de 2001 a été baptisé « Enquête socio-économique générale (ESE2001) ».

dente âgée de 16 ans ou plus, a permis de calculer un indice de (bonne) santé perçue (2001) au niveau communal. Ainsi, un indice de 0,7 signifie que 70% de la population se considère comme étant en « Bonne » ou en « Très bonne santé ».

Encadré 4

**Analyses agrégées, analyses individuelles,
et inférence écologique fallacieuse**

L'analyse agrégée mesure l'influence de variables explicatives agrégées sur une variable dépendante mesurée également au niveau agrégé. Les variables agrégées sont classiquement construites à partir d'observations individuelles. Ainsi, on peut s'intéresser à la relation entre la proportion de mères actives et le niveau de mortalité infantile au niveau des arrondissements. Une relation positive entre ces deux variables a été observée pour la Belgique de 1900 et interprétée comme suit : « Les arrondissements où la mortalité infantile est la plus élevée sont aussi souvent ceux ou l'activité des mères est la plus élevée ». Interpréter cette relation en des termes individuels comme « Le risque de mortalité infantile est plus élevé pour les enfants dont la mère travaille » est en principe interdit et revient à commettre ce qu'on appelle une **inférence écologique fallacieuse** (Robinson, 1950).

Une analyse de données individuelles aurait pour unité d'analyse, non pas l'arrondissement, mais bien l'enfant pour lequel on devrait disposer d'une information sur son statut de survie ou non à l'âge d'un an et d'une information sur l'activité de sa mère. Seules des données de ce type permettent d'établir un lien direct – voire causal – entre l'activité des mères et le risque de mourir des nourrissons.

Il est possible, voire vraisemblable dans certains cas, que les relations s'établissent dans le même sens, qu'elles soient analysées au niveau agrégé ou au niveau individuel. Il peut cependant arriver que la relation observée au niveau individuel soit très différente, voire inverse, de celle qui est établie au niveau agrégé (Blalock, 1985). La prudence est donc de mise dans l'interprétation des résultats d'analyses agrégées.

L'analyse agrégée n'est pas pour autant sans intérêt, des mesures agrégées sont indicatrices de phénomènes sociétaux, comme dans le cas de l'exemple cité où mortalité infantile élevée et intensité de l'activité des mères étaient toutes deux le reflet d'un bas niveau de développement socioéconomique vers 1900 [chapitre 6].

---

o L'indice de précarité est un indicateur composite calculé à partir de données de l'ESE 2001 et du Registre national (2001-2005)[3] au niveau communal. Il est construit à partir de 40 variables regroupées en 4 dimensions reflétant : [1] le niveau socio-économique (indicateurs liés au marché du travail, au revenu, à la situation familiale des habitants et au niveau d'instruction) ; [2] la qualité du logement ; [3] la qualité du milieu de vie (indicateurs des caractéristiques géophysiques de la commune, de la criminalité et de la pollution) ; [4] la diversité des services offerts (indicateurs de l'infrastructure de la commune). Chacune des 40 variables a été standardisée de manière à prendre à chaque fois une valeur se situant entre 0 et 1. Un indice synthétique de précarité a alors été construit sur la base de la valeur moyenne des variables standardisées, pondérées par les dimensions. Plus la valeur de cet indice est proche de 0, plus les conditions de vie d'une commune sont favorables ; plus il s'approche de 1, plus les conditions de vie y sont « précaires » ou défavorables. Mesurées au niveau des communes à partir d'informations recueillies au niveau individuel, les variables analysées ici sont toutes des variables agrégées [chapitre 1].

Les techniques d'analyse bivariée de variables quantitatives sont illustrées ici en considérant – quand cela s'avère nécessaire – la mortalité comme variable dépendante, avec la santé perçue et la précarité comme variables indépendantes. Les relations entre variables quantitatives sont repérées de plusieurs façons : [1] leur description à l'aide du **diagramme de dispersion**, [2] la mesure de leur intensité via le **coefficient de corrélation** r et le **coefficient de détermination** R^2, et [3] la **régression simple**, qui synthétise de façon plus précise la relation entre une variable dépendante et une variable indépendante. On y verra, en outre, une application des tests t et F : le test t pour évaluer le niveau de signification des coefficients de régression et le test F pour le coefficient de détermination et le coefficient de corrélation.

---

[3] Cet indicateur a été originellement calculé par Eggerickx *et al.* (2007) sous le nom d'« Indice de conditions de vie ». Nous l'avons appelé « Indice de précarité » afin d'en faciliter l'interprétation : en effet, plus cet indice est élevé, plus les conditions de vie sont précaires.

1. Le diagramme de dispersion

Le **diagramme de dispersion** offre un premier aperçu graphique de la relation entre deux variables quantitatives. En positionnant les unités d'analyse par rapport aux deux variables, ce diagramme permet de détecter une association, d'identifier sa forme et de se faire une première idée de son intensité.

Il s'agit en réalité d'un simple plan cartésien. Par convention, la variable dépendante Y se situe en ordonnée (axe vertical), et la variable indépendante X en abscisse (axe horizontal). Chaque unité d'analyse est représentée par un point sur ce plan : la position de ce point est très exactement déterminée par les scores des variables Y et X pour cette unité d'analyse. La **forme** et la **direction** du nuage de points constitué par l'ensemble des points-unités d'analyse donnent une idée de la relation qui s'établit entre couples de variables.

La figure 1 représente différentes formes de nuages de points sur un plan défini par deux variables Y (en ordonnée) et X (en abscisse).

o **L'existence d'une relation** entre deux variables se lit à partir de la « direction » du nuage de point : ainsi, la figure 1.5 ne présente aucune forme particulière, ce qui est caractéristique d'une absence de relation entre X et Y. Chaque valeur de X peut y être associée à des valeurs faibles ou élevées de Y, et réciproquement. À l'opposé, sur les 5 autres figures, les nuages de points s'organisent selon un schéma spécifique. Les positions des unités d'analyse semblent suivre une certaine logique par rapport à X et Y, ce qui suggère une association entre ces variables.

o **La forme de la relation.** Les figures 1.1 à 1.4 illustrent des relations linéaires. Les nuages de points s'organisent selon une direction assez précise qui est plus ou moins concentrée autour d'une droite. La figure 1.6, en revanche, présente une relation non linéaire (dans ce cas, il s'agit d'une relation quadratique). Les relations linéaires sont les plus simples à analyser, et c'est à celles-ci que s'appliquent les techniques d'analyse bivariée présentées dans ce chapitre.[4]

o **Le « sens » de la relation.** Une relation linéaire peut être positive ou négative. Dans les relations positives illustrées par les figures 1.1 et 1.2, une valeur plus élevée de X correspond généralement à une valeur plus élevée de Y et inversement. Les figures 1.3 et 1.4 représentent, en revanche, une relation négative : les scores élevés d'une variable sont généralement associés aux scores plus faibles de l'autre.

---

[4] Si la relation n'est pas linéaire, le coefficient de corrélation et le partiel simple sous-estimeront l'intensité de la relation entre les deux variables.

Figure 1
Diagrammes de dispersion : différents types de relation entre X et Y

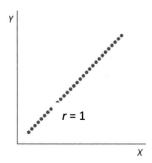

1.1. Relation linéaire positive parfaite

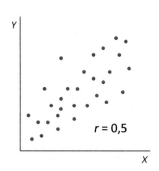

1.2. Relation linéaire positive

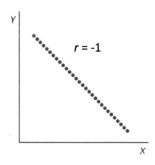

1.3. Relation linéaire négative

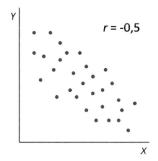

1.4. Relation linéaire négative

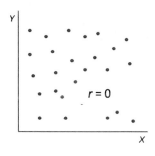

1.5. Absence de relation

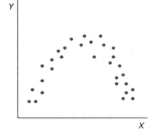

1.6. Relation non linéaire

o **L'intensité de la relation.** Dans le cas d'une relation linéaire –
qu'elle soit positive ou négative, la relation sera d'autant plus
forte que les point-unités d'analyse sont peu dispersés autour de
la droite qui traverserait le nuage de points en respectant sa direction principale. Si tous les points-unités d'analyse s'alignent très
précisément le long d'une seule droite, la relation entre les deux
variables est maximale : c'est le cas de la figure 1.1 où la relation
est positive [r = 1] et de la figure 1.3 où la relation est négative
[r = -1]. Dans les deux cas, on peut, à chaque valeur de X, associer avec certitude la valeur de Y correspondante. La relation sera
d'autant moins intense que les points-unités d'analyse sont davantage dispersés autour de la droite de tendance : la relation
entre X et Y des figures 1.2 et 1.4 est moins intense que celle des
figures 1.1 et 1.3. À l'autre extrême, la dispersion très importante
des points-unités d'analyse de la figure 1.5 témoigne d'une
absence de relation. Enfin, la figure 1.6. présente une relation
non-linéaire, dans ce cas l'association entre les deux variables ne
peut être mesurée correctement par le coefficient de corrélation
linéaire *r* qui en sous-estimera inévitablement l'intensité
(de Vaus, 2008 : 86).

Figure 2
Mortalité et santé perçue des communes belges (2001-2005)

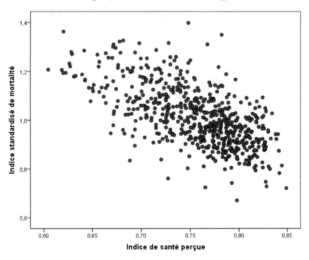

Sources : DGSIE : Registre national (2001-2005) et ESE 2001. Calculs de l'auteur

Les diagrammes de dispersion mettant en relation l'indice de mortalité des communes belges (en ordonnée) et l'indice de santé perçue (en
abscisse), d'une part, et le même indice de mortalité et l'indice de

précarité, d'autre part, donnent déjà un premier aperçu des relations qui s'établissent entre ces couples de variables. Les figures 2 et 3 représentent la position des 588 communes par rapport aux deux variables.

En accord avec la littérature sur le sujet, le diagramme de dispersion suggère une relation linéaire négative entre la mortalité et la santé perçue (figure 2) : la mortalité mesurée au niveau communal est en général d'autant plus faible que la proportion de personnes s'estimant en bonne ou en très bonne santé est élevée. Si quelques points-communes s'écartent assez fort du schéma général, comme la commune de Lierneux qui associe une mortalité assez élevée (indice comparatif de 1,4) à un indice de santé perçue assez favorable avec près de 80% de personnes estimant leur santé « Bonne » ou « Très bonne », la très grande majorité des points s'organise en un nuage étiré, à la fois dense et proche de la droite de tendance, ce qui indiquerait une relation assez intense entre les indices de mortalité et de santé perçue.

La relation entre la mortalité et la précarité (figure 3) va également dans le sens attendu : les deux indices sont positivement associés. Au niveau des communes belges, un indice de précarité élevé s'associe généralement à un niveau de mortalité élevé et inversement. Le diagramme permet à nouveau de déceler des points-communes qui s'écartent sensiblement du schéma général, telle la commune de Lierneux, dont la mortalité élevée s'associe à un indice de précarité plutôt moyen (0,5).

Figure 3
Mortalité et précarité des communes belges (2001-2005)

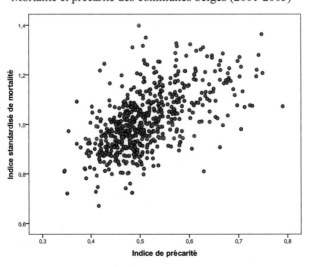

Sources : DGSIE : Registre national (2001-2005) et ESE 2001. Calculs de l'auteur

Enfin, le seul examen visuel ne permet pas d'affirmer si la relation entre la mortalité et la santé perçue est plus intense que celle qui s'établit entre la mortalité et la précarité. Il faudra, pour cela, recourir à des mesures plus précises, tel le **coefficient de corrélation** *r*.

2. Deux mesures de la relation bivariée entre variables quantitatives

2.1. Le coefficient de corrélation de Bravais-Pearson r

Même si le diagramme de dispersion donne un bon aperçu de la relation qui se « joue » entre deux variables, il est souvent utile de quantifier cette association. Le **coefficient de corrélation de Bravais-Pearson** *r* est une mesure standardisée qui varie entre -1 et +1 et qui permet de quantifier l'**intensité** d'une relation linéaire entre deux variables, d'en identifier la **direction** (positive ou négative) et de tester si elle est **significative**.

Les diagrammes de dispersion de la figure 1 permettent de comprendre le principe du coefficient de corrélation : de façon générale, il mesure la tendance qu'ont les unités d'analyse à se disperser ou à se regrouper le long d'une droite théorique de corrélation parfaite.

o Un coefficient *r* = 1 correspond à une corrélation positive parfaite (figure 1.1), tandis qu'un coefficient *r* = -1 correspond à une corrélation négative parfaite (figure 1.3). Dans les deux cas, les points-unités d'analyse sont parfaitement alignés le long d'une droite.

o Plus le nuage de point se concentre autour de la droite, plus la valeur du coefficient s'approche de sa valeur maximale *r* = 1 ou -1. Plus il se disperse, moins élevée sera la valeur de *r* : les figures 1.2 et 1.4 montrent des nuages de points assez dispersés auxquels s'associent des coefficients de corrélation de valeur moyenne avec *r* = 0,5 et *r* = - 0,5.

o Lorsque le nuage de points est totalement dispersé et que sa forme ne permet pas de déceler une direction univoque, *r* = 0 (figure 1.5). Ceci indique donc l'absence de relation entre deux variables.

o Enfin, le coefficient de corrélation est adapté aux relations linéaires. Il mesure l'écart d'un nuage de points par rapport à une droite. Si le nuage de points a l'allure d'une parabole (figure 1.6), le calcul du coefficient de corrélation linéaire n'est pas approprié. Il faudra dans ce cas tenter de « linéariser » la relation au moyen d'une transformation des variables, comme, par exemple, une transformation logarithmique, ou encore recourir à d'autres me-sures d'intensité de la relation.

La mesure de la dispersion des points-unités d'analyse par rapport à la droite de tendance se base sur une mesure de la « co-variation » des variables analysées. Pour chaque unité d'analyse *i*, on mesure l'écart entre la variable observée et la valeur moyenne – simultanément pour les deux variables X et Y dont on veut étudier la relation – et on calcule le produit de ces écarts. La co-variation moyenne ou **covariance** est calculée en sommant ces produits, somme qui est alors divisée par le nombre d'observations n[5].

$$\text{cov}_{xy} = \frac{1}{n} \sum (x_i - \bar{x}).(y_i - \bar{y})$$

Le résultat de cette mesure sera positif, si la relation entre les deux variables est positive, et négatif, si cette relation est négative. On peut également aboutir à un résultat nul si les produits positifs et négatifs se compensent. La **covariance** mesure donc bien la dispersion, mais elle dépend des unités de mesure des deux variables en présence et de la variance des variables. Pour obtenir une statistique qui se prête à des comparaisons et qui soit indépendante des unités de mesure des va-riables, il faut diviser la covariance par le produit des écarts-types des deux variables. Le **coefficient de corrélation** *r* qui en résulte mesure de ce fait la part de « variation commune » ou de co-variation des deux variables en référence à la variation totale du nuage de points-unités d'analyse.

$$r_{xy} = \frac{\text{cov}_{xy}}{s_x s_y} = \frac{\frac{1}{n} \sum (x_i - \bar{x})(y_i - \bar{y})}{s_x s_y}$$

Où : x_i est la valeur observée de la variable X pour l'unité d'analyse i
y_i est la valeur observée de la variable Y pour l'unité d'analyse i
et leurs valeurs moyennes : $\bar{x}$ et $\bar{y}$
n est le nombre d'observations
s_x et s_y sont les écarts-types de X et Y

---

[5] Ceci est la formule pour des données de population. Lorsqu'on travaille avec des données d'échantillon, il faut ajuster cette formule en soustrayant une unité du nombre d'observations. Cet ajustement n'a que peu d'important si le nombre d'unités d'analyse est élevé.

Interprétation de r

o   La mesure est **symétrique** : le coefficient de corrélation *r* ne distingue pas entre variable dépendante et variable indépendante et la corrélation de X avec Y (r_{xy}) est identique à la corrélation de Y avec X (r_{yx}).

o   Le coefficient de corrélation *r* **varie de [-1 à +1]**. La relation bivariée est en principe d'autant plus intense que *r* sera proche de |1|, quel que soit le signe de cette statistique. S'il est évident qu'une corrélation nulle [*r* = 0] s'interprète sans équivoque, il est plus difficile de définir ce que l'on entend par corrélation élevée ou faible de façon absolue. On observe en effet que les corrélations réalisées au niveau agrégé peuvent prendre toutes les valeurs de l'intervalle [-1 ; +1], alors que des analyses réalisées au niveau des individus dépasseront rarement les valeurs de [-0,4 ; +0,4], même si elles sont très significatives. Cela est dû en grande partie au fait que les variables analysées au niveau agrégé (comme ici au niveau de communes) mesurent des comportements « moyens » d'individus et donc effacent en quelque sorte une partie de leur variabilité.

Quelques balises peuvent cependant être posées :

o   Au niveau agrégé, on considère comme étant importantes, les corrélations dont la valeur positive ou négative se situe dans l'intervalle [0,50 - 0,69] et comme très importantes, celles dont la valeur se situe dans l'intervalle [0,70 - 0,89] ; les *r* supérieurs à 0,90 témoignent d'une association presque parfaite entre deux variables (de Vaus, 2002 : 265-273).

o   Au niveau individuel, les corrélations sont généralement plus faibles. Cela s'explique notamment par la plus grande variabilité des mesures réalisées au niveau de l'individu. De façon générale plus on agrège, plus importants sont les groupes de personnes à partir desquels les mesures sont calculées, plus les caractéristiques, comportements et attitudes, seront « moyennisées », effaçant progressivement toute valeur extrême qui aurait pu être observée au niveau plus élémentaire de l'individu (Yule et Kendall, 1950). On s'intéressera plutôt au niveau de signification des effets.

La matrice des coefficients de corrélation

Lorsqu'on dispose de plus de deux variables, on peut présenter les associations bivariées à l'aide d'une **matrice des** (coefficients de) **corrélations**. Dans cette matrice, les variables figurent simultanément en lignes et en colonnes et c'est à l'intersection de chaque ligne et de chaque colonne que se situe le coefficient de corrélation du couple de variables défini par cette ligne et cette colonne. Le diagonale principale de cette matrice reprend les corrélations de chacune des variables avec elle-même et est donc composée de « 1 ». Comme le coefficient de corrélation est une statistique symétrique, cette diagonale principale sépare la matrice des corrélations en deux triangles (appelés triangle supérieur et inférieur de la matrice) qui reprennent « en miroir » les mêmes résultats. C'est pourquoi on ne retient souvent qu'un des deux triangles pour présenter et interpréter les résultats.

Le triangle supérieur de la matrice des corrélations entre les indicateurs de santé, de mortalité et de précarité des communes belges (tableau 1) montre que ces trois variables sont assez étroitement associées : les **coefficients de corrélation** entre chaque paire de variables sont toujours supérieurs à 0,5. Les résultats confirment l'interprétation des diagrammes de dispersion, tout en la quantifiant : les indices de mortalité et de précarité sont corrélés positivement, alors que l'indice de (bonne à très bonne) santé perçue entretient des relations négatives avec ces deux indices. On remarquera surtout la très forte corrélation qui s'établit entre l'indice de (bonne à très bonne) santé perçue et l'indice de précarité ($r=-0,86$) : ce qui implique qu'au début du XXIe siècle encore, précarité et mauvaise santé subjective sont étroitement associées au niveau des 588 communes belges.

Tableau 1

Matrice des coefficients de corrélation r : mortalité, santé perçue et précarité des communes belges vers 2001

	Indice de mortalité (2001-2005)	Indice de précarité (2001)	Indice de santé perçue (2001)
Indice standardisé de mortalité (2001-2005)	1	0,585**	-0,633**
Indice de précarité (2001)		1	-0,860**
Indice de santé perçue (2001)			1

*** $p < 0,001$; ** $p < 0,01$; * $p < 0,05$; ns $p > 0,05$

Sources : DGSIE : Registre national (2001-2005) et ESE 2001. Calculs de l'auteur

2.2. Le coefficient de détermination R^2

Pour autant que l'on assigne les statuts de dépendante et d'indépendante aux deux variables mises en présence, une mesure très utile et facilement interprétable est le carré du coefficient de corrélation R^2 appelé **coefficient de détermination**. Il mesure la proportion de la variance de la variable dépendante, habituellement désignée par « Y » qui est « expliquée » ou prédite par la variable indépendante, habituellement appelée « X » :

$$R^2 = r_{xy}^2 = \frac{cov_{xy}^2}{s_x^2 s_y^2}$$

Le coefficient de détermination R^2 rapporte le carré de la co-variation des deux variables au produit de leurs variances : la mise au carré de r implique que R^2 soit une mesure strictement positive et qui « efface » le signe de la relation entre les deux variables.

Dans l'exemple des communes belges, le coefficient de corrélation entre mortalité et santé perçue est de -0,633. Le coefficient de détermination R^2 est donc de [-0,633]² = 0,401. Cela signifie que l'indice de santé perçue permet de prédire ou d'« expliquer »[6] 40% de la variance du niveau de mortalité des communes belges.

Le R^2 est surtout utilisé en analyse multivariée où il mesure la part de la variation de la variable dépendante qui est prédite/expliquée par un ensemble de variables indépendantes. Comme on le verra au chapitre 6, le R^2 est un résultat important de la régression multiple.

2.3. Tester le niveau de signification de r et de R^2

Lorsque r ou R^2 sont calculés à partir de données d'échantillon, il est nécessaire d'évaluer si ces mesures diffèrent significativement de « 0 » qui correspond à l'absence de relation entre les deux variables.

Un seul test peut suffire pour les deux mesures d'association : le **test F** est le plus couramment utilisé[7]. En analyse bivariée, il équivaut au carré du coefficient de corrélation r. Le R^2 est un rapport de variances, ce qui correspond bien à la logique du test F qui s'appuie sur une comparaison de variances, comme on l'a vu au chapitre précédent [chapitre 4].

Dans le cas du R^2, la statistique F avec 1 et *n-2* degrés de liberté [encadré 1] est :

$$F = \frac{R^2(n-2)}{1-R^2} = \frac{0,4(588-2)}{1-0,4} = 391$$

---

[6] L'interprétation en termes de prédiction ou d'explication dépend bien sûr de considérations théoriques qui n'ont rien à voir avec la statistique qui, elle, se contente de mesurer [chapitre 11].

[7] Il existe un test *t* (Kanji, 2005 : 33) pour les coefficients de corrélation, mais comme le résultat du test *F* calculé à partir de R^2 peut être utilisé dans l'interprétation du *r*, on se limitera ici au test *F*.

L'hypothèse nulle H0 est celle d'une absence de relation, soit $r = R^2 = 0$. Si l'application du test F résulte en un niveau de signification inférieur à 5% [$p<0,5$], on rejettera H0 et l'existence d'une relation entre les deux variables pourra être retenue et interprétée en tenant compte à la fois de la valeur de r, de la taille de l'échantillon et du niveau (agrégé ou individuel) de l'analyse. On observe en effet qu'un échantillon de grande taille produira plus facilement des r significatifs, même si la valeur du r est faible ; à l'inverse, de petits échantillons peuvent produire des r élevés, mais non-significatifs (de Vaus, 2008 : 176).

3. Comment résumer l'association entre deux variables quantitatives ?

3.1. La régression simple

Le diagramme de dispersion permet de **visualiser** la relation entre deux variables dans un plan cartésien dont les deux dimensions sont définies par ces deux variables. L'**intensité** de cette relation est mesurée par le coefficient de corrélation r, qui donne aussi une direction à cette relation qui peut être positive ou négative. Il est également possible de **résumer** cette relation en identifiant très précisément la droite qui, en s'ajustant au nuage de points, offre la meilleure synthèse (au sens statistique) de la relation de dépendance qui s'établit entre Y et X en ramenant les deux dimensions initiales à une dimension : la droite de régression.

La décision de recourir à la régression linéaire implique qu'on attribue le statut de dépendante à l'une des deux variables mises en relation : si le R^2 demeure inchangé, **les coefficients d'une régression de Y sur X ou de X sur Y ne produisent pas les mêmes résultats.** Il faut en outre, comme pour le coefficient de corrélation, que la relation entre les deux variables soit linéaire. La droite de régression permet alors de mesurer l'**effet** d'une variable indépendante X sur la variable dépendante Y ou de **prédire** la valeur de la dépendante Y à partir de la valeur de la variable indépendante X avec une marge d'erreur qu'il est possible de mesurer. L'erreur ε (epsilon) est en effet la différence entre la valeur observée de Y et sa valeur prédite $\hat{Y}$ par la régression :

$$\varepsilon = Y - \hat{Y}$$

L'équation de la droite de régression s'écrit comme suit :

$$Y = a + bX + \varepsilon$$

Où : Y et X sont respectivement la variable dépendante et la variable indépendante.

a est une constante : c'est l'ordonnée à l'origine de la droite avec l'axe des Y ou encore la valeur de Y quand X = 0.

b est la pente de la droite et correspond à l'accroissement de la valeur de Y suite à une variation d'une unité de X.

ε est ce qu'il est convenu d'appeler le terme d'erreur et représente la part de la valeur de Y qui n'est pas « expliquée » par la régression.

Comme pour le coefficient de corrélation, un *b* négatif indique une pente négative de la droite et donc une relation négative entre les deux variables Y et X. L'intercept peut, lui aussi, être négatif. L'estimation des valeurs des deux paramètres *a* et *b* de la droite permettent d'évaluer l'effet de X sur Y et de prédire la valeur de Y à partir de X :

o Si [*b* = 0], Y sera égal à la constante *a* quelle que soit la valeur de X : un [*b* = 0] correspond à un [*r* = 0] et donc à une absence de relation (statistique) entre Y et X.

o Si [*b* ≠ 0], un changement d'une unité de X est associé à un changement de Y équivalent à *b*.

o Pour prédire ou estimer la valeur de Y, il suffit, une fois *a* et *b* connus, de remplacer X par une de ses valeurs dans l'équation. On obtiendra alors la valeur prédite $\hat{y}_i$ pour la valeur x_i de X observée chez l'unité d'analyse *i*. Comme la plupart des points-unités d'analyse se trouvent à une certaine distance de la droite, la valeur estimée $\hat{y}_i$ peut différer de la valeur observée y_i.

La différence [$y_i - \hat{y}_i$] est habituellement présentée par ε_i aussi appelé « terme d'erreur » ou partie de y_i qui n'est pas expliquée par la droite de régression. Graphiquement, cette erreur correspond à la distance entre le point observé y_i et la droite de régression. La relation entre valeur observée et valeur estimée de $\hat{y}_i$ pour l'unité d'analyse *i* s'énonce comme suit :

$$y_i = \hat{y}_i + \varepsilon_i = a + bx_i + \varepsilon_i$$

3.2. Estimer les coefficients de régression a et b

La droite de régression qu'il s'agit d'identifier est celle qui est la plus proche de l'ensemble des valeurs observées de Y dans le nuage de points défini conjointement par les deux variables Y et X. Cette droite passe nécessairement par un point défini par les valeurs moyennes $(\bar{y}, \bar{x})$ de ces deux variables.

Mais cette définition ne suffit pas : repérer le point dont les coordonnées sont les valeurs moyennes de Y et de X ne pose pas problème. La « proximité » de la droite à la valeur des y_i va se mesurer en termes d'écarts des points-unités d'observation par rapport à cette droite. Ces écarts pouvant être positifs ou négatifs, on les mettra au carré pour éviter que leur somme s'annule. La droite qui représente donc le mieux la variabilité des valeurs de Y dans leur relation à X sera donc celle pour laquelle la somme des carrés des écarts des points-unités d'analyse par rapport à elle-même est la plus faible.

Figure 5
La droite de régression

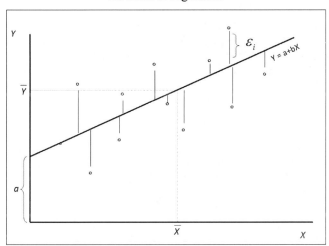

La distance entre la valeur des y_i observés pour chaque unité d'analyse et la droite est appelée « écart » ou « **résidu de la régression** » et est, comme on vient de le voir, représentée par ε_i : la « meilleure » droite est donc celle qui **minimise la somme des carrés des écarts** $\sum \varepsilon_i^2$ entre y_i et $\hat{y}_i$.

Sans entrer dans le détail de la mise au point des formules permettant de calculer les valeurs des coefficients a et b, il est intéressant de relever les similitudes et différences que présentent le **coefficient de régression** b et le **coefficient de corrélation** r.

$$b_{xy} = \frac{\sum(x_i - \bar{x}) \cdot (y_i - \bar{y})}{\sum(x_i - \bar{x})^2} = \frac{\text{cov}_{xy}}{s_x^2}$$

Le coefficient de régression b et le **coefficient de corrélation** r ont le même numérateur, mais b rapporte la co-variation de X et de Y à la seule variance de la variable indépendante X, alors que *r* tient compte de façon symétrique de la variation de X et de celle de Y au dénominateur. C'est pourquoi le coefficient de régression *b* diffère selon que Y (dépendante) est régressé sur X (indépendante) ou que X (dépendante) est régressé sur Y (indépendante).

Cette différence de dénominateur des deux mesures à une autre conséquence : le coefficient de corrélation *r* se prête parfaitement à des comparaisons (la co-variation des variables X et Y est standardisée par leurs écart-types), ce qui n'est pas toujours (voir ci-après) le cas du coefficient de régression *b* **qui dépend de l'unité de mesure de la variable dépendante Y** (seul l'écart-type de la variable indépendante X figure au dénominateur).

L'estimation **de la constante *a*** se base sur la connaissance de la valeur du coefficient de régression *b* et de la nécessité de la droite de passer par le point dont les coordonnées sont les valeurs moyennes des variables X et Y [$\overline{x}$, $\overline{y}$] :

$$a = \overline{y} - b\overline{x}$$

Dans l'exemple des communes belges, l'intercept *a* est de 2,21 et le coefficient de régression *b* est négatif (-1,58). Avec ces valeurs, le niveau de mortalité (variable dépendante) des communes peut être prédit via l'indice de santé perçue (variable indépendante) au moyen de l'équation de régression :

Mortalité = 2,21 − 1,58*Santé,

Ce résultat se lit comme suit :

o Le coefficient *b* est négatif : une augmentation de l'indice de (bonne à très bonne) santé perçue s'accompagne d'une diminution de l'indice standardisé de mortalité, ce qui, à ce stade, correspond – à la valeur du coefficient près – à l'information produite par le coefficient de corrélation *r*, lui aussi négatif.

o La valeur du coefficient *b* est une estimation de la diminution de l'indice de mortalité des communes due à une augmentation d'une unité de l'indice de « Bonne » et « Très bonne » santé perçue. Ainsi, telle que résumée par la droite de régression, une augmentation de l'indice de santé perçue d'une unité entraine une diminution de l'indice de mortalité de 1,58 unités. Cet « effet » s'exprime donc en unités de mesure de la variable dépendante Y.

o L'intercept *a* = 2,21 est l'estimation (par la droite de régression) du niveau de l'indice de mortalité correspondant à un indice de santé perçue égal à 0. Ceci est bien sûr une considération théorique : dans la réalité, cette valeur n'est observée dans aucune des communes (figure 2).

La fonction prédictive de la droite de régression mérite d'être soulignée : elle permet en effet de « prédire » les valeurs de la variable dépendante (en principe inconnues) à partir de valeurs connues de la variable indépendante.

$$\hat{Y} = a + bX$$

Où $\hat{Y}$ est la valeur de Y telle qu'elle peut être calculée par l'équation de régression pour une valeur de X donnée. On peut ainsi prédire le niveau « attendu » de diminution de la mortalité qui ferait suite à une amélioration importante de la santé perçue.

Ainsi, le passage d'un indice de « Bonne » et « Très bonne » santé perçue de 0,6 à 0,8 se traduirait, dans notre exemple, par une diminution de l'indice standardisé de mortalité de 1,252 à 0,936. Cela s'obtient comme suit : avec un indice de santé de 0,6, le niveau de mortalité est de 1,252 [2,2 - 1,58*0,6], et avec un indice de santé de 0,8, le niveau de mortalité (prédit par la régression) s'abaisse à 0,936 [2,2 - 1,58*0,8], ce qui est une amélioration considérable. On passe en effet d'un niveau de mortalité supérieur au niveau moyen des 588 communes, à un niveau de mortalité bien inférieur.

La valeur de cette prédiction suppose cependant que la relation soit linéaire, même au-delà et en-deçà des valeurs effectivement observées de Y et de X. Elle dépend également de la marge d'erreur ε autour de l'estimation de la droite de régression. Cette erreur dépend de la forme et de la dispersion du nuage de points-unités d'analyse : plus il est dispersé, plus incertaine sera la prédiction, de même que la prédiction sera d'autant plus valide que le nuage de points des valeurs observées se rapproche de la forme d'une droite.

L'interprétation des coefficients de régression doit tenir compte des **unités de mesure des variables**. On a déjà vu que l'estimation de Y à partir de X s'exprime en unités de mesure de Y. La valeur du coefficient de régression *b* dépend de l'unité de mesure de X : ainsi, les résultats du niveau de mortalité des communes présentés ici se basent sur un indice de santé perçue variant de 0 à 1. Si cette variable avait été mesurée en pourcentages, c'est-à-dire en multipliant par 100 l'indice originel, [un indice originel de santé perçue de 0,8 devient alors 80], la valeur du coefficient de régression aurait – par jeu de compensation – été divisée par 100 [le *b* originel de 1,58 deviendrait alors 0,0158]. Ceci ne modifie en rien les estimations qu'on ferait dans l'un ou l'autre cas de la valeur de Y, mais rend difficile la comparaison de l'intensité des effets de variables indépendantes.

3.3. Tester le niveau de signification de a et de b

Comme pour les autres mesures d'association, il est souvent nécessaire de s'assurer du niveau de signification statistique des coefficients estimés, en particulier quand des données d'enquête sont analysées.

Un **test** *t* [chapitre 4] permet d'évaluer si les coefficients *a* et *b* sont significativement différents de 0 :

o Pour *b*, l'hypothèse nulle H0 correspond à l'absence de relation entre Y et X et la statistique *t*, dans ce cas particulier, rapporte *b* à l'erreur-type de *b*. Il se présente comme suit :

$$t_b = \frac{b}{\sigma_b}$$

on remarquera que t_b s'annule quand $b = 0$.

o Pour *a*, l'hypothèse nulle H0 correspond à un intercept = 0. Le test *t* de *a* est similaire à celui du coefficient de régression *b* :

$$t_a = \frac{a}{\sigma_a}$$

o On peut aussi calculer des intervalles de confiance IC (95%) [encadré 3] autour des valeurs estimées de *a* et de *b* :

Pour *b* : IC (95%) = b +/-1,96 σ_b

Pour *a* : IC (95%) = a +/-1,96 σ_a

Si la valeur « 0 » est comprise dans l'intervalle de confiance, on ne pourra rejeter H0. Ce sera le cas de toutes façons si le test *t* correspond à un *p*>0,05. Les deux modes de présentation du niveau de signification sont utilisés dans la littérature et sont largement équivalents.

3.4. Un tableau synthétise habituellement les résultats d'une régression

À titre d'exemple, les résultats de la régression linéaire de l'indice de mortalité des communes sur l'indice de (bonne à très bonne) santé perçue des 588 communes belges au début du XXIe siècle sont présentés au tableau 2.

Tableau 2
Régression linéaire de l'indice de mortalité sur l'indice de santé perçue
des communes belges en 2001, n = 588

Y = indice standardisé de mortalité	Coefficients	Erreur type σ	t	Intervalles de confiance (95%)
Intercept	2,21***	0,06	36,55	[2,09 - 2,33]
Indice de santé perçue	-1,58***	0,08	-19,77	[-1,74 - -1,42]

$R^2 = 0,4$ F = 390,87*** (1 et 586 ddl)

*** p< 0,001 ; ** p<0,01 ; * p<0,05 ; ns p>0,05

Sources : DGSIE, Registre national (2001-2005) et ESE 2001. Calculs de l'auteur

On peut aussi présenter ces résultats en documentant l'équation et en précisant que le coefficient de détermination R^2 est de 40% :

$$Mortalité = 2,21*** - 1,58***santé\ perçue + \varepsilon$$

L'indice de santé perçue permet de prédire 40% de la variation de l'indice de mortalité des communes : le modèle est globalement significatif au niveau $p<0,001$ et les deux coefficients du modèle le sont aussi. La relation est négative : le niveau de mortalité des communes diminue à mesure que s'améliore le niveau de santé perçue.

3.5. Les hypothèses de la régression linéaire

La régression linéaire repose sur une série d'hypothèses qui sont autant de conditions essentielles pour que le modèle aboutisse à des résultats stables. Les quatre hypothèses principales sont : [1] la **linéarité de la relation**, [2] la **normalité des résidus**, [3] l'**homoscédasticité** et [4] l'**indépendance des résidus**.

1. **Linéarité de la relation.** La première hypothèse concerne la forme de la relation entre les variables analysées. Comme la régression linéaire est l'estimation d'une droite qui exprime la relation entre une variable dépendante et une variable indépendante, il est indispensable que leur relation ait la forme – au moins approximative – d'une droite. Le respect de cette hypothèse s'évalue le plus souvent visuellement par l'examen du diagramme de dispersion.

2. Les trois autres hypothèses concernent les **résidus de la régression**. Les résidus sont ce qui n'est pas « expliqué » par la régression. Idéalement, il s'agirait uniquement d'aléas de mesure, mais si la distribution des résidus prend une forme particulière, cela peut vouloir dire que le modèle de régression qui a été testé n'est

pas adéquat : soit que des variables indépendantes importantes n'ont pas été prises en compte, soit encore que la linéarité des relations qu'elle suppose ne convient pas.

Même si les résidus se résument rarement à de simples aléas de mesure, ils doivent se comporter comme tels pour que la droite de régression soit estimée correctement. Pour cela, ils doivent respecter les propriétés de **normalité**, d'**homoscédasticité** et d'**indépendance**.

o **Distribution normale des résidus** ε_i. Si les résidus sont de simples aléas de mesure, les écarts entre les valeurs observées de la dépendante et leurs estimations par la droite de régression doivent s'équilibrer en positif et négatif autour de la droite de régression. Autrement dit, leur distribution doit être « Normale », c'est-à-dire symétrique autour de la valeur moyenne des résidus qui est en principe égale à 0. Si cette hypothèse n'est pas vérifiée, les coefficients de régression *a* et *b* pourraient être **biaisés**[8].

o **Homoscédasticité**. Si les résidus sont des aléas, leur domaine de variation doit être le même le long de la droite de régression. La figure 6.1 illustre une droite de régression dans un cas d'**homoscédasticité** : on observe que le domaine de variation des points-unités d'observation est le même tout le long de la droite de régression. En d'autres termes, la variance des résidus est constante. La figure 6.2, en revanche, illustre un cas d'**hétéroscédasticité** : les résidus sont plus importants pour des valeurs élevées de X que pour des valeurs faibles de X. En présence d'hétéroscédasticité, les erreurs-types [encadré 2] des coefficients de régression ne seront pas correctement estimées. Par conséquent, même si les coefficients sont estimés sans biais, les tests de signification ne seront pas fiables.

o **Indépendance des résidus**. Les résidus de la régression ne peuvent être associés entre eux. Le risque de dépendance est surtout important dans le cas de mesures répétées, comme dans des enquêtes de panel, quand la même personne est amenée à répondre à plusieurs reprises à une même question, ou encore lors de tests répétés réalisés à différents moments auprès d'une même personne, comme le pratiquent les psychologues. Des résidus corrélés entre eux peuvent également être observés dans des analyses réalisées sur des échantillons à plusieurs degrés. Le non-respect de la condition d'indépendance des résidus a également pour conséquence une estimation biaisée des erreurs-types.

---

[8] En statistique, la notion d'estimateur « biaisé » renvoie au fait que la façon dont l'estimateur est calculé pourrait, si cela est répété sur un grand nombre d'échantillons, ne pas approcher la valeur vraie de la mesure dans la population.

Figure 6
L'hypothèse d'homoscédasticité

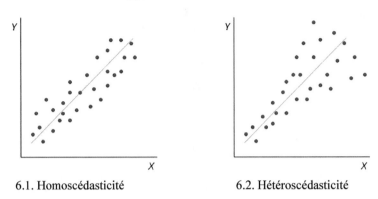

6.1. Homoscédasticité   6.2. Hétéroscédasticité

L'analyse des résidus

L'analyse des résidus est une étape postérieure à l'estimation d'un modèle de régression. Elle est fondamentale, puisqu'elle permet de tester les hypothèses de la régression linéaire et donc de valider les résultats obtenus. L'analyse de résidus se fait visuellement par l'examen d'une série de graphiques, dont les plus utiles sont [1] l'**histogramme des résidus** et [2] le **diagramme de dispersion des résidus** ε_i en fonction des valeurs prédites $\hat{y}_i$ de la variable indépendanteY.

La **normalité de la distribution des résidus** peut être testée à l'aide d'un histogramme des résidus de la régression auquel on ajuste une distribution normale.

La figure 7 présente la distribution des résidus de la régression de la mortalité sur la santé perçue. Dans ce cas, la distribution est approximativement « normale » et la moyenne des résidus est proche de 0. La droite de régression s'ajuste bien au nuage de points et les coefficients de régression ne sont pas biaisés.

L'analyse du **diagramme de dispersion** croisant les **résidus** et les **valeurs prédites de la variable dépendante** $\hat{Y}$ permet de vérifier les hypothèses d'homoscédasticité et de linéarité. Il permet en outre de repérer d'éventuels « *outliers* » ou valeurs extrêmes qui pourraient affecter les résultats de la régression.

Figure 7
Distribution des résidus de la régression

Histogramme

Variable dépendante : Indice synthétique de mortalité

Moyenne = -7,62E-15
Écart type = 0,999
N = 588

(axe vertical : Effectif)

(axe horizontal : Régression Résidu standardisé)

Sources : DGSIE, Registre national (2001-2005) et ESE 2001. Calculs de l'auteur

Si ces hypothèses se vérifient, le nuage de points ne doit pas avoir de forme particulière, comme c'est le cas de la figure 8.1 où les résidus se répartissent de façon équivalente autour des différentes valeurs prédites de Y. Une forme particulière du nuage de points peut renvoyer à l'omission d'une variable importante (figure 8.2) ou encore au non-respect de la condition de linéarité de la relation analysée (figure 8.3).

Figure 8
Résidus et valeurs prédites de Y : trois cas de figure

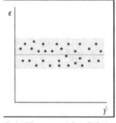 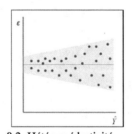 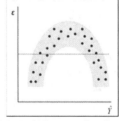

8.1. Homoscédasticité   8.2. Hétéroscédasticité   8.3. Relation non-linéaire

Le diagramme de dispersion des résidus ε_i et de la valeur prédite (standardi-sée[9]) de la mortalité des communes belges (figure 9) ne présente pas de structure particulière. Les conditions de linéarité de la relation entre mortali-té et santé perçue et celle d'homoscédasticité de la variance des résidus sont donc respectées. La position particulière de certaines communes, comme les cas des communes de Lierneux et de Tinlot, se manifeste ici par des résidus particulièrement élevés qui s'écartent du schéma général du nuage de points : ce sont des « *outliers* » ou cas extrêmes, dont le niveau de mortalité est particulièrement mal prédit par la droite de régression. Comme l'observation du diagramme de dispersion de la figure 2 l'avait montré, ces deux communes sont caractérisées par une mortalité élevée, associée à un indice de « Bonne » et « Très bonne » santé perçue également élevé.

Il serait intéressant d'expliquer pourquoi ces deux petites communes du sud de la province de Liège s'écartent du schéma général. À ce stade, on ne peut exclure que le calcul de l'indice de mortalité de ces communes soit affecté par leurs petits effectifs (entre 2.000 et 3.000 habitants). Il est cependant cu-rieux que ces deux communes se situent à proximité l'une de l'autre : il pourrait s'agir d'une particularité locale à explorer.

Figure 9

Résidus et valeurs prédites de l'indice de mortalité Y tel que prédit par l'indice de santé perçue. Les 588 communes belges en 2001

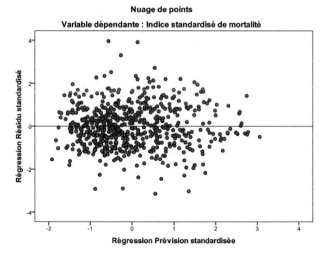

Sources : DGSIE : Registre national (2001-2005) et ESE 2001. Calculs de l'auteur

---

9   La transformation de la valeur prédite de Y en son équivalent « standard » produit une variable de moyenne = 0 et de variance =1 [encadré 7], plus facile à représenter graphiquement dans ce cas-ci. La standardisation ne modifie en rien la forme de la relation entre Y et les résidus de la régression.

4. À quoi faire attention

4.1. Variables qualitatives

Même si le coefficient de corrélation et la régression sont en principe réservés aux variables quantitatives, la pratique montre qu'on peut les appliquer à des **variables ordinales**, pour autant que celles-ci comportent un nombre suffisant de modalités et qu'on fasse l'hypothèse que les écarts entre modalités successives soient équivalents (Allison, 1999 : 10). Mais il existe aussi d'autres mesures spécifiquement adaptées aux variables ordinales, comme le **coefficient de corrélation de rang** ou τ **de Kendall** ou encore le ç **de Spearman** (de Vaus, 2008 : 275).

Quand on dispose de plusieurs variables ordinales qui reflètent différentes facettes d'un même concept, comme c'est fréquemment le cas de variables d'opinion, on peut les scorer puis les regrouper en un indicateur composite unique qui peut alors être traité comme variable quantitative. Cette procédure s'apparente à la construction d'une **échelle de Likert** (de Vaus, 2002 : 124-133), mais peut aussi résulter d'une somme de la présence de caractéristiques – il s'agit alors de variables dichotomiques – comme cela peut être le cas de la construction d'un indicateur de qualité du logement, par exemple [chapitre 2].

Enfin, on peut également recourir au coefficient de corrélation et à la régression linéaire quand la variable dépendante Y est une variable quantitative et la variable indépendante X une variable dichotomique. On préférera cependant la régression logistique quand la variable dépendante Y est dichotomique [chapitre 10].

4.2. Que faire en cas d'hétéroscédasticité et de non linéarité ?

Le non-respect de la condition d'homoscédasticité peut résulter de la non prise en compte d'une ou de plusieurs variables indépendantes importantes dans le modèle de régression : la solution est bien évidemment de les identifier et de les inclure dans le modèle, mais ceci dépasse le cadre de l'analyse bivariée et renvoie à la régression multiple qui est traitée au chapitre 9. La non-linéarité peut parfois être prise en compte par une transformation d'une ou des variables analysées conjointement. Quant à savoir quelles transformations utiliser, cela dépend de la forme de la relation qui sera révélée par l'examen du diagramme de dispersion : une transformation logarithmique de type [logY = a + bX] est souvent choisie en cas de relation curvilinéaire, mais il existe bien d'autres possibilités (de Vaus, 2002 : 82-91).

4.3. Association et causalité

Association statistique et causalité ne sont pas synonymes : l'interprétation d'un coefficient de corrélation élevé ou d'un coefficient de régression – même très significatifs – ne peut s'interpréter en termes de causalité que si l'analyse se rattache à la confrontation au réel (aux données) d'une hypothèse de causalité théoriquement justifiée [chapitres 1et 11].

5. Pour aller plus loin

Le concept de corrélation et sa mesure statistique par Karl Pearson datent de la fin du XIXe siècle. Il a rapidement été introduit en économie (Wikipédia : « Corrélation ») et ceci explique que tant la corrélation, que la régression simple qui lui est très proche, ont abondamment été documentées depuis plus d'un siècle, en particulier dans des manuels destinés aux économistes.

L'inférence écologique a fait couler beaucoup d'encre depuis le texte fondateur de Robinson en 1950. On trouvera, parmi bien d'autres une analyse de ce problème et des solutions à lui apporter chez Laura Irwin Langbein et Allan J. Lichtman (1978).

Une approche « sciences sociales » de la corrélation et de la régression simple est développée par William Fox (1999 : 252-287).

David de Vaus (2002) s'adresse également aux chercheurs en sciences sociales : on y trouvera une discussion sur la relation entre le niveau de signification du coefficient de corrélation et la taille de l'échantillon (175-179), sur l'interprétation du coefficient de corrélation (267-273), quelle corrélation utiliser en tenant compte du type de variables (274-278), ainsi qu'un court chapitre sur l'utilité de la régression simple et sa relation au coefficient de corrélation (279-287).

ANALYSE MULTIVARIÉE DES INTERDÉPENDANCES

CHAPITRE 6

L'analyse en composantes principales

Godelieve MASUY-STROOBANT

Inégalités régionales de mortalité infantile en 1900[1]

En remontant à 1841, année à partir de laquelle les statistiques d'état civil de naissances et de décès de moins d'un an sont publiées, deux grandes tendances se dégagent de l'histoire de la mortalité infantile en Belgique. [1] Son évolution se caractérise par l'absence de toute amélioration pendant toute la deuxième moitié du XIXe siècle. Cette tendance s'infléchit autour de 1900, comme dans la plupart des pays d'Europe, pour amorcer un mouvement long à la baisse qui se poursuit encore aujourd'hui. [2] Sur cette toile de fond d'une mortalité en profonde mutation se dessine une stabilité remarquable de sa régionalisation au cours de l'ensemble de la période s'étendant de 1841 au lendemain de la Seconde Guerre mondiale : c'est alors que la surmortalité infantile flamande cède le pas à une surmortalité plus spécifiquement hennuyère qui disparait vers 1975.

Au niveau national (figure 1), la mortalité infantile atteint 179‰ en 1900 avec des disparités régionales importantes : globalement plus faible en Wallonie, où elle varie de 100 à 150‰, elle est nettement plus élevée au Nord du pays et particulièrement dans les deux Provinces de Flandre où elle dépasse 200‰ dans 9 arrondissements sur 14, atteignant même le niveau record de 286‰ dans l'arrondissement d'Ostende. À cette régionalisation, qu'on pourrait qualifier de culturelle, se superpose une surmortalité urbaine : les arrondissements comprenant un centre fortement urbanisé ou industrialisé, comme Anvers, Gand (Flandre orientale), Liège, Bruxelles (Brabant) ou même Charleroi (Hainaut) se caractérisent tous par une surmortalité relativement aux arrondissements qui leur sont contigus.

---

[1]   D'après G. Masuy-Stroobant (1983).

Figure 1
La inégalités régionales de mortalité infantile en Belgique vers 1900

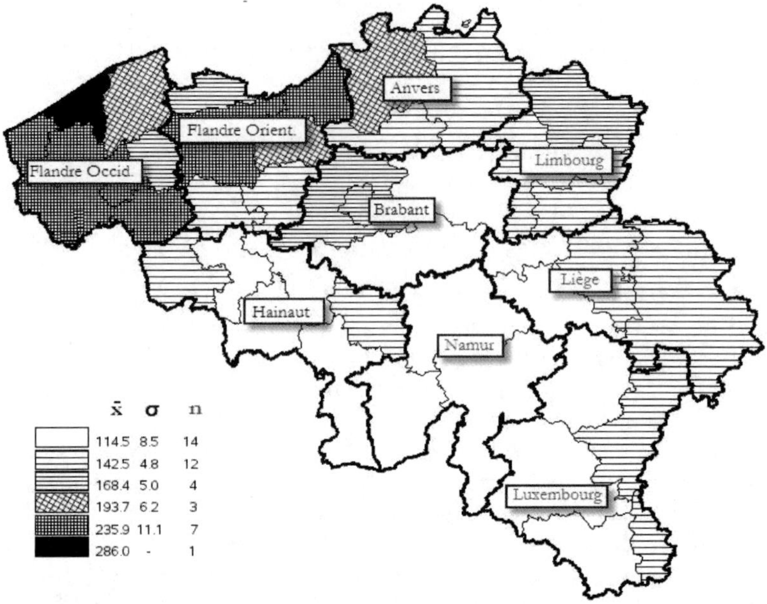

Source des données : Statistiques d'état civil 1898-1900. Calculs de l'auteure.
Notes : La géographie de la mortalité infantile (MI) de 1898-1900 procède d'une analyse de classification hiérarchique, méthode de Ward [chapitre 8]. La légende précise la moyenne de la MI du groupe, l'écart type de cette moyenne dans le groupe et le nombre d'arrondissements qui composent ces groupes.

Hypothèses et indicateurs

Pour tenter de comprendre la surmortalité infantile des Flandres qui a sévi pendant près d'un siècle, deux hypothèses ont été posées. La première renvoie à une explication d'ordre culturel, selon laquelle les modes d'alimentation des nourrissons régionalement différenciés expliqueraient une partie de cette surmortalité. Des témoignages de nature qualitative et l'analyse des comportements de fécondité des Flandres tendent à accréditer la thèse d'un abandon particulièrement précoce de l'allaitement maternel dans le Nord du pays. Or, l'alimentation artificielle telle qu'elle était pratiquée alors[2] était à l'origine de fréquents problèmes nutritionnels et infectieux chez les nourrissons. Une seconde

---

[2] Les règles de la puériculture moderne ou « l'art d'élever hygiéniquement les nouveau-nés » sont en cours d'élaboration à la toute fin du XIXe siècle et très peu diffusées dans les milieux populaires (Masuy-Stroobant, 2004).

hypothèse renvoie à un développement économique et social différencié entre le Nord et le Sud du pays qui fut, au XIXe siècle, le berceau de l'industrialisation du pays.

La surmortalité urbaine pourrait relever de deux phénomènes liés à l'urbanisation rapide qui a accompagné l'industrialisation. Les conditions de vie des quartiers populaires, l'insalubrité de logements souvent surpeuplés, n'offraient certainement pas les conditions idéales de vie pour de très jeunes enfants des milieux populaires. Par ailleurs, de nombreuses jeunes filles et jeunes femmes d'origine rurale y étaient actives comme domestiques et servantes et vivaient souvent isolées, loin de la protection de leur famille, avec comme conséquence des grossesses survenant hors mariage qui risquaient de leur faire perdre leur emploi[3]. Les villes concentraient alors les naissances hors mariage – qualifiées alors d'« illégitimes » – auxquelles s'associait une importante surmortalité.

Pour vérifier ces hypothèses avec les données régionales disponibles, une **analyse en composantes principales** a été réalisée sur un ensemble de 7 indicateurs **quantitatifs** mesurés au niveau des arrondissements belges autour de 1900. Le choix d'une analyse des interdépendances, comme l'analyse en composantes principales (ACP) qui n'opère pas de distinction formelle entre variable dépendante et variables indépendantes, procède du point de vue selon lequel le niveau de mortalité infantile était un indicateur, parmi d'autres, du développement économique social de la Belgique autour de 1900.

La sélection des indicateurs (tableau 1) fait référence à des hypothèses sur la relation s'établissant entre le développement économique et social, d'une part, et les comportements de fécondité, de l'autre, avec la mortalité infantile au niveau agrégé [encadré 4] des arrondissements. L'année 1900 qui précède de peu le mouvement de baisse de la mortalité infantile a été choisie comme référence, en raison aussi de la disponibilité d'indicateurs mesurés au niveau des 41 arrondissements que comptait la Belgique d'alors. L'arrondissement a été sélectionné comme unité d'analyse, parce qu'il offre davantage de variabilité que le niveau provincial (9 unités), tout en produisant des indicateurs plus robustes que ce qu'on peut mesurer à l'échelon communal (2.739 unités en 1900).

---

[3] Valérie Piette (2000) décrit, statistiques à l'appui, l'ampleur de ce phénomène dans le cas de Bruxelles au milieu du 19ème siècle.

Tableau 1
La mortalité infantile et les caractéristiques socioéconomiques et démographiques de la Belgique en 1900 (niveau des arrondissements)

	Indicateur	Période	Source
Mortalité infantile	Décès de moins d'un an pour 1000 nés vivants	1898-1900	État civil
Indicateurs socioéconomiques			
Illettrisme féminin	% de femmes âgées de 15-55 ans ne sachant ni lire, ni écrire	31-12-1900	Recensement de 1900
Activité féminine	% de femmes exerçant une activité économique	31-12-1900	Recensement de 1900
Salaire masculin	Indice de salaire dans l'artisanat	31-12-1900	Recensement de 1900
Indicateurs démographiques			
Nuptialité	I_m : Indice standardisé de nuptialité	1900	Lesthaeghe (1977)
Fécondité légitime	I_g : Indice standardisé de fécondité des femmes mariées	1900	Lesthaeghe (1977)
Fécondité illégitime	I_h : Indice standardisé de fécondité des non-mariées	1900	Lesthaeghe (1977)

L'hypothèse d'une inégalité sociale devant la mort, déjà bien documentée dans les grandes villes au XIXe siècle (Villermé, 1830), peut aussi s'observer à l'échelle agrégée des régions : on s'attend donc à observer une mortalité infantile plus faible dans les arrondissements économiquement plus aisés. Un indice de salaire masculin a été calculé en référence à quatre métiers (cordonniers, menuisiers, tailleurs et maçons) exercés par les hommes et qui se retrouvent dans tous les arrondissements du pays. Cet indice est étroitement associé au niveau général des salaires régionaux. Il en va de même de l'activité des femmes qui était alors plutôt l'indicateur de difficultés économiques, leur salaire étant d'ailleurs beaucoup plus faible que celui des hommes : la proportion de femmes actives calculée sur l'ensemble de la population féminine, tous âges confondus, variait alors de 15% (Arlon) à 43% (Furnes et Alost). L'instruction obligatoire date de 1914 en Belgique et l'illettrisme est une bonne mesure du choix posé par les parents d'envoyer leurs enfants (et en particulier leurs filles) à l'école, plutôt que les intégrer dès que possible dans le monde du travail. En 1900 on comptait moins de 4% d'illettrées parmi les femmes en âge d'avoir des enfants à Marche-en-Famenne, Dinant, Philippeville, Neufchâteau et Virton, contre environ 25% à Mons, Eeklo, St Nicolas et Courtrai.

Les indicateurs comparatifs de nuptialité, de fécondité légitime et illégitime permettent de cerner le mode de constitution des familles en vigueur dans le pays. Les régions industrielles avaient, en effet, commencé depuis plusieurs années une transition vers un accès plus aisé au mariage et un contrôle des naissances dans le mariage, ce qui favorise la survie des nouveau-nés. Dans le même temps, des comportements traditionnels de faible accès au mariage, conjugués à une fécondité non maîtrisée dans le mariage (fécondité légitime élevée), s'observait encore fréquemment dans le Nord du pays et particulièrement dans les provinces de Flandre occidentale et orientale.

Tableau 2
Matrice des coefficients de corrélation *r*.
Les 41 arrondissements belges vers 1900

Indicateurs	1	2	3	4	5	6	7
1. Mortalité infantile	1.00						
2. Illettrisme féminin	0.49	1.00					
3. Activité féminine	0.56	0.52	1.00				
4. Salaire masculin	- 0.50	- 0.24	- 0.54	1.00			
5. Nuptialité	- 0.21	0.07	- 0.33	0.50	1.00		
6. Fécondité légitime	0.57	0.37	0.53	- 0.82	- 0.65	1.00	
7. Fécondité illégitime	0.23	0.54	0.09	0.29	0.48	0.17	1.00

Source des données : Statistiques d'état civil et recensement (tableau 1). Calculs de l'auteure

La matrice des coefficients de corrélation (tableau 2) entre les indicateurs confirme en partie ces hypothèses : en ne retenant que les coefficients de corrélation équivalents ou supérieurs à 0,50, on y lit que la mortalité infantile est positivement associée à l'illettrisme féminin, à l'activité féminine et à l'intensité de la fécondité légitime et, négativement, au niveau du salaire masculin. Les associations avec les indicateurs de nuptialité et d'illégitimité des naissances sont moins claires. De façon générale, on observera que chacun des indicateurs est associé (corrélé) à plus d'un des 6 autres indicateurs et que l'analyse bivariée ne permet pas d'interpréter facilement la multiplicité de ces liens.

Les composantes principales de la mortalité infantile

L'analyse en composantes principales ACP permet d'identifier les **dimensions** (ou composantes) socioéconomiques et démographiques de la mortalité infantile des arrondissements belges vers 1900. Le concept de « **dimension** » renvoie à l'idée que les indicateurs retenus représentent en partie le ou les mêmes phénomènes. S'agissant d'indicateurs quantitatifs, la technique va se baser sur une analyse des coefficients de corrélation entre les couples d'indicateurs pour en extraire ce qui leur est « **commun** », c'est-à-dire, la part de variation qui est commune à l'ensemble ou à une partie des indicateurs. L'ACP devrait donc permettre de vérifier dans quelle mesure la surmortalité des Flandres et la surmortalité urbaine correspondent (s'associent) à une géographie du développement économique et social de la Belgique d'alors (hypothèse 1), ainsi qu'à des différences de constitution des familles (hypothèse 2).

En pratique, la technique se base sur l'analyse de la matrice des corrélations linéaires entre les 7 indicateurs (tableau 2) et les transforme en nouvelles variables synthétiques – appelées ici **composantes** – qui résument de façon **hiérarchisée** la **variation commune** des indicateurs. De ce fait, la première composante concentre une part plus importante de la variation commune que la deuxième composante, et la deuxième, à son tour, davantage que la troisième, et ainsi de suite.

Tableau 3
Saturations (*r*) des 7 indicateurs sur les 2 premières composantes principales
Les 41 arrondissements belges vers 1900

	Composante 1	Composante 2	Communauté*
Mortalité infantile	0,74	0,34	**0,66**
Illettrisme féminin	0,52	0,72	**0,79**
Activité féminine	0,78	0,22	**0,66**
Salaire masculin	- 0,85	0,25	**0,79**
Nuptialité	- 0,65	0,60	**0,73**
Fécondité légitime	0,91	- 0,18	**0,86**
Fécondité illégitime	- 0,07	0,91	**0,83**
Valeur propre	**3,35**	**1,97**	
Variance totale (%)	**47,9**	**28,1**	**76,0**

Source des données : Statistiques d'état civil et recensement. Calculs de l'auteure
Note : *La communauté est la variance de la variable initiale qui est absorbée par les composantes retenues (ici 2 composantes) elle s'obtient en sommant le carré des saturations de la variable sur ces composantes.

Les deux premières composantes principales représentent respectivement 47,9% et 28,1% de la variation initiale totale des 7 indicateurs de départ[4] : ceci implique, qu'à elles deux, elles condensent 76% de

---

[4] La proportion de variance expliquée par une composante s'obtient en divisant la valeur propre de cette composante par la variance totale à expliquer. Comme 7 variables initiales ont été prises en compte et qu'elles sont standardisées, elles ont cha-

l'information (variation) du nuage des points-arrondissements dans l'espace défini par ces 7 indicateurs (tableau 2). À elles deux également, elles absorbent une part importante de la variation de chacun des indicateurs : cette part est mesurée par la « **communauté** » qui n'est autre que la somme du carré des « **saturations** » (corrélations) entre ces variables et les facteurs. Ainsi, plus de 80% des deux indicateurs de fécondité sont synthétisés par les deux composantes retenues, qui représentent également 66% de la variation totale de la mortalité infantile et de la proportion de femmes actives.[5]

Il a été décidé de se limiter à l'interprétation de ces deux composantes, la troisième composante représentant moins de 10% de la variation initiale et les suivantes encore moins. Leur interprétation se fait par le biais de l'importance de leurs saturations (corrélations) avec les indicateurs initiaux (figure 2).

o La première composante se confond presque avec l'indicateur de fécondité légitime (r = 0,91) et, négativement, avec le salaire masculin (r = -0,85). Ceci signifie que les arrondissements à fécondité légitime élevée sont en général ceux où le niveau de salaire masculin est le plus faible. Cette composante est aussi positivement associée à l'activité féminine (r = 0,78) et à la mortalité infantile (r = 0,74).

o La deuxième composante s'identifie principalement à la fécondité illégitime (r = 0,91). Elle est aussi fortement associée à l'illettrisme féminin (r = 0,72) et, dans une moindre mesure, à la nuptialité (r = 0,60).

Ces deux composantes sont par construction **indépendantes** l'une de l'autre et on peut donc considérer que, globalement, les indicateurs de fécondité légitime et illégitime varient indépendamment l'un de l'autre au niveau des arrondissements : en d'autres termes leurs géographies respectives sont très différentes.

---

cune une variance = 1 [encadré 7]. La variance totale est donc égale au nombre (7) de variables initiales.

[5] Le nombre maximal de composantes est égal au nombre de variables initiales. Dans cet exemple il est donc possible d'en identifier 7, mais comme, par construction, leur capacité à synthétiser la variation simultanée des variables initiales diminue à mesure que le processus se poursuit, les composantes de rang plus élevé représentent de moins en moins de variance commune et de plus en plus de variance résiduelle ou spécifique (propre à une seule variable), ce qui est considéré comme du « bruit » dans ce type de technique.

Figure 2
Saturations des 7 indicateurs sur les 2 premières composantes principales
(d'après le tableau 2)

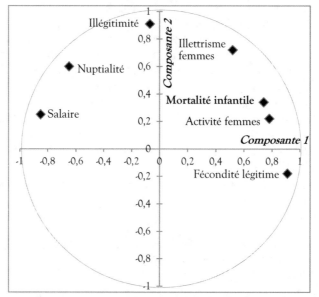

Source des données : Statistiques d'état civil et recensement. Calculs de l'auteure

Certains des indicateurs sont associés simultanément aux deux composantes : c'est surtout le cas de la nuptialité et, dans une moindre mesure, de la mortalité infantile. La variation régionale de la mortalité infantile est donc principalement associée positivement à l'intensité de la fécondité légitime et à l'activité féminine et négativement au niveau de salaire masculin (1ère composante) ; elle est en seconde instance (2ème composante) positivement associée à la fécondité illégitime et à l'illettrisme féminin.

L'association tantôt négative (1ère composante), tantôt positive (2ème composante), de la mortalité infantile avec l'indicateur de nuptialité sera élucidée ci-après lors de l'analyse de la position des arrondissements dans l'espace défini par les deux composantes (figure 3).

Cet espace sur lequel sont **projetés les points-arrondissements** s'organise en 4 quadrants en référence aux 2 composantes qui le structurent.

o   Ainsi, la première composante – à laquelle la mortalité infantile est la plus fortement associée – divise les arrondissements en deux ensembles qui correspondent presque parfaitement à l'opposition Flandre-Wallonie : les arrondissements wallons ont tous une valeur négative sur l'axe horizontal, alors qu'à l'exception d'Anvers et de Louvain, tous les arrondissements du Nord du pays ont une valeur positive sur cet axe. En d'autres termes, la surmortalité du Nord du pays est associée à une fécondité légitime plus élevée, de faibles salaires masculins et une intense activité féminine. Les facteurs culturels (mode de constitution de la descendance) et socioéconomiques expliquent donc ensemble cette opposition Nord-Sud.

o La deuxième composante, elle aussi associée positivement à la mortalité infantile, apporte un éclairage supplémentaire à cette régionalisation en répartissant les arrondissements wallons et flamands selon qu'ils sont ruraux (valeur négative sur cet axe) ou urbains (valeur positive sur cet axe). Les arrondissements les plus urbanisés, Bruxelles, Anvers, Liège, Gand et Charleroi, de même que ceux qui comportent au moins une ville de 40.000 à 150.000 habitants (on est en 1900 !), se situent, pour la plupart (Namur et Verviers exceptés), dans la zone positive de la deuxième composante, alors que les arrondissements ruraux ou contenant des villes de moindre importance (Nivelles, Ath, Eeklo et Ypres exceptés) se situent dans la zone négative. Cet axe reflète donc la dimension urbaine de la mortalité infantile, une dimension étroitement associée à l'illégitimité des naissances et à l'illettrisme féminin[6].

La mortalité infantile la plus élevée s'observe dès lors dans les arrondissements à la fois urbains et flamands, c'est-à-dire dans les arrondissements qui cumulent des valeurs positives sur les deux composantes. Ils se situent, pour la plupart, au Nord-Ouest du pays dans les deux provinces de Flandre occidentale et orientale. À l'opposé se concentrent les arrondissements wallons et ruraux qui ont des valeurs négatives sur les deux composantes. Le paradoxe apparent d'un indice plus élevé de nuptialité[7] qui devrait exercer un effet protecteur sur la mortalité infantile, se comprend mieux à l'analyse du plan défini par les deux premières composantes : la nuptialité est plus élevée dans les arrondissements wallons urbanisés. Le caractère urbain de ces arrondissements s'associant à une surmortalité relativement aux arrondissements wallons

---

[6]   Le travail dévolu aux enfants dans les zones rurales était plus souvent saisonnier que dans les villes, ce qui leur laissait la possibilité de fréquenter l'école pendant les mois d'hiver au moins.

[7]   Certains arrondissements – on se situe au niveau agrégé – peuvent cumuler des indices de nuptialité et d'illégitimité des naissances plus élevés. Au niveau agrégé, en effet, il n'y a pas de lien direct entre intensité de la nuptialité et fréquence des naissances illégitimes comme c'est le cas au niveau individuel entre « Être marié ou non » et « L'enfant est ou non légitime » [encadré 4].

ruraux, en raison sans doute d'une fréquence de l'illégitimité des naissances plus élevée en ville, qu'à la campagne.

Figure 3
Position des 41 arrondissements sur le plan défini
par les deux premières composantes

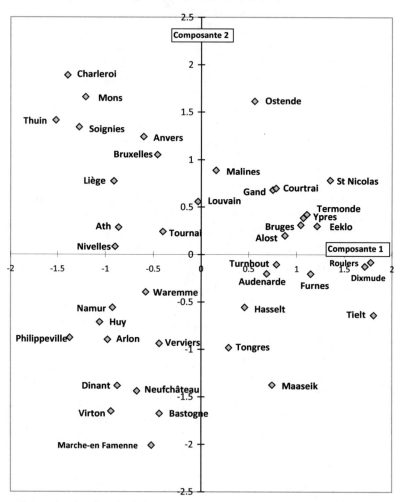

Source des données : Statistiques d'état civil et recensement. Calculs de l'auteure

1. L'analyse en composantes principales ACP

Les **analyses factorielles**, dont l'**analyse en composantes principales** (ACP) est un cas particulier, renvoient à des techniques permettant de regrouper un ensemble de variables initiales en un nombre réduit de **variables synthétiques** appelées « **facteurs** ». C'est également une **technique de visualisation** des données qui permet de représenter graphiquement les unités d'analyse afin d'en interpréter les ressemblances dans un espace de dimensions plus réduites que celui défini par les variables initiales.

L'objectif sous-jacent à ces techniques est de découvrir les **dimensions** (= les facteurs) qui structurent les relations entre les variables initiales. L'hypothèse étant que si un ensemble de variables initiales sont corrélées entre elles, elles comportent une part de variation commune (les **communautés** ou *communalities*) et une part de variation qui leur est spécifique. C'est en s'appuyant sur cette part de variation commune que sont construits les facteurs : facteur est le terme générique, mais on les appelle « **composantes** » dans le cas particulier de l'ACP, « **dimensions** » ou même « **variables latentes** », selon l'objectif poursuivi.

Comme les autres analyses factorielles, l'ACP permet d'**explorer** un fichier de données, de **synthétiser** des variables jugées trop nombreuses, de **créer des indicateurs**, de **visualiser les données** (telle la position des arrondissements dans l'espace défini par les composantes de la mortalité infantile de la figure 3), de **tester des hypothèses**, d'identifier les **dimensions** d'un ensemble de variables (les axes Nord-Sud et urbain-rural de la mortalité infantile vers 1900) ou encore, plus techniquement, d'offrir une solution à un problème de **multicolinéarité** entre les variables indépendantes que le chercheur souhaite introduire dans un modèle de régression multiple [chapitre 9].

1.1. Le domaine d'application d'une ACP

L'analyse en composantes principales telle que conçue par Pearson en 1901 et développée par Hotelling en 1933 (Dunteman, 1989 : 7) s'applique en principe à des **variables quantitatives** et se base sur le **coefficient de corrélation** comme mesure d'association. Comme l'analyse factorielle des correspondances [chapitre 7] et l'analyse de classification [chapitre 8], elle ne distingue pas formellement entre variable dépendante et variables indépendantes. Elle transforme un ensemble de h variables initiales corrélées entre elles et mesurées sur n unités d'analyse en un ensemble de k variables (composantes) non corrélées (figure 4), mesurées sur les mêmes n unités d'analyse, de telle façon que $n > h > k$.

Figure 4
Schéma de transformation des variables initiales en facteurs ou composantes

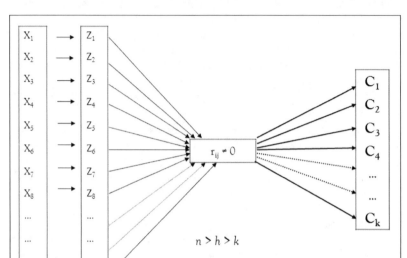

Comme les variables initiales X_h sont généralement exprimées en unités de mesure différentes (% de femmes illettrées, indice de salaire masculin, mortalité infantile pour 1000 nés vivants, etc. dans l'exemple des inégalités régionales de mortalité infantile vers 1900), on les transforme en **variables standardisées** Z_h de moyenne = 0 et de variance = 1 [encadré 7], ce qui leur donne une importance équivalente dans la construction des composantes. Par conséquent, les **composantes** qui en seront extraites sont elles aussi des **variables standardisées** de moyenne = 0 et de variance = 1.

Sur le plan défini par les deux premières composantes de la mortalité infantile vers 1900 (figure 3), le point central – de coordonnées [0, 0] – qui en est le **centre de gravité** correspond à la valeur moyenne des deux composantes. Les unités d'analyse qui se situent à proximité du centre de gravité du plan défini par un couple de composantes ont donc des valeurs proches de la moyenne pour les indicateurs qui sont fortement corrélés à ces deux composantes. Ainsi, dans l'exemple de la mortalité infantile vers 1900, les arrondissements proches du centre de gravité ne présentent pas de valeurs extrêmes pour les indices de fécondité légitime, de salaire masculin et de fécondité illégitime. Inversement, plus les arrondissements s'éloignent du centre de gravité, plus ils s'écartent de ces valeurs moyennes.

1.2. Qu'est-ce qu'une composante principale ?

Les composantes sont de nouvelles variables créées à partir de **combinaisons linéaires de l'ensemble des variables initiales.** Pour identifier ces combinaisons linéaires et le poids accordé à chacune des variables initiales dans leur construction, la méthode procède en premier lieu à l'estimation de la droite (la première composante) qui soit la plus proche possible des n points unités d'analyse dans l'espace multidimensionnel des h variables initiales. L'équation de cette droite se présente comme une combinaison linéaire (additive) des variables initiales pondérées par des **coefficients standardisés.** Ces coefficients reflètent l'importance des variables initiales dans la construction de cette première composante.

Cette première composante ne suffit généralement pas à rendre compte de la totalité de la variance à expliquer. C'est pourquoi l'analyse se poursuit en estimant une deuxième composante pour « expliquer » la variation non prise en compte par la première composante ou **variance résiduelle** : on obtient alors une deuxième combinaison linéaire de variables initiales, qui, par construction, rend compte d'une proportion moindre de la variance totale de départ. Cette deuxième composante principale est, par construction, **non-corrélée** à la première composante principale.

Le processus se poursuit de la même façon à partir des variances résiduelles jusqu'à ce que la totalité de la variance initiale soit absorbée par les composantes successives.

Un exemple à deux variables initiales, l'indice de santé perçue[8] et un indice standardisé de mortalité, tous deux calculés au niveau des 588 communes belges [chapitre 5] en référence à l'année 2001, a été choisi pour illustrer le fonctionnement d'une ACP.

Comme elles se réfèrent à des unités de mesure différentes, elles ont été standardisées. La standardisation ne modifie en rien la position des unités d'analyse (les communes) dans le plan défini par ces variables (figure 5a → figure 5b), mais change la position des axes qui se croisent au point de coordonnées [0, 0], qui devient le centre de gravité du graphique.

---

[8]   Une question sur la santé subjective a été posée lors du recensement de 2001 et les données nécessaires au calcul de l'indice standardisé de mortalité de la période 2001-2005 proviennent du Registre national [chapitre 5].

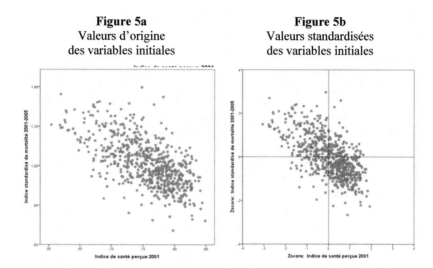

Figure 5a
Valeurs d'origine
des variables initiales

Figure 5b
Valeurs standardisées
des variables initiales

Ces deux variables sont fortement associées, ce qui, en langage ACP, se traduit par « elles représentent en grande partie le même phénomène » (ici : le niveau de santé de la population de la commune). On devrait donc pouvoir extraire de façon optimale cette part de variation commune ou « **communauté** ». Graphiquement, cela s'opère en faisant passer une droite dans « l'axe du plus grand étirement » du nuage de points (figure 6). Cette droite correspond à la première composante principale. Comme le nuage de points initial, qui est formé de deux variables, présente encore une dispersion importante de part et d'autre de cette première composante, il est possible d'en extraire une deuxième composante. Par construction, elle est indépendante de la première (orthogonale) et se construit statistiquement à partir de la variance résiduelle du nuage de points initial, c'est-à-dire, la variance qui n'a pas été absorbée par la première composante. Graphiquement, cela s'opère en faisant passer une perpendiculaire à la première droite dans la partie du nuage de points qui est – selon cette direction – la plus large.

Le processus pourrait se poursuivre si davantage de variables initiales avaient été prises en compte : avec trois variables, il est possible d'extraire 3 composantes indépendantes, avec 4 variables, on identifiera 4 axes, etc.

Figure 6
Les deux composantes principales

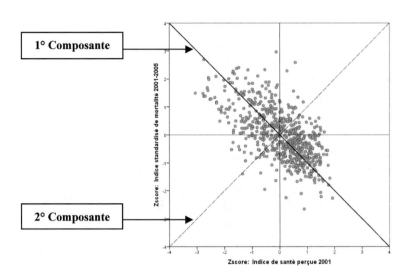

1.3. *Les relations entre variables initiales et composantes*

L'application d'une ACP transforme le tableau de données initial comportant *n* lignes (les unités d'analyse) et *h* colonnes (les variables initiales) en un nouveau tableau de données avec le même nombre de lignes mais un nombre plus réduit de colonnes : les *k* composantes. Simultanément, la matrice des coefficients de corrélations entre les *h* variables initiales est remplacée par un tableau des **saturations** (corréla-tions) entre les variables initiales et les composantes. À noter que les saturations entre composantes et variables initiales diffèrent de 0, tandis que les composantes sont, par construction, non-corrélées entre elles.

Statistiquement, les composantes **C_k** sont des combinaisons linéaires et additives des variables initiales standardisées **Z_h** :

$$C_k = \beta_{k1}Z_1 + \beta_{k2}Z_2 + \ldots + \beta_{ks}Z_h$$

Où : C_k : score factoriel de la composante k
Z_h : valeur standardisée de X_h
β_{kh} : coefficient standardisé

Comme cela se « joue » dans un espace standardisé, chaque variable Z_h est aussi une combinaison linéaire et additive des composantes C_k :

$$Z_h = \alpha_{h1}C_1 + \alpha_{h2}C_2 + \ldots + \alpha_{hk}C_k$$

Où : C_k : score factoriel de la composante k
Z_h : valeur standardisée de X_h
α_{hk} : saturation ou coefficient de corrélation entre Z_h et C_k
Z_h avec les composantes C_k

1.4. Le vocabulaire de l'ACP

Le vocabulaire de l'ACP est particulier : on y rencontre les notions de **saturation** (*factor loading*), de **valeur-propre** (*eigenvalue*), de **communauté** (*communality*) et de **score factoriel** (*factor score*).

o Par **saturation** on désigne la corrélation entre une variable initiale standardisée et une composante : c'est aussi la **contribution** d'une variable à la construction de la composante.

o La moyenne du carré des saturations des variables initiales sur une composante est égale à la variance de l'espace-variables initial « expliquée » ou absorbée par cette composante. Cette variance correspond à la **valeur-propre**[9] de cette composante. Comme la variance (ou inertie) totale des variables initiales est égale au nombre de variables initiales (du fait de leur standardisation, elles ont chacune une variance = 1), on divise la variance expliquée par chaque composante par le nombre de variables initiales pour obtenir la proportion de variance totale que résume cette composante.

La première composante de la mortalité infantile des arrondissements belges vers 1900 a une saturation de -0,85 avec l'indice de salaire masculin et de 0,91 avec l'indice de fécondité légitime (tableau 3). Cette première composante rend compte de 47,9%[10] de la variance totale des 7 variables initiales : près de la moitié de la variance totale de l'espace-variables initial est donc synthétisé par la première composante.

---

[9] Une autre façon plus mathématique de présenter l'ACP est de définir les composantes principales comme étant les **vecteurs propres** de la matrice des coefficients de corrélation entre variables initiales. À chaque vecteur propre on peut associer sa **valeur propre** qui rend compte de la part de variance de la matrice des corrélations qui est absorbée par ce vecteur.

[10] La somme des carrés des saturations des variables initiales sur cette première composante (tableau 3) est de : $0,74^2 + 0,52^2 + 0,78^2 + -0,85^2 + -0,61^2 + -0,07^2 + 0,91^2 = 3,35$. La valeur-propre de cette composante vaut donc 3,35. Comme il y a 7 variables initiales impliquées dans sa construction, la proportion de variance totale dont cette composante rend compte est de $3,35/7 = 47,9\%$

o La **communauté** est la part de la variance d'une variable initiale qui est représentée par l'ensemble des composantes retenues. La communauté d'une variable initiale s'obtient en additionnant le carré des **saturations** (corrélations) de cette variable sur chacune des composantes. Quand le nombre de composantes retenues est égal au nombre de variables initiales, cette communauté est, pour chacune des variables initiales, égale à 100%. Comme l'objectif du recours à l'ACP est de résumer l'information contenue dans l'espace-variables initial, les communautés sont généralement inférieures à 100%.

Dans l'exemple des dimensions de la mortalité infantile vers 1900, les deux premières composantes représentent 66% de la variation initiale de la mortalité infantile ou encore 86% de la variation initiale de l'indice de fécondité légitime : il s'agit là de la part de la variation de ces deux variables qui – avec deux composantes – est considérée comme « commune », par opposition à de la variation spécifique, non prise en compte par ces deux premières composantes (tableau 3).

o Les **scores factoriels** (ou **notes en facteur**[11]) sont tout simplement les valeurs que prennent les nouvelles variables synthétiques – ici les composantes principales – pour chacune des n unités d'analyse. Quand le nombre d'unités d'analyse n'est pas trop important, on peut les situer graphiquement dans des espaces à deux dimensions définis par les coordonnées (les notes en facteur) de couples de composantes jugées intéressantes.

Ce sont les scores factoriels des arrondissements sur les deux premières composantes (figure 3) qui ont permis de comprendre la structure Nord-Sud et rurale-urbaine de la géographie de la mortalité infantile qui s'observait vers 1900.

1.5. Le nombre de composantes

Quand il s'agit de décider du nombre de composantes à retenir, il est important de se rappeler que le **nombre maximum de composantes** qu'il est possible d'extraire est égal au nombre de variables initiales, et que, par construction, le pouvoir « explicatif » des composantes est **hiérarchisé** : la première composante rend compte de plus de variance initiale que la deuxième, la deuxième davantage que la troisième, etc. Dès lors, si l'objectif est de construire un **indice synthétique unique** à partir d'un ensemble de variables corrélées entre elles, seule la première composante principale sera conservée : elle est en effet le meilleur

---

[11] Le terme « notes en facteur » est fréquemment utilisé dans les ouvrages francophones, mais on y trouve également le terme « score factoriel ».

résumé statistique (à une seule variable) de l'ensemble des variables initiales.

On peut cependant souhaiter conserver davantage de composantes, ce qui équivaut à rendre compte de davantage de variance initiale. Comme on recourt à une ACP en vue de résumer un espace variables initial jugé trop complexe, l'objectif est, le plus souvent, de retenir un nombre de composantes inférieur au nombre de variables initiales. La question qui se pose est donc celle du critère à utiliser pour décider quelles sont les composantes à conserver.

o Un critère objectif souvent utilisé est de ne retenir que les composantes représentant au moins autant de variance qu'une quelconque des variables initiales[12]. En d'autres termes, on arrête le processus d'extraction de composantes dès que la **somme du carré des saturations des variables initiales sur une composante est inférieure à 1**[13].

o Si l'objectif est d'identifier des dimensions communes à un ensemble de variables initiales, on peut aussi décider de ne retenir que les composantes dans lesquelles au moins deux variables initiales saturent fortement. Une **saturation atteignant la valeur de « 0,50 » au moins** est souvent considérée comme critère.

La première composante concentre souvent un nombre important de saturations élevées : 6 des 7 indicateurs initiaux ont une saturation supérieure à 0,50 sur la première composante (tableau 3) ; ce nombre est réduit à 3 pour la deuxième composante, tandis seul un indicateur saturait à plus de 0,50 sur la troisième composante.

o Le critère le plus important est sans conteste lié à l'objectif de l'analyse. S'il s'agit d'obtenir un résumé optimal d'un espace variables-initiales jugé trop abondant, ce sera sans doute à la fois le nombre de composantes que l'on veut conserver *in fine* et leur pouvoir explicatif – en termes de proportion de variance initiale conservée – qui guidera le choix du chercheur. Si c'est à l'identification de dimensions sous-jacentes ou de variables latentes que l'analyse a été entreprise, les composantes retenues le seront en fonction de la **structure de leurs saturations** avec les variables initiales et du **sens qu'il est possible de donner à ces composantes**. Quoi qu'il en soit, on retient rarement une compo-

---

[12] La variance de chacune des variables initiales après standardisation [encadré 7] est égale à 1.

[13] La somme du carré des saturations des variables initiales sur une composante donnée équivaut à la **valeur propre** de cette composante : une composante sera donc considérée comme plus importante qu'une quelconque variable initiale, si sa valeur-propre est > 1.

sante dans laquelle seule une variable initiale sature de façon considérée comme intéressante : dans ce cas, en effet, on ne peut plus l'interpréter comme représentant de la variation commune, ni comme facteur synthétique. On parlera dans ce cas de **dimension spécifique** (à une variable) par opposition aux **dimensions communes** qu'on cherche en principe à identifier.

o Si le recours à une ACP s'opère uniquement en vue de **résoudre un problème de multicolinéarité** entre deux ou plus de variables indépendantes à introduire dans un modèle de régression multiple [chapitre 9], la question du nombre de composantes (par construction non corrélées entre elles) à retenir est entièrement laissée à l'appréciation du chercheur : s'il souhaite conserver la totalité de la variance des variables initiales, il retiendra toutes les composantes, mais il peut aussi décider de ne retenir que les composantes auxquelles il peut attribuer du sens par rapport à son objet d'étude.

1.6. La rotation des axes ou composantes

La « **rotation** » répond au souci de **pouvoir donner du sens** aux composantes et plus généralement aux facteurs synthétiques que le chercheur décide de conserver. Le problème qui se pose est le suivant : en général, la première composante d'une ACP a des saturations élevées avec un nombre important de variables initiales et les composantes suivantes peuvent être plus difficiles à interpréter parce qu'elles saturent moyennement à faiblement avec plusieurs variables. La solution est alors de faire « tourner » l'ensemble des axes retenus dans l'espace des variables initiales de façon à ce que les axes traversent de préférence des groupes de variables initiales. Cette « rotation » est sensée produire un autre ensemble de facteurs qui seraient plus aisément interprétables, dans la mesure où ils présenteraient des saturations plus élevées avec certaines variables et plus faibles avec les autres. La décision de recourir à une rotation et la technique de rotation à utiliser sont à envisager en tenant compte des avantages et inconvénients de la procédure.

o En procédant à une « **rotation orthogonale** » des composantes sélectionnées, l'**indépendance entre les facteurs**[14] est maintenue. Les facteurs après rotation représentent ensemble la **même proportion de variance initiale** que les composantes principales avant rotation, mais cette variance est redistribuée différemment entre les facteurs. Ceci a pour conséquence que le premier facteur

---

[14] Le terme « composantes principales » est réservé aux facteurs avant rotation. Les composantes principales ont en effet des caractéristiques qui leur sont propres : elles synthétisent de façon hiérarchisée et optimale la variance de l'espace-variables initial et sont par construction indépendantes entre elles, etc.

n'est plus le meilleur résumé statistique en une seule (nouvelle) variable de l'espace-variables initial. Le gain en interprétation des facteurs après rotation est à évaluer face notamment à la perte de statut de « meilleur résumé statistique » de la première composante principale.

o Il se peut que la rotation orthogonale ne parvienne pas à faire passer les axes dans des groupes de variables initiales, en raison de la contrainte d'orthogonalité. Dans ce cas, on peut décider de recourir à des « **rotations obliques** » qui produisent des facteurs corrélés entre eux. Ici le gain en interprétation des facteurs est à peser face, notamment,[15] à la perte d'indépendance entre facteurs qui, dès lors, mesurent en partie les mêmes phénomènes.

Une tentative de rotation orthogonale des composantes de la mortalité infantile régionale vers 1900 a été tentée, mais elle ne modifiait que très peu la position des axes et, donc, l'interprétation à leur donner. C'est pourquoi elle n'a pas été retenue.

2. Comment réaliser une analyse en composantes principales ?

2.1. Les variables initiales

Le choix des variables initiales à sélectionner est bien entendu fondamental. Il dépend de **l'objectif poursuivi** :

o L'ACP permet, par son habilité à résumer de façon optimale et hiérarchisée la variance totale d'un espace-variables initial, de réduire un ensemble de variables jugé trop complexe, tout en permettant d'analyser la structure de cet espace-variables. L'objectif est alors plutôt **exploratoire** et est un préalable à une analyse ultérieure au moyen d'une autre technique multivariée, comme la régression multiple [chapitre 9] ou encore l'analyse de classification [chapitre 8].

o L'**opérationnalisation de concepts complexes**, tel l'accès aux soins de santé, par exemple, implique la prise en compte simultanément de plusieurs éléments pour construire un indicateur de ce concept. Dans ce cas, les variables initiales seront sélectionnées en fonction de leur capacité à représenter les différentes facettes du concept. L'ACP est alors réalisé sur l'ensemble de ces variables et c'est lors de l'analyse de leurs saturations sur les com-

---

[15] Les rotations obliques ont d'autres conséquences, en particulier sur le mode de calcul des communautés, du calcul de la part de variance expliquée par chaque facteur identifié par la rotation, etc. Pour une présentation plus complète, voir les ouvrages de Jae-On Kim et Charles M. Mueller (1978a ; 1978b).

posantes et de la part de variance initiale synthétisée par chacune des composantes successives, que s'opérera le choix des composantes à retenir pour représenter ce concept.

o S'il s'agit de trouver une solution technique à un **problème de multicolinéarité** entre deux ou plusieurs variables indépendantes destinées à être introduites dans une régression multiple, l'ACP offre une solution simple en identifiant une ou deux variables synthétisant la part commune des variables initiales avec, de plus, l'avantage que les composantes ne sont pas – du tout – corrélées entre elles. C'est au chercheur à décider s'il souhaite conserver la totalité de la variance des variables initiales – et dans ce cas, il conserve toutes les composantes – ou s'il ne retient qu'une partie des composantes extraites.

o Même si la technique ne prévoit pas de distinction formelle entre la variable dépendante et les variables indépendantes, l'analyse peut accorder un statut particulier à une variable en particulier et sélectionner les variables initiales en référence à des **hypothèses à tester**, comme c'est le cas de la régionalisation de la mortalité infantile en Belgique vers 1900.

2.2. Combien de composantes retenir ?

À l'issue de l'application de l'ACP se pose le choix du **nombre de composantes** à retenir. Cette décision dépend elle aussi de l'objectif poursuivi. Certaines balises ont déjà été évoquées, mais elles ne sont en aucun cas impératives :

o S'il s'agit de synthétiser une information initiale jugée trop abondante, on appliquera le plus souvent les critères de variance « expliquée » (ou valeur propre) supérieure à 1 ou encore l'importance des saturations des variables initiales pour sélectionner les composantes à conserver.

o S'il s'agit de créer un indicateur composite, l'importance des saturations et aussi des communautés des variables initiales sera examinée pour d'abord identifier le nombre de dimensions à retenir avant, si nécessaire, de procéder à une rotation des axes conservés afin de pouvoir plus facilement les interpréter.

3.3. Faut-il procéder à une rotation ?

La décision de procéder à une **rotation** dépend de la prise en compte de ses avantages et de ses inconvénients. C'est principalement pour améliorer l'interprétation des axes qu'elle est entreprise : elle vise à identifier une « structure simple » des variables initiales.

Parmi les **techniques de rotation orthogonale :**

o La procédure **varimax** qui tend à minimiser le nombre de variables qui ont une saturation élevée sur un facteur est souvent préférée, mais il en existe d'autres.

o La procédure **quartimax** minimise le nombre de facteurs nécessaires pour rendre compte de la variance de chaque variable initiale. Cette technique simplifie la structure des variables, mais fournit souvent un facteur « généraliste » qui a des saturations élevées ou assez élevées sur la plupart des variables.

o La procédure **equimax** combine en quelque sorte les deux techniques précédentes en simplifiant à la fois la structure des facteurs et celle des variables initiales.

Les **techniques de rotation oblique**, moins souvent utilisées et dont les résultats sont plus complexes à interpréter ne sont pas détaillés ici. En pratique cependant, si les variables initiales présentent une structure forte, celle-ci sera dévoilée quelle que soit la procédure de rotation utilisée.

2.4. La présentation des résultats

Les résultats d'une ACP sont souvent représentés sous la forme de **graphiques** permettant de **visualiser les ressemblances** entre les variables et les composantes, d'une part, et entre les unités d'analyse, d'autre part.

o La **ressemblance entre variables et composantes** s'analyse en termes de **saturations** (corrélations) : la ressemblance entre les variables initiales et les composantes est d'autant plus élevée que la saturation positive ou négative est proche de la valeur 1. Ce résultat peut être présenté sous la forme d'un graphique qui est strictement limité par la frontière d'un cercle de rayon = 1[16] (figure 2). Il peut également faire l'objet d'un **tableau des saturations** qui est complété par les **communautés** et la proportion de variance initiale que représente chaque composante (tableau 3).

o Les **ressemblances entre unités d'analyse** s'analysent en termes de **proximité** ou de **distance** de leurs **projections** sur les plans synthétiques définis par les composantes. Si le nombre d'unités d'analyse n'est pas trop important, on analyse leur proximité (ou leur éloignement) dans les plans successifs (comme la figure 3) définis par les couples de composantes jugées intéressantes. On commence bien entendu par les deux premières composantes qui, par construction, représentent la part la plus importante de la va-

---

[16] La valeur des saturations est comme celle du coefficient de corrélation linéaire, strictement limitée aux valeurs bornée par l'intervalle [-1 ; +1].

riance initiale. Deux unités d'analyse très proches[17] dans cet espace auront forcément des notes en facteur (valeurs) proches sur ces deux composantes et sur les variables initiales que ces composantes représentent le mieux. À l'inverse, des unités d'analyse très distantes auront aussi des notes en facteur très différentes sur ces composantes. Si plus de deux composantes (ou facteurs) sont conservées, plusieurs plans successifs peuvent être présentés pour affiner l'analyse des proximités entre les projections des unités d'analyse. Ainsi, dans le cas de trois composantes (ou facteurs), on procède de façon hiérarchisée en commençant par le plan défini par les deux premières composantes (ou facteurs) [C1 x C2] qui est aussi celui qui représente la part de variance initiale la plus importante ; on poursuit alors par le plan défini par la première et la troisième composante [C1 x C3], puis par le plan [C2 x C3].

2.5. *L'interprétation des résultats*

L'interprétation des résultats peut être enrichie par l'ajout de variables et d'unités d'analyse qui n'ont pas contribué à la construction des axes et qu'on appellera **variables illustratives** et **unités d'analyse supplémentaires**. Ces variables illustratives seront positionnées dans le graphique des saturations via leur corrélation avec les composantes (ou facteurs). Les notes en facteur des unités d'analyse supplémentaires sont obtenues à partir de leur valeur sur les variables initiales.

Enfin, l'ACP peut être une étape d'une stratégie de recherche plus complexe qui vise à identifier des typologies d'unités d'analyse : dans ce cas, les composantes considérées comme intéressantes seront introduites comme autant de variables quantitatives dans une analyse de classification [chapitre 8].

3. À quoi faire attention

L'ACP s'applique en principe aux **seules variables quantitatives** puisqu'elle s'appuie sur l'analyse de leurs coefficients de corrélation. En pratique cependant, elle permet d'intégrer des variables mesurées sur une échelle **ordinale** pour autant qu'elles comportent un nombre suffisant de modalités et que les nombres qui codent ces modalités représentent adéquatement les écarts sous-jacents au gradient des réponses (Kim, Mueller, 1978b). Pour l'analyse de variables nominales, le recours à une analyse factorielle des correspondances [chapitre 7] s'impose. Cependant, si toutes les variables sont dichotomiques, l'ACP et l'analyse

---

[17] On parlera ici de distance euclidienne, ou distance mesurée en cm ou en mm, tout simplement.

factorielle des correspondances multiples sont équivalentes (Lebart *et al.*, 2006 : 207, 245-246).

Les résultats d'une ACP dépendent de la sélection des variables initiales, de leur nombre et du niveau de leur association statistique : si elles sont très peu corrélées entre elles, l'ACP produira un nombre important de composantes qui sont associées chacune à un nombre réduit de variables initiales. Un examen attentif de la matrice des corrélations entre les variables initiales est donc un préalable indispensable.

Comme l'ACP se base sur les corrélations entre les variables quantitatives, les unités d'analyse qui présenteraient des **valeurs extrêmes** sur certaines des variables et donc qui s'écartent fort du nuage formé par les unités d'analyse dans l'espace des variables initiales, peuvent peser d'un poids trop important dans la construction des composantes. On peut donc décider d'écarter les unités d'analyse concernées lors de la phase de construction des composantes, pour les réintroduire par la suite comme **unités supplémentaires** dans les plans factoriels lors de l'interprétation des résultats.

Lors de l'interprétation des proximités entre unités d'analyse sur les plans définis par les composantes, il ne faut pas perdre de vue qu'il s'agit de la proximité de **projections d'unités d'analyse**. Une unité d'analyse qui présente une valeur élevée sur une variable initiale faiblement associée aux composantes qui déterminent ce plan, peut visuellement être proche d'une autre unité d'analyse, mais, en réalité, en être très éloignée. Un examen de projections sur plusieurs plans successifs permet d'évaluer la stabilité des proximités entre unités d'analyse.

Les représentations graphiques des saturations et des notes en facteurs doivent respecter visuellement **l'équivalence des unités de mesure** en abscisse et en ordonnée au risque de ne pouvoir correctement interpréter les ressemblances entre variables et facteurs, d'une part, et entre unités d'analyse, d'autre part. Comme ces ressemblances se mesurent différemment pour les variables et pour les unités d'analyse, il vaut mieux ne pas les représenter sur un même graphique.

Si l'objectif de l'analyse est de synthétiser une information initiale jugée trop complexe, il convient de ne pas retenir trop de composantes, au risque de multiplier les plans de projection des unités d'analyse et de retomber, de ce fait, dans un univers trop complexe à interpréter.

4. Pour aller plus loin

L'ACP est sans doute la plus simple des techniques de factorisation et elle opère d'une façon assez mécanique, puisqu'elle dérive directement d'une décomposition de la matrice des corrélations entre les variables initiales. Son efficacité en tant que technique de condensation de l'information initiale est incontestable, mais elle peut produire des composantes difficiles à interpréter, ne permettant pas d'identifier les dimensions latentes qui sous-tendent la structure des relations entre ces variables initiales. D'où le développement de diverses techniques de rotation, mais aussi d'autres techniques de « mise en facteur » généralement regroupées sous le vocable générique d'« Analyses factorielles » (*Factor Analysis* ou *Principal Factor Analysis*). Les analyses factorielles se distinguent de l'ACP, selon certains auteurs (Dunteman, 1989), en ceci qu'elles se dotent d'un modèle sous-jacent qui partitionne la variance totale à expliquer en variance commune et variance spécifique. Ceci a de nombreuses conséquences quant à la façon de procéder pour extraire les facteurs et en particulier les facteurs communs (*Common factors*) qui se distinguent très nettement des facteurs spécifiques (*Unique factors*). Pour plus de détails sur les méthodes d'analyse factorielle, voir les ouvrages de Jae-On Kim et Charles W. Mueller (1978a ; 1978b), celui de David J. Jackson et Edgar F. Borgatta (1981) ou de Jacques Tacq (1997 : 290-321).

Le concept de dimension latente ou de variable latente, non observable en tant que telle, est un élément-clé de méthodes plus complexes ayant pour objectif d'identifier des équations structurelles entre facteurs (Long, 1983). L'analyse factorielle confirmatoire (*Confirmatory factor analysis*), par opposition à l'analyse factorielle exploratoire (*Exploratory factor analysis*) dont il a été question dans ce chapitre, est une introduction à ces méthodes d'analyse structurelle, plus connue sous le nom de LISREL et mises au point par Karl Gustav Jöreskog & Dag Sörbom (1979).

CHAPITRE 7

L'analyse factorielle
des correspondances (multiples)

Pierre BAUDEWYNS

Les élections de juin 2007 en Wallonie

Le « *Tableau politique de la France de l'Ouest sous la IIIe République* » publié à la veille de la Première Guerre mondiale (Siegfried, 1913)[1] met en évidence une répartition géographique (et géologique) des votes en fonction d'« habitudes » locales (comme les coutumes, les manières de faire, d'agir…). André Siegfried y montre que certains départements « votaient » majoritairement à gauche et d'autres plus à droite. À ces tendances de vote **correspondaient** des départements de tradition républicaine, laïque… alors que dans d'autres départements, le vote **correspondait** à une tradition plutôt catholique et conservatrice, davantage hiérarchisée. À ces tendances **correspondaient** également des organisations sociales et spatiales différenciées : une majorité conservatrice se retrouvait plus fréquemment dans des régions d'habitat dispersé avec de grandes propriétés, une tradition catholique plus marquée, un respect des fonctions et de la hiérarchie plus prononcé entre le paysan, le châtelain et le curé ; tandis que la sensibilité républicaine se retrouvait davantage dans des régions d'habitat concentré avec de petites propriétés et une organisation sociale plus égalitaire et davantage laïcisée. Siegfried met donc en relation la distribution du vote et la géographie humaine et sociale.

À l'instar d'André Siegfried, les chercheurs en sociologie électorale et les commentateurs de la vie politique en Wallonie ont à plusieurs reprises signalé que certaines circonscriptions électorales étaient considérées comme les « bastions » électoraux de certains partis. Ainsi, les provinces dotées d'une industrie minière étaient souvent associées au vote socialiste, d'autres, plus rurales, au vote pour le parti social-

---

[1] Le *Tableau politique de la France de l'Ouest sous la Troisième République* (Siegfried, 1913) est considéré comme un livre fondateur de la sociologie électorale non seulement en France, mais également dans le reste du monde (Wikipédia).

chrétien et, d'autres encore, au vote libéral. Le vote écologiste est apparu plus récemment sur la scène politique et, suite à la transformation sociologique des électorats, il commence, lui aussi, à se distinguer dans certaines circonscriptions plutôt que d'autres.

Pour vérifier cette hypothèse d'une différenciation géographique des tendances politiques en région wallonne, une **analyse factorielle de correspondances (AFC)** a été réalisée à partir de données issues de l'enquête post-électorale réalisée par le PIOP-UCL et l'ISPO-KUL en 2007[2]. Les données de cette 5ème enquête post-électorale ont été récoltées entre le 10 octobre 2007 et le 15 janvier 2008 auprès de 717 Wallons en droit de voter[3]. Les interviews d'une durée moyenne de 60 minutes ont été réalisées au domicile de la personne interrogée. L'échantillon a été construit en procédant à un tirage aléatoire en deux degrés : un échantillon de communes – tenant compte de la taille de leur population – et au sein de chaque commune, d'un nombre de groupes « *clusters* » de 15 individus, toujours en fonction de la taille de la population de cette commune. Le taux de participation est proche de 65%. Pour l'ajuster à la réalité, l'échantillon a été pondéré en tenant compte de la structure par âge, sexe, niveau d'instruction et vote (Frognier et Baudewyns, 2009).

Une première analyse a mis deux variables en correspondance : le vote déclaré à la Chambre aux élections législatives de juin 2007 et la province de résidence des 668 répondants qui ont donné des réponses valides aux questions traitées ici. Seules les **modalités des variables** ont été représentées sur le plan défini par les deux facteurs, dans ce cas-ci en effet, les unités d'analyse sont trop nombreuses pour y figurer utilement[4] (figure 1).

---

[2] Pôle Interuniversitaire sur l'Opinion publique et la Politique (UCL) et l'Instituut voor Sociaal en Politiek Opinieonderzoek (KUL)

[3] Mener une enquête post-électorale directement après les élections aurait été assez difficile compte tenu du moment (proche des vacances scolaires) où ont eu lieu les élections (10 juin 2007).

[4] L'analyse factorielle des correspondances autorise la représentation simultanée des projections des variables et des unités d'analyse sur un même plan : dans ce cas-ci, représenter les 668 individus ayant participé à l'enquête aurait résulté en un nuage de points dense difficile à interpréter.

Figure 1
Vote et province en Wallonie en 2007, n=668

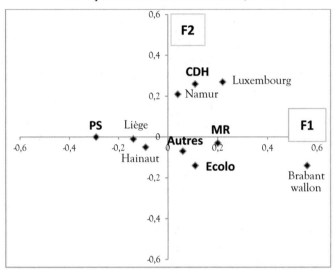

Source : ISPO/PIOP. *General Election Study Belgium* 2007. Calculs de l'auteur

o   En s'appuyant sur leurs **proximités**, on observe que les provinces de Hainaut et de Liège sont plus proches du vote socialiste (PS) que d'un vote libéral (MR) ou écologiste (ECOLO). Cela semble logique, compte tenu du passé industriel de ces deux provinces et de leur composition sociale. La proportion d'ouvriers y est plus élevée que dans d'autres provinces, certains syndicats de gauche y sont majoritaires, ces provinces connaissent une laïcisation croissante…

o   Les provinces de Luxembourg et de Namur sont assez proches du vote démocrate humaniste (CDH). À nouveau, cela paraît relativement « normal », dans la mesure où ces provinces se caractérisent par une présence assez importante d'agriculteurs, le maintien d'une certaine pratique religieuse et un attachement à la transmission de traditions.

o   Enfin, la province du Brabant wallon est plus proche à la fois des votes libéraux et écologistes. Cette jeune province a connu une importante évolution dans sa composition sociologique au cours des deux dernières décennies suite au phénomène de périurbanisation. Les classes moyennes supérieures et les classes supérieures ont petit à petit quitté la région de Bruxelles à la recherche d'un cadre de vie « plus vert », tout en restant à proximité de leur lieu de travail. Ces électorats sont composés de personnes instruites, disposant d'un certain revenu.

En s'inspirant du modèle de comportement électoral d'André Siegfried, on peut en conclure que, dans certaines provinces, le vote est plus de gauche, dans d'autres de centre droit et enfin, dans d'autres encore, libéral ou écologiste et que cela est lié à la composition sociale des populations locales. Il s'agit là d'une première étape exploratoire qui doit encore être enrichie d'autres variables, afin de consolider l'analyse de la cartographie des votes en Wallonie.

L'AFC a donc permis d'établir **visuellement une correspondance entre les modalités des deux variables qualitatives** qui ont été sélectionnées pour cet exemple. Et c'est bien là sa spécificité : plutôt que d'établir globalement une mesure d'association entre ces deux variables au moyen d'un Khi-deux par exemple, elle s'intéresse plus spécifiquement aux associations entre les modalités de ces variables.

1. L'analyse factorielle des correspondances AFC

Jean-Paul Benzécri et Brigitte Escofier-Cordier[5] proposent l'**analyse factorielle des correspondances** en 1962-65. Si ses principes sont plus anciens, c'est bien le développement de l'informatique qui a contribué à rendre populaire cette **technique d'analyse de grands tableaux de contingences**. C'est à la fois un outil d'**analyse exploratoire** d'un tableau de données jugé trop complexe et une **technique de visualisation** graphique des relations qui s'établissent entre les variables (et leurs modalités) et entre les variables et les unités d'analyse.

On parle d'**analyse factorielle des correspondances** (AFC) quand on étudie les « **correspondances** » ou proximités s'établissant entre les **modalités de deux variables qualitatives** à partir de leur croisement sous forme d'un **tableau de contingences** [chapitre 3][6]. L'**analyse factorielle des correspondances multiples** (AFCM) permet d'analyser les « correspondances » ou proximités entre les modalités de plus de 2 variables qualitatives.

L'analyse factorielle des correspondances ressemble à bien des égards à l'analyse en composantes principales (ACP) [chapitre 6] :

---

[5] La méthode est réputée typiquement française et a longtemps été peu connue du monde anglo-saxon, en particulier, parce qu'elle est proche des objectifs du « *Multidimensionnal scaling* » (Kruskal & Wish, 1978), mais aussi parce qu'il a fallu attendre les premiers ouvrages rédigés en anglais : notamment ceux que Michael J. Greenacre qui a soutenu sa thèse de doctorat à Paris en 1978 sous la direction de Jean-Paul Benzécri.

[6] On verra plus loin (tableau 6) que les données peuvent également se présenter sous forme d'un **tableau disjonctif**.

o Comme l'ACP, elle procède à une réduction optimale de l'espace variables initial par la construction de facteurs synthétiques (ou dimensions), afin d'en simplifier l'analyse et l'interprétation.

o Parallèlement à l'ACP qui se base sur la corrélation entre variables (quantitatives) initiales pour construire les composantes, l'AFC se base sur la **distance du Khi-deux** comme mesure de correspondance (ou de proximité) entre les modalités des variables (qualitatives) initiales pour construire les facteurs.

o Dans le cas de l'ACP, les proximités entre les variables, d'une part, et entre les unités d'analyse, d'autre part, font l'objet de représentations graphiques distinctes qui ne peuvent être superposées. L'AFC dépasse cette limite et offre la possibilité de projeter les modalités des variables et les unités d'analyse sur un même plan factoriel, ce qui permet de visualiser les proximités entre modalités des variables, entre unités d'analyse et entre les unités d'analyse et les modalités des variables qui les caractérisent.

L'objectif de l'AFC (et de l'AFCM) est, comme c'est le cas des analyses factorielles en général, de réduire, en le synthétisant, un espace-variables jugé trop complexe afin de pouvoir identifier les dimensions (ou variables latentes) qui structurent les relations entre les variables initiales. Il s'agit, plus concrètement, de découvrir les liens ou **correspondances** entre deux (AFC) ou davantage de variables qualitatives (AFCM) et leurs modalités, par l'examen de leurs positions respectives sur le(s) plan(s) factoriel(s) définis par l'analyse. En cela, l'AFC est souvent utilisée dans une phase exploratoire des données afin de mettre en évidence les correspondances entre les variables et leurs modalités.

Le recours à une AFC (ou une AFCM) peut aussi être une étape dans la stratégie de constitution d'une typologie : typologie qui sera approchée, en un premier temps, par le repérage de « groupes » d'unités d'analyse proches dans les plans factoriels, puis cernés plus précisément, dans un second temps, par le traitement des facteurs jugés intéressants dans une analyse de classification [chapitre 8].

1.1. Le domaine d'application d'une AFC

Les analyses factorielles des correspondances simples et multiples s'appliquent de préférence à des **variables qualitatives**, qu'elles soient dichotomiques, nominales ou ordinales. Cela en fait une technique d'analyse privilégiée de données d'enquêtes ou de données agrégées mesurées sur des unités administratives, après que les variables quantitatives aient été regroupées en un nombre plus réduit de modalités ordonnées.

L'analyse factorielle de correspondances transforme donc un ensemble de h **variables qualitatives** observées sur n d'unités d'analyse en un nombre plus réduit de k facteurs synthétiques (ou dimensions) qui sont des **variables quantitatives.** À noter que les m modalités des h variables qualitatives initiales sont prises en compte dans le calcul du nombre maximum des k facteurs qu'il est possible d'extraire :

$$\text{Nombre maximum de facteurs k} = [m - h]$$

Où : m **est le cumul** du nombre de modalités des variables initiales
h le nombre de variables initiales prises en compte

1.2. Comment sont construits les facteurs d'une AFC

Avant de détailler le fonctionnement d'une AFC, une brève définition de la terminologie utilisée par les concepteurs de la méthode[7] s'impose afin de faire le lien avec la terminologie statistique usuelle [encadré 5].

Encadré 5

Le vocabulaire de l'analyse factorielle des correspondances

La **correspondance** renvoie à la notion d'association ou de proximité entre les modalités d'une même variable initiale, entre les modalités de variables initiales différentes ou entre les modalités des variables initiales et les unités d'analyse.

L'**inertie** (du nuage de points) est un terme utilisé en mécanique qui est identique à la notion de variance utilisé en statistique.

Le **centre de gravité** est à nouveau un terme utilisé en mécanique qui est identique à la notion de moyenne arithmétique utilisée en statistique.

Le **barycentre** correspond en statistique à la moyenne pondérée.

La **masse** est la fréquence de la modalité d'une variable initiale. La notion de masse fait aussi référence à la notion de « poids » en statistique.

Comme l'ACP, les facteurs des analyses factorielles des correspondances sont construits à partir des associations entre les modalités des variables initiales. Ils sont également hiérarchisés selon leur pouvoir d'absorption de l'**inertie globale** des variables initiales : le premier facteur étant le meilleur résumé statistique de cet espace, le second absorbant davantage de variation résiduelle que le troisième, etc. Par

---

[7] C'est bien ce vocabulaire particulier, le plus souvent emprunté à la mécanique, qui sera utilisé dans les pages qui vont suivre, parce que c'est celui qu'on retrouvera dans les ouvrages de référence français.

construction, les facteurs sont **indépendants** (non associés) les uns des autres.

Pour pouvoir construire ces facteurs, l'AFC se base sur le tableau de contingence [chapitre 3] croisant les modalités des deux variables X1 et X2 retenues pour l'analyse. Chaque cellule du tableau de contingence contient le nombre d'unités d'analyse caractérisées simultanément par la modalité i de la variable X1 et la modalité j de la variable X2.

Modalités des variables, profils-ligne, profils-colonne

Les facteurs de l'ACP sont construits à partir de la matrice des coefficients de corrélation qui mesurent de façon symétrique les relations entre variables initiales [$r_{12} = r_{21}$]. La construction des facteurs d'une AFC est un peu plus complexe : elle se base sur le tableau de contingence pour évaluer les relations entre les deux variables qualitatives et leurs modalités, par une mesure des distances entre **profils-ligne**, d'une part, et des distances entre **profils-colonne**, d'autre part.

Profils-ligne et profils-colonne. Dans le cas du vote des provinces wallonnes, le tableau de contingence croise les modalités-provinces en ligne avec les modalités-partis en colonne (tableau 1) pour les 668 individus qui constituent les unités d'analyse de l'AFC. Le tableau 1 se compose de fréquences absolues : on y remarque que les provinces (en ligne) sont d'inégale importance (Liège compte 168 votants et Namur 73 seulement), de même que les partis (en colonne) sont plus ou moins privilégiés.

o Pour pouvoir comparer la structure des votes d'une province à l'autre, il faut neutraliser les différences de votants des provinces : on calculera donc les **fréquences relatives de vote** (partis) pour chaque **province, ce sont ici les profils-ligne.** Ces fréquences relatives permettent de repérer la nette préférence des votants liégeois et hennuyers pour le PS et du Brabant wallon pour le MR, par exemple (profils-ligne-tableau 1).

o Pour pouvoir comparer la répartition géographique des différents partis il faut neutraliser la taille des partis : on calculera donc la **part relative des provinces** pour chaque parti, ce sont ici les **profils-colonne.** Même si Ecolo est le deuxième parti du Brabant wallon (20% des votes de cette province), la plus grande part des voix Ecolo (45%) ont été acquises dans la province du Hainaut qui est une province plus importante en termes de votants que le Brabant wallon (tableau 1 : profils-colonne).

La distance du Khi-deux

La décomposition du tableau de contingence en profils-ligne et profils-colonne rend possible la comparaison des profils de vote de chacune des provinces et, de façon complémentaire, des profils régionaux de chaque parti. Cette décomposition a cependant comme conséquence qu'une même cellule du tableau de contingence aura une importance relative différente selon le point de vue adopté : profil-ligne ou profil-colonne.

La position relative des 115 votes hennuyers qui se sont prononcés en faveur du PS est de 37% [115/315] en profil-ligne, et de 53% [115/219] en profil-colonne (tableau 1).

Tableau 1
Les votes par provinces en juin 2007. Effectifs absolus, n=668

Tableau de contingence

	PS	MR	CDH	Ecolo	Autres	Total
Hainaut	115	86	36	40	38	315
Liège	66	44	21	23	14	168
Luxembourg	10	15	11	4	6	46
Namur	23	22	15	8	5	73
Brabant wallon	5	31	9	13	8	66
Total	219	198	92	88	71	668

Profils-lignes

	PS	MR	CDH	Ecolo	Autres	Total
Hainaut	0,37	0,27	0,11	0,13	0,12	1,00
Liège	0,39	0,26	0,13	0,14	0,08	1,00
Luxembourg	0,22	0,32	0,24	0,09	0,13	1,00
Namur	0,31	0,30	0,21	0,11	0,07	1,00
Brabant wallon	0,08	0,47	0,13	0,20	0,12	1,00
Profil moyen	**0,33**	**0,30**	**0,14**	**0,13**	**0,10**	**1,00**

Profils-colonnes

	PS	MR	CDH	Ecolo	Autres	Profil moyen
Hainaut	0,53	0,43	0,39	0,45	0,54	0,47
Liège	0,30	0,22	0,23	0,26	0,20	0,25
Luxembourg	0,04	0,08	0,12	0,05	0,08	0,07
Namur	0,11	0,11	0,16	0,09	0,07	0,11
Brabant wallon	0,02	0,16	0,10	0,15	0,11	0,10
Total	1,00	1,00	1,00	1,00	1,00	1,00

Source : ISPO/PIOP. *General Election Study Belgium* 2007. Calculs de l'auteur

La **représentation graphique** des profils comporte, à ce stade, deux nuages de points qui ne peuvent être superposés :

o Un nuage des points « profils-ligne » dans l'espace formé par les modalités de la variable colonne. Le centre de gravité de ce nuage de points a comme coordonnées le profil-ligne moyen. Le nombre d'axes de l'espace de référence est égal au nombre de modalités de la variable colonne, soit 5 partis dans l'exemple.

o Un autre nuage des points « profils-colonne » dans l'espace formé par les modalités de la variable ligne. Le centre de gravité de ce nuage de points a comme coordonnées le profil-colonne moyen. Le nombre d'axes de l'espace de référence est égal au nombre de modalités de la variable ligne, soit 5 provinces dans l'exemple.

Le nombre de points de ces 2 nuages est égal au nombre de cellules du tableau de contingence, soit 25 points [5 lignes x 5 colonnes].

La construction des axes factoriels doit cependant se baser, comme l'ACP, sur une mesure d'association entre les variables, afin de pouvoir en extraire ce qui leur est commun. S'agissant ici de variables qualitatives, la mesure d'association la plus souvent utilisés est celle du Khi-deux, qui se limite cependant à fournir une mesure globale de l'existence d'une association entre deux variables qualitatives. Comme on souhaite ici affiner l'analyse en s'intéressant aux modalités des variables, la « ressemblance » ou la « dissemblance » des profils sera évaluée par la **distance du Khi-deux**, une mesure proche à la fois du Khi-deux et de la distance euclidienne.

Le raisonnement est le suivant : deux profils-ligne seront d'autant plus proches que le carré des écarts entre les couples de fréquences relatives de chaque modalité de la variable colonne est faible. Comme cette façon de faire favorise les modalités-colonne ayant une masse (fréquence) importante, le carré des écarts entre fréquences relatives de chacune des modalités de la variable-colonne est divisé par la **masse** de cette modalité (sa part relative dans l'ensemble de l'échantillon). La somme des distances partielles calculées pour chaque modalité de la variable colonne est une mesure de la distance entre les deux profils-ligne.

La distance entre les profils-ligne du Hainaut et de Liège s'obtient en calculant d'abord le carré de la différence des proportions de votants pour le PS [[0,37-0,39]^2], puis en divisant le résultat par la fréquence moyenne du vote pour le PS [0,33]. On procède de la même façon pour chaque province : la somme des écarts partiels atteint une distance du Khi-deux de 0,02 (tableau 2a).

La formule de la distance du Khi-deux entre deux profils-ligne L_i et L_j peut être écrite comme suit :

$$d^2(L_i, L_j) = \sum \frac{1}{c_m} (c_{mli} - c_{mlj})^2$$

Où : L_i et L_j sont les profils-ligne *i* et *j* dont on mesure la distance

c_m la fréquence relative moyenne de la modalité *m* de la variable colonne

c_{mli} la fréquence relative de la modalité *m* de la variable colonne du profil-ligne L_i

c_{mlj} la fréquence relative de la modalité *m* de la variable colonne du profil-ligne L_j

Quand toutes les distances entre couples de profils-lignes sont calculées, elles peuvent être représentées sous la forme d'une matrice des distances-lignes (tableau 2a).

Selon cette matrice, Liège et le Hainaut ont les profils de vote les plus proches [distance = 0,02] et le Brabant wallon et Liège les plus éloignés (différents) [distance = 0,48] (tableau 2a).

La distance entre deux profils-colonne s'obtient de façon analogue (tableau 2b).

La distance entre les profils-colonne du PS et du MR s'obtient en calculant d'abord le carré de la différence des proportions de votants PS-MR du Hainaut [[0,53-0,43]^2], puis en divisant le résultat par la part relative des votes hennuyers dans le total [0,47] On procède de la même façon pour chaque modalité de la variable « parti » et la somme des écarts partiels atteint une distance du Khi-deux de 0,27 (tableau 2b).

Une matrice des distances-colonnes peut être construite une fois calculées les distances de tous les couples de profils-colonne.

Selon les profils-colonnes, la répartition régionale des votes MR et Ecolo sont les plus proches [distance = 0,03] et celle du PS et du MR les plus différentes [distance = 0,27] (tableau 2b).

La distance du Khi-deux présente une caractéristique importante : l'**équivalence distributionnelle**. Deux modalités d'une variable aux profils identiques peuvent être fusionnées sans que les distances entre les modalités de la variable soient modifiées, ni les distances avec les modalités de l'autre variable. Cette propriété permet de regrouper des modalités très proches et de réduire la complexité des interprétations.

Tableau 2a

Calcul de la distance entre provinces par rapport aux modalités de la variable-ligne « partis »

Distance du Khi-deux entre profils-ligne

Distances	PS	MR	CDH	Ecolo	Autres	Somme
Hainaut – Liège	$[0,37-0,39]^2/0,33$	$[0,27-0,26]^2/0,30$	$[0,11-0,13]^2/0,14$	$[0,13-0,14]^2/0,13$	$[0,12-0,08]^2/0,10$	**0,02**
Liège – Luxembourg	$[0,39-0,22]^2/0,33$	$[0,26-0,32]^2/0,30$	$[0,13-0,24]^2/0,14$	$[0,14-0,09]^2/0,13$	$[0,08-0,13]^2/0,10$	**0,23**
Luxembourg – Namur	$[0,22-0,31]^2/0,33$	$[0,32-0,30]^2/0,30$	$[0,24-0,21]^2/0,14$	$[0,09-0,11]^2/0,13$	$[0,13-0,07]^2/0,10$	**0,07**
Namur - Brabant wallon	$[0,31-0,08]^2/0,33$	$[0,30-0,47]^2/0,30$	$[0,21-0,13]^2/0,14$	$[0,11-0,20]^2/0,13$	$[0,07-0,12]^2/0,10$	**0,39**
Brabant wallon – Hainaut	$[0,08-0,37]^2/0,33$	$[0,47-0,27]^2/0,30$	$[0,13-0,11]^2/0,14$	$[0,20-0,13]^2/0,13$	$[0,12-0,12]^2/0,10$	**0,39**
Hainaut – Namur	$[0,37-0,31]^2/0,33$	$[0,27-0,30]^2/0,30$	$[0,11-0,21]^2/0,14$	$[0,13-0,11]^2/0,13$	$[0,12-0,07]^2/0,10$	**0,11**
Namur – Liège	$[0,31-0,39]^2/0,33$	$[0,30-0,26]^2/0,30$	$[0,21-0,13]^2/0,14$	$[0,11-0,14]^2/0,13$	$[0,07-0,08]^2/0,10$	**0,07**
Liège – Brabant wallon	$[0,39-0,08]^2/0,33$	$[0,26-0,47]^2/0,30$	$[0,13-0,13]^2/0,14$	$[0,14-0,20]^2/0,13$	$[0,08-0,12]^2/0,10$	**0,48**
Brabant wallon - Luxembourg	$[0,08-0,22]^2/0,33$	$[0,47-0,32]^2/0,30$	$[0,13-0,24]^2/0,14$	$[0,20-0,09]^2/0,13$	$[0,12-0,13]^2/0,10$	**0,32**
Luxembourg - Hainaut	$[0,22-0,37]^2/0,33$	$[0,32-0,27]^2/0,30$	$[0,24-0,11]^2/0,14$	$[0,09-0,13]^2/0,13$	$[0,13-0,12]^2/0,10$	**0,21**

Matrice des distances entre profils-ligne

	Hainaut	Liège	Luxembourg	Namur	Brabant wallon
Hainaut	0				
Liège	0,02	0			
Luxembourg	0,21	0,23	0		
Namur	0,11	0,07	0,07	0	
Brabant wallon	0,39	0,48	0,32	0,39	0

Source : ISPO/PIOP. *General Election Study Belgium 2007.* Calculs de l'auteur

181

Tableau 2b

Calcul de la distance entre partis par rapport aux modalités de la variable-colonne « province »

Distances	PS – MR	MR-CDH	CDH-Ecolo	Ecolo-Autres	etc.[1]
Hainaut	$[0,53-0,43]^2/0,47$	$[0,43-0,39]^2/0,47$	$[0,39-0,45]^2/0,47$	$[0,45-0,54]^2/0,47$	$[0,45-0,53]^2/0,47$	...
Liège	$[0,30-0,22]^2/0,25$	$[0,22-0,23]^2/0,25$	$[0,23-0,26]^2/0,25$	$[0,26-0,20]^2/0,25$	$[0,26-0,30]^2/0,25$
Luxembourg	$[0,04-0,08]^2/0,07$	$[0,08-0,12]^2/0,07$	$[0,12-0,05]^2/0,07$	$[0,05-0,08]^2/0,07$	$[0,05-0,04]^2/0,07$
Namur	$[0,11-0,11]^2/0,11$	$[0,11-0,16]^2/0,11$	$[0,16-0,09]^2/0,11$	$[0,09-0,07]^2/0,11$	$[0,09-0,11]^2/0,11$
Brabant wallon	$[0,02-0,16]^2/0,10$	$[0,16-0,10]^2/0,10$	$[0,10-0,15]^2/0,10$	$[0,15-0,11]^2/0,10$	$[0,15-0,02]^2/0,10$
Somme	**0,27**	**0,09**	**0,15**	**0,06**	**0,19**

Matrice des distances entre profils-colonne

	PS	MR	CDH	Ecolo	Autres
PS	0				
MR	0,27	0			
CDH	0,24	0,09	0		
Ecolo	0,19	0,03	0,15	0	
Autres	0,16	0,07	0,15	0,06	0

Source : ISPO/PIOP. *General Election Study Belgium 2007*. Calculs de l'auteur

[1] Compléter le tableau pour les autres distances dépasse la zone imprimable, mais le lecteur trouvera les données nécessaires à ce calcul au tableau 1. La matrice complète des distances entre profils-colonne figure en 2ème partie du tableau 2b.

La construction des axes factoriels

D'un point de vue formel, les composantes principales d'une ACP sont les vecteurs-propres de la matrice des coefficients de corrélation *r* entre variables initiales et, de façon analogue, les facteurs d'une ACF sont les vecteurs-propres de la matrice des distances des profils-ligne, d'une part, et des profils-colonnes, d'autre part.

Géométriquement, le premier facteur est une droite qui s'étire le long de l'axe du plus grand étirement du nuage de points formé par les modalités-profils-ligne dans l'espace formé par les modalités de la variable colonne. Ce premier facteur, qui absorbe la plus grande part de l'inertie commune de ce nuage de points, est analogue à la première composante principale de l'ACP. Il passe par le **barycentre** du nuage de points et va s'ajuster aux modalités les plus distantes de ce centre. Un deuxième facteur – indépendant du premier – est alors identifié. C'est celui qui absorbe la plus grande part de l'inertie résiduelle, et ainsi de suite.

La masse des modalités est prise en compte dans la construction des facteurs, afin de ne pas accorder un poids trop important à des modalités peu fréquentes et de tenir compte de la structure réelle de l'échantillon.

L'AFC va simultanément identifier les axes factoriels du nuage de points formé par les modalités-profils-colonne dans l'espace défini par les modalités de la variable-ligne.

Les facteurs d'une AFC sont donc indépendants et hiérarchisés dans leur pouvoir « explicatif » de l'inertie du nuage de points. Comme les facteurs sont construits sur la base des distances entre modalités-profils et non pas sur les distances entre variables, leur nombre est supérieur au nombre de variables analysées : le **nombre maximal de facteurs** qu'il est possible d'extraire est égal à la somme des modalités moins le nombre de variables analysées.

Dans l'exemple de la régionalisation des votes wallons de 2007, on peut extraire au maximum un total de [10 modalités – 2 variables] 8 facteurs : en pratique cependant, on ne retiendra que les facteurs représentant une part suffisante de l'inertie du nuage de points, à l'instar de ce qui se pratique en ACP.

La construction d'un seul espace factoriel de référence

On dispose donc de deux nuages de points distincts gravitant chacun autour de leur barycentre, deux nuages qui sont cependant liés dans la mesure où ils procèdent tous deux d'un même tableau de contingence. Ces **deux espaces** ont une **même inertie globale** proportionnelle au Khi-deux qui mesure l'association entre les deux variables initiales. Après identification de leurs axes factoriels, les espaces de référence de ces nuages de points sont tous deux orthonormés (les axes de référence sont orthogonaux) et gravitent autour d'un centre de coordonnées 0 qui correspond au profil moyen de la variable dans l'échantillon.

La représentation simultanée des profils-ligne et des profils-colonne nécessite un ajustement des deux espaces par la superposition de leurs barycentres et de leurs axes factoriels, tout en en respectant la hiérarchie. Sans entrer dans le détail de cette opération, qui se base sur des formules de transition entre les facteurs des deux nuages, on se contentera ici de citer Ludovic Lebart *et al.* (2006 : 142-143) : « la représentation simultanée des deux nuages de points (…) peut être forcée en dilatant sur chaque axe les centres de gravité. » Il est possible alors d'analyser, sur un même plan, les proximités entre modalités issues de variables différentes selon des règles d'interprétation qui sont précisées plus loin.

Les points individus (unités d'analyse) peuvent également être représentés dans cet espace, leurs coordonnées étant calculées en fonction du profil des modalités qui les caractérisent.

1.3. Les résultats d'une AFC

La décision quant au nombre de facteurs à retenir, le sens à leur accorder et l'interprétation des nuages de points se basent sur toute une série de statistiques : les **valeurs propres** des facteurs, la part d'**inertie** qu'ils absorbent et, enfin, les **contributions absolues** et **relatives** des modalités des variables à la construction des axes factoriels.

Inertie

L'inertie totale I du nuage de points est, dans le cas de l'AFC, liée à la mesure du Khi-deux :

$$I = \frac{\text{Khi-deux}}{n}$$

Où : I est l'inertie du nuage de points
n la taille de l'échantillon

L'inertie totale est un indicateur de la relation entre les variables analysées. L'inertie totale I ne donne pas d'information sur la direction de cette relation entre les variables. Pour analyser cette direction, il faut se référer à l'inertie absorbée par chaque facteur successif.

Tableau 3
Inertie et décomposition du Khi-deux

Facteurs	Inertie	Khi-deux	%	% cumulé
1	0,042	28,17	71,41	71,41
2	0,013	8,51	21,57	92,98
3	0,004	2,75	6,96	99,94
4	0,000	0,02	0,06	100,00
Total	0,059	39,45	100,00	
Degrés de liberté = 16				

Source : ISPO/PIOP. *General Election Study Belgium 2007*. Calculs de l'auteur

L'existence d'une association entre les deux variables analysées au moyen de l'AFC s'évalue au moyen du test du Khi-deux en tenant compte du nombre de degrés de libertés *ddl* du tableau de contingence :

$$ddl = (l - 1)(c - 1)$$

Où : *l* est le nombre de modalités de la variable ligne
c le nombre de modalités de la variable-colonne du tableau de contingence

Dans l'exemple des votes wallons de 2007 (tableau 3), l'inertie totale du nuage de points est égale à 0,059, valeur qui, multipliée par 668 [la taille de l'échantillon], donne un Khi-deux de 39,45. Pour les 16 *ddl* [(5-1)(5-1)] que compte ce tableau de contingence, le Khi-deux est significatif au niveau $p<0,01$. Malgré une inertie globalement assez faible, il y a donc bien association entre les deux variables analysées.

Seuls les 4 premiers facteurs ont une **valeur propre** supérieure à 0, alors que théoriquement on aurait pu en extraire 16 [nombre total de modalités – nombre de variables]. Au vu de la part d'inertie absorbée, seuls les 2 premiers facteurs seront conservés pour interpréter les correspondances entre modalités des deux variables analysées : ils représentent en effet près de 93% de la variance initiale.

Une fois vérifiée l'existence d'une association entre les deux variables analysées, c'est surtout la forme du nuage de points qui va intéresser l'analyste. Une première indication de cette forme est donnée par la structure de l'inertie dont rendent compte les facteurs successifs : une répartition assez équivalente de cette inertie entre facteurs indique des nuages plutôt sphériques, tandis qu'une inégale répartition est une indication que le nuage de points privilégie une direction.

Dans l'exemple des votes wallons de 2007, le premier facteur est manifestement dominant : il représente un peu plus de 71% de l'inertie du nuage, alors que le deuxième facteur en absorbe moins de 22%.

Contributions relatives et absolues des modalités

Comme pour l'ACP, « nommer » les facteurs de l'AFC et donner du sens à la variation commune qu'ils synthétisent requiert l'analyse des variables et des modalités qui ont participé à leur construction. Pour cela l'AFC produit deux statistiques : les **contributions absolues** et les **contributions relatives**.

o La **contribution absolue** d'une modalité à un facteur mesure la part prise par la modalité de cette variable à l'inertie du nuage de points expliquée par ce facteur. Plus cette contribution se rapproche de l'unité, plus cette modalité s'identifie au facteur. Dans le cas de l'ACP, plus la saturation (corrélation) se rapproche de l'unité, plus la composante s'identifie à la variable initiale (et *vice-versa*).

o La **contribution relative** d'un facteur est une mesure de la « qualité » de la représentation d'une modalité par un facteur. Plus cette contribution se rapproche de l'unité, plus la projection de cette modalité sur ce facteur est proche de la position de cette modalité dans l'espace. La somme des contributions relatives d'une modalité donnée calculée sur l'ensemble des facteurs est égale à 1 : en d'autres termes, l'inertie de chaque modalité est entièrement absorbée par l'espace factoriel si tous les facteurs ayant une valeur-propre supérieure à 0 sont pris en compte. En ACP, les communautés mesurent la qualité de la représentation d'une variable par un ou plusieurs facteurs.

Ces contributions sont calculées séparément pour les modalités-lignes et pour les modalités-colonnes.

Les résultats habituellement produits pour les modalités de la **variable-ligne** sont (tableau 4) :

o La **masse** (ou fréquence relative) des modalités qui est la pondération utilisée pour ajuster les axes de l'espace factoriel. Ici, le Hainaut a la masse la plus élevée et la province de Luxembourg la plus faible.

o Les coordonnées des modalités de la variable-ligne sur les facteurs conservés sont appelées ici **scores factoriels**. Elles permettent de situer ces modalités sur le plan défini par les 2 premiers facteurs (figure 2).

o L'**inertie** est la variance des modalités qui est absorbée par les facteurs retenus. Ainsi, 55,1% de la variance de la modalité « Brabant wallon » est absorbée par les deux premiers facteurs.

Tableau 4
Profils-ligne : coordonnées et contributions absolues et relatives
aux 2 premiers facteurs

	Masse	Scores factoriels		Inertie	Contributions absolues		Contributions relatives	
Provinces		F1	F2		F1	F2	F1	F2
Hainaut	0,47	-0,09	-0,05	0,097	0,08	0,10	0,60	0,22
Liège	0,25	-0,14	-0,01	0,099	0,11	0,00	0,78	0,01
Luxembourg	0,07	0,22	0,27	0,158	0,08	0,39	0,36	0,53
Namur	0,11	0,04	0,21	0,095	0,01	0,37	0,03	0,84
Brabant wallon	0,10	0,56	-0,14	0,551	0,73	0,14	0,94	0,06

Source : ISPO/PIOP. *General Election Study Belgium 2007.* Calculs de l'auteur

o C'est la province du Brabant wallon qui contribue le plus à la construction du premier facteur avec une **contribution absolue** *CA* de 0,73 (tableau 4). Cette statistique est en cohérence avec l'importance de sa coordonnée sur cet axe : c'est en effet la modalité qui s'éloigne le plus du centre de gravité du plan factoriel, comme on peut le lire sur la figure 1 également. Les provinces de Luxembourg et de Namur contribuent le plus à la construction du deuxième facteur avec des contributions absolues assez proches : 0,39 et 0,37.

o Les deux dernières colonnes du tableau reprennent les **contributions relatives** *CR* des facteurs à la représentation des modalités. La proximité entre le premier facteur et la province du Brabant wallon se confirme ici : 94% de cette modalité est représentée par ce facteur. Les provinces de Liège et du Hainaut qui ont un profil de votes proche du profil moyen (leurs coordonnées sont faibles) sont assez bien représentées par ce premier facteur également avec des *CR* de 0,78 et 0,60 respectivement. Le deuxième facteur représente mieux le profil des votes de la province de Namur (*CR* = 0,84) et, dans une moindre mesure, celui de la province de Luxembourg (*CR* = 0,53).

Les résultats pour les profils-colonnes (tableau 5) s'interprètent de la même manière que les résultats pour les profils-lignes.

o PS et CDH structurent la régionalisation des votes : c'est le PS qui contribue le plus à la construction du 1er facteur avec une contribution absolue *CA* de 0,64 et le CDH à la construction du 2ème facteur (*CA* = 0,73). On se rappellera que ces deux facteurs sont indépendants et que la distance entre le PS et le CDH est parmi les plus importantes (tableau 2b).

Tableau 5
Profils-colonne : coordonnées et contributions absolues et relatives
aux 2 premiers facteurs

Partis	Masse	Scores factoriels		Inertie	Contribution absolues		Contribution relatives	
		F1	F2		F1	F2	F1	F2
PS	0,33	-0,29	-0,00	0,457	0,64	0,00	0,99	0,00
MR	0,30	0,20	-0,03	0,205	0,28	0,02	0,97	0,02
CDH	0,14	0,11	0,26	0,186	0,04	0,73	0,15	0,85
Ecolo	0,13	0,11	-0,14	0,081	0,03	0,21	0,30	0,55
Autres	0,11	0,06	-0,07	0,071	0,01	0,05	0,08	0,14

Source : ISPO/PIOP. *General* Election *Study Belgium 2007*. Calculs de l'auteur

o De façon complémentaire, le premier facteur absorbe la quasi-totalité de la variance (inertie) du PS et du MR avec des contributions relatives *CR* de 0,99 et de 0,97. La figure 1 permet de visualiser ceci : si le PS et le MR s'opposent le long du premier axe factoriel, on observe que le point-modalité PS colle presque à l'axe du premier facteur, sur lequel il a un score factoriel négatif et que le MR se situe – en positif cette fois – tout près de cet axe. Le deuxième facteur absorbe une part importante (*CR* = 0,85) de l'inertie de la modalité CDH.

Combien de facteurs conserver ?

Le nombre de facteurs qu'il est possible d'extraire d'une AFC est en général plus élevé que dans une ACP, puisque ce n'est pas seulement le nombre de variables qui en fixe la limite, mais aussi le nombre de modalités que comptent ces variables. Comme l'objectif des techniques de factorisation est de synthétiser l'information initiale et de pouvoir, de ce fait, faciliter la représentation graphique des relations entre les variables initiales, sélectionner le nombre de facteurs à analyser est une opération importante.

Comme pour l'ACP, deux critères guident, en général, ce choix : la **capacité des facteurs à absorber l'inertie** du nuage de points-modalités et la possibilité de **donner du sens** aux facteurs conservés.

o Un critère numérique de référence est la part de variation que représente une variable initiale (Dervin, 1992 : 31) : cette valeur vaut 100/*p*, où *p* est le nombre de modalités de la variable initiale qui compte le moins de modalités.

Dans le cas des élections de 2007 en Wallonie, les deux variables comptent 5 modalités : la part de variation d'une variable initiale est donc égale ici à 100/5 = 20%. Cela signifie qu'un facteur qui absorbe moins de 20% de l'inertie totale est probablement peu intéressant : selon ce critère, seuls les deux premiers facteurs sont retenus (tableau 3).

o Il convient également d'examiner, via les contributions relatives, si les modalités des variables initiales sont suffisamment représentées par les facteurs retenus.

Les partis « Autres » sont les moins bien représentés par les deux premiers facteurs de l'exemple (tableau 5).

Les proximités entre modalités dans un plan factoriel

L'AFC est d'abord une **technique de visualisation** synthétique des associations (ou proximités) entre les modalités de deux variables qualitatives. Les tableaux de résultats présentés jusqu'ici sont surtout utilisés comme aides à l'interprétation des plans factoriels sur lesquels sont situées les projections des modalités des nuages de points-lignes et de points-colonne. Ce sont les **scores factoriels** qui servent de coordonnées aux projections des modalités.

Lors de l'analyse des plans factoriels, deux éléments visuels doivent être pris en compte : la forme générale de la projection du nuage de points sur le plan factoriel et les proximités entre les modalités, en distinguant entre modalités d'une même variable et modalités issues de variables différentes. Ces proximités s'interprètent différemment comme on le détaillera ci-après.

La forme du nuage de points est souvent peu spécifique dans le cas d'une AFC, mais il peut être utile de s'attarder sur certaines configurations :

o Un nuage sphérique très concentré autour du centre de gravité indique l'absence d'association entre les variables : les profils ligne et colonne ne se distinguent guère du profil moyen qui est le centre de gravité du nuage.

o Un nuage qui s'organise en forme d'ellipse indique une direction qu'il faut prendre en compte dans l'interprétation des relations entre les deux variables analysées.

o Quand le nuage s'organise selon une forme parabolique, on parle en AFC d'« **effet Guttman** » : cette forme apparait dans le cas de variables ordinales ou de variables quantitatives dont on a regroupé les valeurs en classes. Dans ce cas, c'est souvent le premier facteur qui oppose les valeurs extrêmes de la distribution et le deuxième oppose les valeurs moyennes aux valeurs extrêmes. Si tel est le cas, cette variable contribue souvent de façon importante à la construction du premier facteur.

Les **proximités entre modalités** sur un plan factoriel s'interprètent de façon différente selon qu'il s'agit des modalités d'une même variable ou de modalités de variables différentes : c'est dans ce cas que la notion de « **correspondance** » prend tout son sens :

o Si **deux modalités d'une même variable** sont proches, cela signifie qu'elles ont un profil semblable sur l'autre variable.

La proximité entre les provinces de Liège et du Hainaut (figure 1) est indicatrice d'un profil de votes semblable dans ces deux provinces. Il en va de même des provinces de Namur et du Luxembourg. La grande distance séparant le Brabant wallon de la province de Luxembourg sur ce premier plan factoriel, témoigne au contraire de profils de vote très différents.

o La proximité entre les **modalités issues de variables différentes** est l'indice d'une prédominance réciproque (d'une **correspondance**) de l'une des modalités dans le profil de l'autre et réciproquement. Cette prédominance est d'autant plus forte que ces modalités sont éloignées du centre de gravité du plan factoriel.

La proximité entre la province de Liège et le PS (figure 1) montre qu'une proportion importante des votes pour le parti socialiste (PS) est le fait de la province de Liège et qu'une part importante des votes liégeois est socialiste. On interprète de la même façon les proximités entre les provinces de Namur et du Luxembourg, d'une part, et le vote CDH, d'autre part (tableaux 2a et 2b).

o Les points **proches du centre de gravité** ont des profils qui diffèrent peu du profil moyen, la réciproque s'applique aux points éloignés : leur profil diffère d'autant plus du profil moyen qu'ils se situent loin du centre de gravité.

o Un point se situant **à proximité d'un axe factoriel** signifie que ce facteur représente une part importante (contribution relative) de l'inertie de cette modalité ; si, de plus, la masse de cette modalité est élevée, sa contribution absolue à la construction de ce facteur sera élevée également.

C'est le cas du point modalité PS qui, comme on l'a vu précédemment, contribue le plus à la construction du premier facteur qui, d'ailleurs (*CR* = 0,99), absorbe presque complètement l'inertie de cette modalité.

La **projection des points-unités d'analyse** sur les mêmes plans factoriels que les modalités des variables n'a de sens que si le nombre d'unités d'analyse est faible. Dans ce cas, elles se situeront à mi-chemin (au barycentre) entre les modalités des variables qui les caractérisent, autrement dit, leurs coordonnées seront la moyenne des coordonnées de ces modalités.

Un liégeois qui a voté pour le PS se situera entre le point modalité PS et le point modalité Liège sur le premier plan factoriel.

1.4. Variables actives et variables illustratives

Les **variables actives** sont les variables initiales à partir desquelles les facteurs ont été construits. Il est possible d'enrichir l'interprétation des facteurs par la projection de **variables illustratives** (aussi appelées variables supplémentaires) sur les plans factoriels construits à partir des variables actives. Les coordonnées de ces variables illustratives sont calculées en fonction de leur association avec les variables actives. Projetées sur les plans factoriels, leur proximité avec les modalités des variables actives s'interprètent comme les proximités de modalités issues de variables différentes.

En projetant le statut socioprofessionnel des votants sur le plan factoriel défini par les provinces wallonnes et les partis pour lesquels les électeurs ont voté lors des élections de 2007, on aurait pu mieux comprendre la proximité qui s'établit (figure 1) entre les deux provinces de Liège et du Hainaut et le vote pour le PS. On aurait aussi pu vérifier les différences de statut socioprofessionnel de ces deux provinces d'ancienne industrialisation, d'une part, et du Brabant wallon, d'autre part.

2. L'analyse factorielle de correspondances multiples

L'analyse factorielle de correspondances multiples (AFCM) ne diffère pas fondamentalement de l'AFC simple. Elle est qualifiée de multiple car elle met en correspondances plus de deux variables qualitatives.

Cette technique d'analyse exploratoire et de visualisation synthétique est particulièrement bien adaptée à l'analyse de données d'enquêtes. Il s'agit en fait d'une simple extension de l'AFC appliquée, non plus à un simple tableau de contingence, mais bien à un **tableau disjonctif** complet, construit sur la base du codage binaire [encadré 6] de toutes les variables. Le **tableau de contingence de Burt** qui est construit à partir de ce tableau disjonctif permet d'analyser les relations entre couples de variables.

2.1. Le tableau disjonctif et le tableau de contingence de Burt

Le tableau disjonctif

Les individus (ou unités d'analyse) forment les lignes du tableau et les modalités des variables, les colonnes. La modalité de réponse à une question (variable) choisie par l'individu sera codée « 1 » et les autres modalités de cette même question « 0 ». De ce fait, chaque cellule du **tableau disjonctif** permet de repérer exactement le profil de réponses donné par chaque individu aux questions de l'enquête. Comme les données disponibles ne sont habituellement pas encodées de cette façon, une opération de recodage des variables en autant de nouvelles modalités que comportent ces variables est généralement nécessaire.

Tableau 6
Tableau disjonctif des personnes observées selon la province de résidence,
le niveau d'instruction et le parti choisi. Wallonie 2007

	Provinces					Instruction				Partis			
	Ha	Li	Lu	Na	Bw	Pr	Sinf	Ssup	Un	PS	MR	CDH	Ec	Au
Individu 1	1	0	0	0	0	1	0	0	0	0	0	0	0	1
Individu 2	0	0	1	0	0	0	0	1	0	0	0	1	0	0
Individu 3	0	0	0	0	1	0	0	0	1	0	0	0	1	0
Individu 4	0	1	0	0	0	0	0	1	0	1	0	0	0	0
Individu 5	0	0	0	0	1	0	0	1	0	0	1	0	...	...
...	...	...	...	...									

La variable niveau d'instruction, déclinée en 4 modalités (niveau primaire, secondaire inférieur, secondaire supérieur et supérieur universitaire ou non-universitaire) a été ajoutée aux données sur le vote et la province de résidence pour illustrer ici la démarche d'une AFCM (tableau 6).

S'il était complet, ce tableau devrait comporter 668 lignes, soit le nombre d'unités d'analyse issues de l'enquête menée conjointement par le PIOP-UCL et l'ISPO-KUL en 2007. Il se lit comme suit : l'individu 1 est hennuyer, son diplôme le plus élevé est celui de l'enseignement primaire et il a voté pour un parti « Autres ». L'individu 2 réside dans la province du Luxembourg, a terminé l'enseignement secondaire supérieur et a voté CDH, etc.

Le tableau de contingence de Burt

Un tableau disjonctif ne constitue pas un tableau de contingence « classique » dans la mesure où il ne donne pas d'information sur les relations entre couples de variables. Pour procéder à une analyse factorielle des correspondances multiples, il faut passer par la construction d'une **hyper table de contingence** reprenant tous les croisements possibles entre les modalités de couples de variables.

Si l'analyse est limitée à deux variables, l'hyper table correspond à un tableau de contingence classique. Si l'analyse porte sur plus de deux variables, l'hyper table de contingence devient difficile à construire et à analyser. C'est la raison pour laquelle un **tableau de Burt** est construit. Ce tableau, plus synthétique, comporte toutes les paires de combinaisons possibles entre les différentes variables et leurs modalités (tableau 7).

Tableau 7
Tableau de Burt croisant la province de résidence,
le niveau d'instruction et le parti choisi. Wallonie 2007 : n = 668

Tableau de Burt

	Ha	Li	Lu	Na	Bw	Pr	Sinf	Ssup	Univ	PS	MR	CDH	Eco	Aut
Hainaut	315	0	0	0	0	43	76	109	87	115	86	36	40	38
Liège	0	168	0	0	0	19	39	55	55	66	44	21	23	14
Luxembourg	0	0	46	0	0	6	13	16	11	10	15	11	4	6
Namur	0	0	0	73	0	7	21	23	22	23	22	15	8	5
Brabant wallon	0	0	0	0	66	4	8	27	27	5	31	9	13	8
Primaire	43	19	6	7	4	79	0	0	0	35	15	17	3	9
Sec. Inférieur	76	39	13	21	8	0	157	0	0	65	40	19	14	19
Sec. Supérieur	109	55	16	23	27	0	0	230	0	73	68	26	32	31
Universitaire	87	55	11	22	27	0	0	0	202	46	75	30	39	12
PS	115	66	10	23	5	35	65	73	46	219	0	0	0	0
MR	86	44	15	22	31	15	40	68	75	0	198	0	0	0
CDH	36	21	11	15	9	17	19	26	30	0	0	92	0	0
Ecolo	40	23	4	8	13	3	14	32	39	0	0	0	88	0
Autres	38	14	6	5	8	9	19	31	12	0	0	0	0	71

Source : ISPO/PIOP. *General Election Study Belgium 2007*. Calculs de l'auteur

Ce tableau est symétrique. La diagonale (partie grisée du tableau 7) du tableau de Burt est formée des effectifs des modalités des variables initiales. Les autres sous-tableaux se présentent sous la forme de tableaux de contingence classiques dont chaque cellule comporte le nombre d'unités d'analyse caractérisée simultanément par la modalité de la variable-ligne et celle de la variable-colonne qui identifie cette cellule.

2.2. Le fonctionnement d'une AFCM

L'analyse factorielle de correspondances multiples est donc l'analyse des correspondances d'un tableau disjonctif complet et l'extraction des facteurs procède des mêmes principes que ceux de l'AFC : les profils-lignes vont produire le nuage des points unités d'analyse dans l'espace défini par les modalités des variables et les profils-colonne vont produire le nuage des points-modalités dans l'espace des unités d'analyse. La distance du Khi-deux est utilisée comme mesure de proximité entre profils.

2.3. Les résultats d'une AFCM

Les résultats globaux d'une AFCM sont en tous points semblables à ceux d'une AFC : les **valeurs propres** de chaque facteur, l'**inertie** qu'ils absorbent et le **Khi-deux** (tableau 8).

Tableau 8
Inertie et décomposition du Khi-deux

Facteurs	Inertie	Khi-deux	%	% cumulés
1	0,45	930,36	12,33	12,33
2	0,38	786,84	10,43	22,76
3	0,38	776,98	10,30	33,06
4	0,35	720,14	9,55	42,61
5	0,33	688,24	9,12	51,73
6	0,33	682,32	9,04	60,77
7	0,32	664,35	8,81	69,58
8	0,31	633,46	8,40	77,97
9	0,28	584,75	7,75	85,73
10	0,28	569,69	7,55	93,28
11	0,25	507,26	6,72	100,00
Total	**3,67**	**7544,40**	**100,00**	
Degrés de liberté = 169				

Source : ISPO/PIOP. *General Election Study Belgium 2007*. Calculs de l'auteur

Inertie

Dans le cas de l'AFCM, l'inertie totale dépend strictement du nombre de variables et du nombre de modalités de chacune de ces variables. Cette inertie n'a donc pas de signification statistique, mais elle permet de hiérarchiser les facteurs selon leur ordre d'importance. La construction des facteurs ne dépend cependant pas uniquement des modalités des variables, mais également du poids relatif (la masse) des individus qui ont choisi ces caractéristiques.

En général, seuls sont conservés les facteurs dont l'inertie est supérieure ou égale à 1 divisé par le nombre de variables incluses dans l'analyse. Dans notre exemple, trois variables ont été retenues. On retiendra provisoirement les facteurs dont l'inertie est supérieure à 0,33... soit les 6 premiers facteurs. Provisoirement, parce qu'il faudra en outre analyser les contributions absolues et relatives des modalités pour décider de l'utilité de conserver autant de facteurs.

Coordonnées des modalités, contributions absolues et relatives

Comme pour l'AFC, les résultats détaillés pour chaque modalité (profils-colonne du tableau disjonctif), permettent de disposer de leur **masse** et de leurs coordonnées sur les plans factoriels via leurs **scores factoriels** (tableau 9).

L'**inertie** propre à chaque modalité est sensible à sa masse : l'inertie d'une modalité sera d'autant plus élevée que sa masse est faible.

Tableau 9
Coordonnées, contributions absolues et relatives des modalités des variables
aux deux premiers facteurs

Modalités	Masse	Scores factoriels		Inertie	Contributions absolues		Contributions relatives	
		F1	F2		F1	F2	F1	F2
Hainaut	0,157	-0,287	-0,399	0,048	0,029	0,066	0,073	0,142
Liège	0,084	-0,120	-0,070	0,068	0,003	0,001	0,005	0,002
Luxembourg	0,023	-0,102	1,368	0,085	0,001	0,112	0,001	0,138
Namur	0,036	-0,044	1,169	0,081	0,000	0,130	0,000	0,168
Brabant wallon	0,033	1,793	-0,162	0,082	0,234	0,002	0,353	0,003
Primaire	0,039	-1,074	0,742	0,080	0,101	0,057	0,155	0,074
Sec. Inférieur	0,078	-0,682	0,045	0,070	0,081	0,000	0,143	0,001
Sec. Supérieur	0,115	0,121	-0,570	0,060	0,004	0,098	0,008	0,171
Universitaire	0,101	0,813	0,324	0,063	0,147	0,028	0,286	0,046
PS	0,109	-0,893	-0,268	0,061	0,193	0,021	0,389	0,035
MR	0,099	0,693	0,077	0,064	0,105	0,002	0,203	0,003
CDH	0,046	-0,067	1,745	0,078	0,000	0,366	0,001	0,486
Ecolo	0,044	0,992	-0,588	0,079	0,096	0,040	0,149	0,052
Autres	0,035	-0,324	-0,924	0,081	0,008	0,079	0,013	0,101

Source : ISPO/PIOP. *General Election Study Belgium 2007*. Calculs de l'auteur

Les **contributions absolues et relatives** s'interprètent de la même façon qu'en AFC.

À l'examen des contributions absolues, ce sont les modalités « Brabant wallon », « PS », « Universitaire » et « Primaire » qui contribuent le plus à la construction du premier facteur, tandis que les modalités « Luxembourg », « Namur », « Secondaire supérieur » et surtout « CDH » contribuent le plus à celle du deuxième facteur. Les contributions relatives CR révèlent que le premier facteur absorbe une part importante de la variation des modalités « Brabant wallon » ($CR = 35,3\%$), « Universitaire » ($CR = 28,6\%$) et « PS »

(CR = 38,9%), tandis que le deuxième facteur rend compte de près de la moitié (CR = 48,6%) de la variation de la modalité « CDH ». En cumulant les parts de variation des modalités qu'absorbent les deux premiers facteurs, on remarque qu'ils n'arrivent pas à représenter certaines modalités : c'est surtout le cas de la modalité « Liège », sans doute mieux représentée par un autre facteur.

Les contributions absolues des modalités d'une variable peuvent être cumulées en vue de mesurer la **participation des variables** (et non plus de chaque modalité) à la construction des facteurs. Cette contribution de la variable est un indicateur de la liaison entre la variable et le facteur (Lebart et al. 2006 : 201).

La variable « Parti » est celle qui contribue le plus à définir les deux premiers facteurs : la somme des contributions de ses modalités au premier facteur est de 40,2% [0,193+0,105+0,000+0,096+0,008] et elle est de 50,8% [0,021+0,002+0,366+0,040+0,079] au deuxième facteur. Le premier plan factoriel est donc principalement structuré par cette variable.

À noter cependant que la contribution d'une variable dépend en partie du **nombre de ses modalités** : plus cette variable en comporte, plus elle est susceptible de définir un facteur. Il faut donc tenir compte de cet élément quand on compare les contributions de plusieurs variables.

La représentation graphique

Il est plus facile d'analyser les proximités entre modalités à partir de leur projection sur les différents plans factoriels qui ont été retenus. C'est d'ailleurs cette forme de représentation graphique synthétique qui est l'un des intérêts principaux de la méthode.

En pratique, on se limite le plus souvent à l'analyse d'un nombre réduit de plans factoriels en complétant l'interprétation visuelle des distances entre les modalités par l'information sur les contributions absolues et relatives de celles-ci aux facteurs qui structurent ces plans. Comme pour l'ACP, le pouvoir explicatif des facteurs est hiérarchisé et c'est donc toujours le premier plan factoriel qui rend compte de la plus grande part d'inertie. La prise en compte d'un plus grand nombre de plans factoriels dépend de l'utilité de la prise en compte d'un troisième ou d'un quatrième facteur après l'analyse des contributions absolues et relatives des modalités sur ces facteurs.

L'interprétation des proximités entre les modalités d'une même variable ou entre les modalités issues de variables différentes est identique à ce qui a été précisé pour l'AFC.

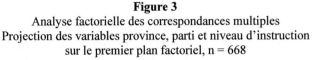

Figure 3
Analyse factorielle des correspondances multiples
Projection des variables province, parti et niveau d'instruction
sur le premier plan factoriel, n = 668

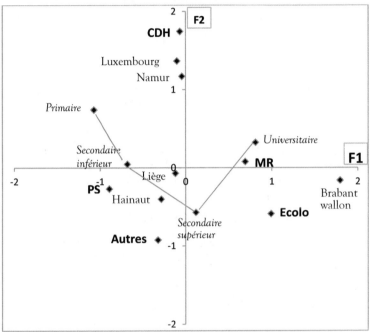

Source : ISPO/PIOP. *General Election Study Belgium 2007.* Calculs de l'auteur

Les proximités entre les provinces et les partis (figure 2) ne diffèrent guère de ce qui avait été révélé par l'AFC (figure 1), ce qui témoigne de la robustesse des correspondances entre ces modalités. Le niveau d'instruction est une variable ordinale : l'usage permet d'en relier les points sur le graphique en respectant l'ordre des modalités. Elles s'organisent en un « **effet Guttman** », (voir plus haut) : le premier facteur oppose les modalités extrêmes avec le niveau d'instruction primaire en négatif et le niveau universitaire en positif ; le second facteur oppose les niveaux extrêmes (primaire et universitaire) au niveau secondaire supérieur.

On observera ici les proximités qui s'établissent entre le niveau universitaire, le vote pour le MR et Ecolo et la province du Brabant wallon. À l'autre extrême, les provinces de Liège et du Hainaut se rapprochent du vote PS et des niveaux d'instruction les plus faibles. Ce qui signifie qu'il y a davantage de niveaux d'instruction faibles qu'en moyenne parmi les liégeois et les hennuyers qui ont participé à l'enquête, que parmi les résidents du Brabant wallon, chez qui au contraire se concentrent davantage d'universitaires, etc.

On se souviendra ici que – si elles ne sont pas trop nombreuses – les **points-unités d'analyse** peuvent être projetés sur le même plan que les points-modalité. Dans ce cas, leurs proximités s'interprètent comme suit :

o Deux unités d'analyse seront d'autant plus proches qu'elles se caractérisent par les mêmes modalités.

o Deux modalités d'une même variable seront d'autant plus proches que les groupes (nécessairement distincts) d'unités d'analyse qu'elles caractérisent se ressemblent par ailleurs sur l'ensemble des modalités des autres variables.

o Une forte proximité entre les modalités issues de variables différentes signifie qu'elles caractérisent les mêmes unités d'analyse ou des groupes d'unités d'analyse très semblables sur l'ensemble des variables analysées.

2.4. Variables actives, variables illustratives

Comme pour l'AFC, l'interprétation des facteurs peut être enrichie par l'ajout de **variables illustratives** qui, contrairement aux **variables actives**, ne contribuent pas à la construction des facteurs. Ces variables illustratives sont projetées sur les plans factoriels et leurs proximités s'interprètent comme celles des variables actives.

Certaines stratégies d'analyse accordent le statut de variable dépendante ou variable à expliquer aux variables illustratives et de variable indépendante ou variable explicative, aux variables actives. Cette distinction se prête bien à l'analyse des différences sociales de comportement préventif ou de consommation, par exemple : les variables sociodémographiques (âge, sexe ; niveau d'instruction, classe sociale..) sont analysées comme variables actives et définissent un espace sociodémographique dans lequel seront projetés les comportements en tant que variables illustratives. On analyse alors les proximités entre modalités-comportements et modalités sociodémographiques pour en interpréter les correspondances.

3. À quoi faire attention

Comme pour l'ACP, ce sont **des projections de modalités** et d'unités d'analyse sur les plans factoriels qui sont le plus souvent interprétées. Il convient cependant de faire attention : deux modalités peuvent sembler très proches sur un plan et être en réalité fort éloignées les unes des autres dans un espace défini par un ou plusieurs facteurs supplémentaires. Il est toujours utile de compléter l'analyse visuelle des proximités par un examen des contributions relatives de ces modalités et de leurs coordonnées sur d'autres facteurs.

Faibles effectifs. Une fragilité particulière de l'AFCM est que les modalités très peu fréquentes peuvent donner lieu à des distances parfois démesurées associées à des inerties anormalement élevées. On considère comme faible une modalité qui ne concerne que 1 à 2% de l'échantillon. Une solution simple est de procéder à un regroupement. D'autres solutions plus complexes sont également envisageables (Lebart *et al.*, 2006 : 200).

Il vaut mieux veiller à équilibrer **le nombre de modalités** des variables traitées simultanément dans une AFCM pour éviter qu'une variable trop détaillée ne domine dans la détermination des facteurs. Un trop grand nombre de modalités risque aussi de produire des modalités à effectifs trop faibles.

4. Pour aller plus loin

Une présentation plus complète de l'AFC et de l'AFCM assortie d'un certain nombre de démonstrations est développée dans l'ouvrage de Ludovic Lebart, Marie Piron et Alain Morineau (2006 : 131-246). On y trouvera également l'exposé de techniques de validation des résultats. Brigitte Le Roux et Henry Rouanet (2010) donnent une introduction détaillée assez peu technique et assortie d'exemples de l'AFCM en une petite centaine de pages.

L'interprétation fine des plans factoriels requiert à la fois une très bonne connaissance des données analysées et de l'expérience : un exemple d'interprétation très détaillé assorti de balises est proposé par C. Dervin (1992).

Des présentations plus formelles de ces techniques peuvent être trouvées dans les ouvrages fondateurs de Jean-Paul Benzécri (1980) ou de Michael Greenacre (2010).

CHAPITRE 8

L'analyse de classification

Rafael COSTA

La frontière linguistique : une réalité démographique[1] ?

Au VIIIe siècle déjà, l'actuel territoire belge était traversé d'Est en Ouest par une limite séparant les dialectes d'origine romaine et ceux d'origine germanique (Poulain et Foulon, 1998). Cette ancienne limite constitue désormais une frontière à part entière, séparant les deux principales régions linguistiques et administratives de la Belgique : la Flandre, majoritairement néerlandophone, et la Wallonie, où l'usage du français domine. L'histoire récente a associé cette frontière linguistique à d'importantes disparités sociodémographiques : ainsi, le processus de transition de démographique démarre vers 1880 dans le Sud du pays, et se généralise au Nord avec un décalage de 30 à 40 ans selon les provinces (Lesthaeghe, 1977). À une fécondité généralement plus élevée dans le Nord du pays s'associait vers 1900 une surmortalité infantile [chapitre 6], mais cet avantage du Sud en termes de survie des nourrissons disparaît au lendemain de la Seconde Guerre mondiale. Depuis lors, la Wallonie se distingue par une surmortalité spécifiquement masculine qui est encore d'actualité (Gadeyne et Deboosere, 2002).

L'existence de tels clivages Nord-Sud n'implique pas nécessairement que ce soit la frontière linguistique qui marque la rupture des comportements sociodémographiques : ces différences peuvent aussi se traduire par un passage graduel d'un contexte à l'autre. C'est donc en vue d'explorer dans quelle mesure la frontière linguistique en tant que telle permet de différencier les comportements, qu'une analyse détaillée de la diversité spatiale des comportements et caractéristiques sociodémographiques des années 2001-2005 a été menée au niveau des communes situées à proximité immédiate de la frontière. Cette question de proximité immédiate ne pouvait en effet être démontrée clairement à partir des études précédentes qui, le plus souvent, ont été réalisées au niveau des arrondissements administratifs.

---

[1]   D'après Rafael Costa (2009).

À ce stade de la démarche de recherche, il convenait de définir : [1] les unités d'analyse qui, dans ce cas, sont des unités territoriales, ainsi que l'espace à analyser en vue d'opérationnaliser la notion de proximité immédiate de la frontière linguistique ; [2] les indicateurs des comportements et caractéristiques sociodémographiques ; [3] la technique statistique à appliquer en vue de pouvoir apporter une réponse à la question de recherche.

L'unité territoriale la plus petite pour laquelle on dispose d'un grand éventail d'indicateurs est la commune : c'est cette unité d'analyse qui a été choisie pour l'étude. Il fallait, par ailleurs, délimiter un espace d'étude autour de la frontière afin de se concentrer, non sur le clivage Nord-Sud dans le contexte belge en général, mais plus spécifiquement sur la frontière linguistique. Pour définir l'ensemble des communes à analyser, ce sont d'abord les communes situées le long de la frontière linguistique[2] qui ont été sélectionnées, pour ensuite leur adjoindre toutes les communes qui leur sont limitrophes. De cette façon, chaque commune « frontalière » est totalement entourée d'autres communes. L'espace ainsi délimité est composé de 128 communes et concerne les trois régions belges : soit 3 communes bruxelloises, 62 communes wallonnes et 63 communes flamandes (figure 1).

En ce qui concerne les indicateurs de comportements sociodémographiques, il a été décidé de ne pas se limiter à un phénomène sociodémographique en particulier, mais plutôt de proposer une vision globale des comportements des populations des communes. Des indicateurs reflétant les niveaux de mortalité, de fécondité et de migration, les modes de vie en couple, ainsi que les conditions socioéconomiques, la santé subjective et l'opinion des habitants sur leur environnement, ont donc été sélectionnés (tableau 1). Ces variables ont été introduites dans une analyse en composantes principales ACP [chapitre 6] et l'analyse de classification a été réalisée sur les scores factoriels des 4 composantes qui en ont été extraits. De ce fait, 91% de la variation initiale a été conservé.

---

[2]   À l'exception de Fourons, de Comines-Warneton et de Messines, ainsi que de Herstappe, qui comptait seulement 84 habitants en 2004.

Figure 1
L'espace d'analyse : les 128 communes frontalières et leurs voisines

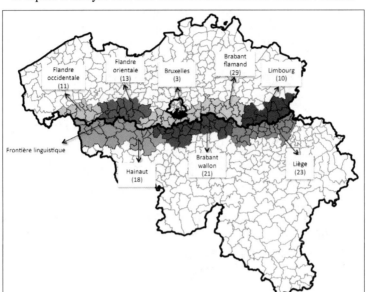

Tableau 1
Les caractéristiques sociodémographiques et leurs indicateurs
(niveau communal)

	Indicateur	**Période**	**Source**
Mortalité	indice standardisé de mortalité	2001-2005	Registre national
Fécondité	indice standardisé de natalité	2001-2005	Registre national
	âge moyen à la maternité	2001-2005	Registre national
Migrations	taux de mobilité	2001-2005	Registre national
Vie en couple	% population vivant en couple	2005	Registre national et État civil
Santé subjective	% en bonne santé subjective	2001	Enquête socio-économique générale (ESE) 2001
Satisfaction environnement	indice de satisfaction de l'environnement proche	2001	Enquête socio-économique générale (ESE) 2001
Socioéconomique	indice de précarité	2001-2005	Registre national, ESE 2001, statistiques fiscales, etc.

L'**analyse de classification** a été choisie comme technique de repérage des communes présentant des caractéristiques et comportements semblables, afin de les regrouper en **groupes homogènes** dans l'univers des indicateurs sélectionnés. Cette technique a l'avantage de produire deux résultats immédiatement utiles pour résoudre le problème géographique qui est posé ici :

o L'analyse de la composition des groupes retenus offre la possibilité d'établir une géographie des comportements et des caractéristiques sociodémographiques plus « lisible » que celle, trop détaillée, des 128 communes de départ. Si l'hypothèse d'une correspondance entre la frontière linguistique et les comportements sociodémographiques devait se vérifier, la frontière linguistique devrait alors servir de séparateur entre les groupes qui seront identifiés par l'analyse.

o La comparaison des valeurs des indicateurs caractérisant les groupes devrait permettre de valider l'existence de différences significatives de comportements entre groupes de communes.

La **méthode de Ward** qui a été utilisée ici offre, de plus, la possibilité de mesurer la part de la variance initiale (des 8 indicateurs des 128 communes) qui est conservée à l'issue du processus de regroupement des communes réalisé par l'analyse de classification (Everitt *et al.* 2012). Dans ce cas-ci, il a été décidé de regrouper les 128 communes en 5 groupes, ce qui permet de conserver un peu plus de la moitié (57%) de la variance initiale.

La géographie des 5 groupes retenus (figure 2) apporte des éléments intéressants par rapport à la question de recherche :

o La frontière linguistique semble bien opérer une distinction entre les comportements sociodémographiques. La quasi-totalité des communes au sud de la frontière forment un seul groupe, qui a été qualifié de « Wallon », tandis qu'au nord de la frontière se situent deux ensembles de communes majoritairement flamandes, formant les groupes « Flamand » et « Flandre occidentale ». À l'étape suivante du processus de regroupement, ces deux groupes fusionnent, ce qui est une indication de la relative ressemblance de leurs comportements sociodémographiques.

o Mais, cet « effet de frontière » n'est pas constant. Dans sa portion centrale, les communes situées de part et d'autre de la frontière forment un groupe « Périurbain » qui correspond à la zone de périurbanisation de Bruxelles.

o Enfin, un groupe résolument « Urbain » rassemble les trois communes bruxelloises d'Auderghem, d'Uccle et de Watermael-

Boitsfort, ainsi que les deux communes universitaires de Leuven et d'Ottignies-Louvain-la-Neuve.

Figure 2
Typologie des comportements sociodémographiques des communes frontalières
Belgique 2001

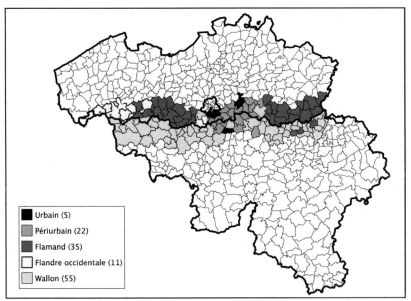

Source des données : DGSIE, Registre national et ESE 2001. Calculs de l'auteur

Afin de décrire plus précisément les comportements sociodémographiques de ces 5 types de communes, les valeurs moyennes – pondérées par la population des communes – des 8 indicateurs ont été calculées pour chaque groupe. Afin d'en faciliter l'interprétation, les groupes ont été ordonnés selon la valeur de l'indice moyen de précarité (tableau 2).

o On notera que les communes « périurbaines » jouissent de la meilleure qualité de vie en général : le plus faible indice de précarité y est associé à un niveau bas de mortalité, à la meilleure santé subjective en moyenne et à l'indice de satisfaction le plus élevé quant à l'environnement proche. Le taux de mobilité y est dépassé par les seules communes du groupe « Urbain ». C'est dans ces communes situées en périphérie de Bruxelles que viennent vivre les familles (la proportion de personnes vivant en couple y est la plus élevée, de même que la fécondité et l'âge moyen à la maternité).

Tableau 2
Les caractéristiques sociodémographiques des 5 types de communes

Type	Périurbain	Urbain	Flamand	Flandre occidentale	Wallon	Total
Précarité	0,416	0,493	0,496	0,523	0,603	0,535
Santé subjective	0,798	0,773	0,761	0,779	0,706	0,746
Indice environnement	137,0	114,7	129,9	119,2	109,4	118,8
Taux de mobilité	0,648	0,863	0,394	0,379	0,569	0,551
Indice de mortalité	0,880	0,877	1,031	0,927	1,068	0,997
Indice de natalité	1,081	0,942	0,872	0,960	1,030	0,986
Âge moyen à la maternité	31,78	31,25	29,95	29,25	29,87	30,19
% vivant en couple	63,76	47,39	62,44	63,08	52,68	56,81
N	22	5	35	11	55	128
***F* moyen**	2,710	7,361	3,429	5,368	1,682	-
***t* moyen**	0,230	0,168	-0,191	0,026	0,011	-

Source des données : DGSIE, Registre national et ESE 2001. Calculs de l'auteur

o Les 3 communes « urbaines » du Sud plus favorisé de Bruxelles, auxquelles se sont jointes les communes de Leuven et d'Ottignies-Louvain-la-Neuve, se distinguent par leur mobilité élevée et une faible proportion de personnes vivant en couple ainsi qu'une faible fécondité. Des conditions de vie favorables s'y associent au niveau de mortalité le plus bas des 5 groupes.

o Les communes du groupe « Flamand » et de « Flandre occidentale » sont assez semblables avec un peu plus de précarité du côté du groupe « Flandre occidentale », tout en se situant en dessous de la moyenne générale pour cet indice. La mortalité est plus élevée et la fécondité est particulièrement faible dans le groupe « Flamand ». On observe également une proportion élevée de personnes vivant en couple dans ces deux groupes qui rassemblent aussi les communes les moins mobiles.

o Les groupe « Wallon » cumule des indices défavorables avec les conditions de vie les plus précaires, une mortalité élevée et des indices de santé et de satisfaction de l'environnement les moins favorables. La proportion de personnes vivant en couple y est faible, mais la fécondité est assez élevée.

1. L'analyse de classification

1.1. Qu'est-ce qu'une analyse de classification ?

Les analyses de classification (aussi appelées classification automatique, *cluster analysis* et *clustering*) renvoient à toute une série de techniques permettant de **regrouper un ensemble d'unités d'analyse** en un nombre réduit de groupes. Ce regroupement vise obtenir des **groupes (classes)** relativement **homogènes**.

L'objectif sous-jacent à ces techniques est de découvrir des **groupes naturels** au sein d'une population donnée. Ces techniques ont d'abord été développées en zoologie et en botanique afin de classer les animaux et les plantes en espèces selon un ensemble de caractéristiques jugées importantes (Everitt *et al.*, 2011). Elles sont aujourd'hui appliquées dans un grand nombre de disciplines : biologie, médecine, psychologie, géographie, archéologie, marketing, économie, sciences sociales...

Dans le domaine des sciences sociales, les analyses de classification permettent d'explorer un fichier de données, de synthétiser des données jugées trop nombreuses, d'élaborer des typologies, de tester des hypothèses (tel le cas de l'existence d'une frontière linguistique des comportements sociodémographiques) ou encore de générer de nouvelles hypothèses, etc.

Ces techniques s'appliquent de préférence à des **variables quantitatives** et, par extension, peuvent également traiter des **variables ordinales** comportant un nombre assez important de modalités. Certaines techniques particulières sont adaptées aux **variables qualitatives**.

Les notions de groupe et de distance/proximité ou de ressemblance/dissemblance sont fondamentales pour ces analyses.

o Le **groupe**, classe ou *cluster* peut être défini intuitivement en représentant les unités d'analyse comme des points dans l'espace multidimensionnel des variables retenues pour caractériser ces unités d'analyse. On considère comme « groupe » des régions continues de cet espace contenant une densité de points relativement élevée. Chacune de ces régions denses étant séparée des autres par des régions moins denses : la notion de densité est donc relative (Everitt, 1974 : 44).

o La notion de **distance** ou de **ressemblance** est intimement liée à celle de groupe. C'est selon un critère de distance ou de ressemblance qu'il sera possible d'identifier les régions à faible ou forte densité de points.

o La **distance euclidienne**[3] est fréquemment utilisée dans les analyses de classification. De la même façon, c'est en termes de distance euclidienne qu'est mesurée la proximité entre les unités d'analyse d'une analyse en composantes principales [chapitre 6].

o Le **coefficient de corrélation** est une mesure de ressemblance. En reprenant l'exemple de l'analyse en composantes principales, la « ressemblance » entre les variables et les facteurs s'exprime en termes de coefficient de corrélation (saturation) [chapitre 6].

Pour illustrer le fonctionnement d'une analyse de classification à l'aide d'un exemple simple, considérons la distribution de 25 unités d'analyse dans l'espace bidimensionnel défini par deux variables quantitatives X_1 et X_2 (figure 3a). On y observe des regroupements « naturels » de points qui correspondent à des régions à densité relativement élevée. On y observe aussi des points isolés. Un regroupement des unités d'analyse qui correspond à cette image résulte en une partition des unités d'analyse en 7 groupes, dont deux sont composés d'une seule unité (figure 3b). Si l'objectif est d'obtenir un nombre plus réduit de groupes, le processus peut se poursuivre, ce qui pourrait amener les groupes composés d'une seule unité à rejoindre le groupe qui leur est le plus proche, etc.

Figure 3a	**Figure 3b**
Distribution des points avant la classification	Partition des points en 7 groupes

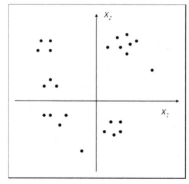

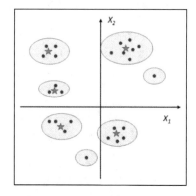

Une fois constitués, les groupes en tant que tels peuvent être situés dans cet espace via les coordonnées de leur centre de gravité (l'étoile dans les ellipses), qui sont ici les moyennes des coordonnées des unités qui les composent. Les groupes ainsi identifiés peuvent constituer de

---

3 Aussi appelée « distance en cm, mm... »

nouvelles unités d'analyse et faire l'objet d'interprétations, comme cela a été fait dans la description des types de comportements sociodémographiques observés dans les communes situées le long de la frontière linguistique.

1.2. Comment réaliser une analyse de classification ?

Les analyses de classification font partie d'un domaine de la statistique où l'empirisme domine. Elles se basent sur toute une série de choix : les unités d'analyse, les variables, la définition de la mesure de distance ou de ressemblance, la technique de classification et, au final, le nombre de groupes à retenir.

1. **Les unités d'analyse** sont définies en fonction des objectifs de l'étude : individus, régions, institutions, etc.

2. Le choix des **variables** définit l'espace dans lequel seront repérés les groupes ou élaborées les typologies. En général, l'analyse de classification s'applique aux **variables quantitatives**, mais certaines techniques de classification permettent de traiter des **variables binaires** (dichotomiques).

3. Les mesures de **distance** ou de **ressemblance** des unités d'analyse sont à la fois nombreuses et très diverses. Le niveau de mesure des variables qui délimitent l'espace de référence des unités d'analyse va en orienter le choix :

   ▪ Pour les **variables quantitatives**, la **distance euclidienne** ou des mesures apparentées, comme la **mesure de Ward** (voir ci-après), sont fréquemment utilisées. La distance euclidienne $d(e_i, e_j)$ entre les unités d'analyse e_i et e_j mesurée sur les h variables X_h se calcule en référence aux écarts entre les valeurs prises par ces h variables pour chacune des deux unités d'analyse i et j :

$$d(e_i, e_j) = \sqrt{\sum (x_{hi} - x_{hj})^2}$$

   ▪ Dans le cas de **variables binaires**, diverses **mesures de ressemblance** évaluent la « présence-absence » de l'ensemble des critères retenus pour caractériser les unités d'analyse[4]. Dans ce cas, les unités très semblables sont en principe caractérisées par un grand nombre de caractères semblables et se distingueront d'autres unités présentant d'autres similitudes ou moins de similitudes. Ces mesures de ressemblance peu-

---

[4] On trouvera une liste (non-exhaustive) des mesures de ressemblance appliquées à des variables binaires dans l'ouvrage de Brian Everitt et al. (2012 : 47)

vent s'appliquer à des **variables nominales comportant plus de deux modalités**, après recodage de chacune des modalités en variables binaires codées [1, 0], signifiant la présence/absence de la modalité [encadré 6].

▪ Une mesure de ressemblance *a priori* intéressante dans le cas de **variables quantitatives** est le **coefficient de corrélation**. Il s'agit ici d'évaluer dans quelle mesure les profils des unités d'observation, tels que définis par la valeur des variables qui les caractérisent, co-varient ou sont associés. Un des problèmes posé par cette mesure est que deux profils peuvent évoluer parallèlement, sans pour autant être proches, parce qu'ils se situent à des niveaux différents. Une solution à ce type de problème est de combiner les mesures de distance euclidienne et d'association : la **mesure de distance de Ward** correspond à cette exigence et c'est pourquoi elle est présentée en détails ici.

4. À la diversité des mesures de distance et de ressemblance s'ajoute la diversité des **techniques de classification**. Elles peuvent être réparties en deux catégories selon qu'elles sont **hiérarchiques** ou **non hiérarchiques**.

▪ Les **techniques non hiérarchiques** impliquent que le nombre de groupes soit fixé a priori. La composition de ces groupes résulte alors de l'application d'un critère d'optimisation, comme par exemple de minimiser le carré de la distance entre les unités d'analyse et la moyenne de leur groupe

▪ Les **techniques hiérarchiques** partent, soit de l'ensemble des unités d'analyse pour les regrouper progressivement en classes de plus en plus vastes et donc de moins en moins nombreuses : on les appelle **méthodes ascendantes** ou **agglomératives**. À l'inverse, elles peuvent partir du regroupement total de toutes les unités d'analyse pour les répartir progressivement en groupes de moins en moins importants et donc de plus en plus nombreux : on les appelle **méthodes descendantes** ou **divisives**.

5. Le **nombre de groupes** à retenir : dans le cas des méthodes non hiérarchiques, déterminer le nombre de groupes souhaité est un préalable à l'application de la technique. À l'opposé, les méthodes hiérarchiques offrent la possibilité de choisir le nombre de groupes après application de la méthode. La décision quant au nombre de groupes à retenir peut dépendre de critères externes : pour établir la géographie de certains indicateurs socio-économiques, la règle peut imposer un maximum de 6 classes pour toutes les cartes à produire, par exemple. Mais cette décision

peut aussi s'appuyer sur des critères statistiques qui permettent d'évaluer la qualité des regroupements réalisés : telle la mesure de la part de variance initiale conservée avec le regroupement retenu, la mesure de l'homogénéité interne des groupes, etc.

Les résultats d'une analyse de classification dépendent donc largement des choix posés par le chercheur. Il est dès lors important de garder à l'esprit qu'une classification n'est qu'une classification parmi beaucoup d'autres possibles. Ces choix peuvent aboutir à des résultats différents, comme on peut l'observer aux figures 4a et 4b qui illustrent des regroupements alternatifs à ceux de la figure 3b.

Figure 4a
4 groupes

Figure 4b
5 groupes

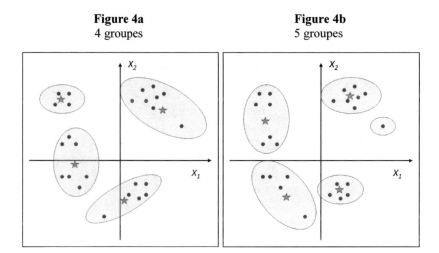

En somme, la qualité des résultats dépendra de l'objectif visé et de l'adéquation du choix des variables à cet objectif, de la mesure de la distance ou de la ressemblance choisie, de la technique de classification sélectionnée et du nombre de groupes retenus.

2. En pratique, comment procéder ?

Il ne s'agit pas ici de détailler toutes les techniques de classification qui ont été développées depuis le début du XXe siècle, mais plutôt de se concentrer sur l'une d'entre elles, assez fréquemment utilisée en sciences sociales : la **méthode de Ward**. C'est aussi la méthode utilisée dans l'étude de l'effet de la frontière linguistique sur les comportements sociodémographiques.

2.1. Comment fonctionne la méthode de Ward ?

La méthode de Ward appartient aux méthodes de **classification hiérarchique ascendante**. Elle s'applique à des **données quantitatives** et procède en une suite de fusions au départ des unités d'analyse initiales. Ainsi, en partant de *n* groupes (au départ, chaque unité d'analyse constitue un groupe), on recherche à chaque étape les deux groupes les plus proches ; ils sont alors fusionnés et constituent un nouveau groupe. On dispose alors de *n-1* groupes. Le processus de fusion se poursuit alors en identifiant, parmi ces *n-1* groupes, le couple de groupes les plus proches qui sont fusionnés au **niveau d'agrégation** suivant (*n-2* groupes). Le processus se poursuit jusqu'à la fusion finale regroupant l'ensemble des unités d'analyse dont on disposait au départ. On obtient de ce fait *n-1*, *n-2*, *n-3*, ... *1* groupes emboités les uns dans les autres.

La particularité de la **méthode de Ward** par rapport aux autres méthodes hiérarchiques ascendantes, repose sur le critère de fusion utilisé. Il propose qu'à chaque étape il soit possible de mesurer la perte d'information qui résulte de chaque regroupement successif. La distance entre groupes (ou perte d'information résultant de la fusion) est mesurée par la somme des carrés des écarts (SCE) entre les groupes à fusionner et la valeur moyenne des variables du groupe auquel elles appartiendraient après leur fusion. La fusion de chaque paire de groupes est considérée et c'est la fusion qui occasionne la perte d'information la plus faible (ce qui correspond aux groupes les moins distants) qui est réalisée.

Soient x_{hi} les valeurs de la variable X_h pour chaque groupe *i*, la distance entre groupes est mesurée par la perte d'information SCE (Somme des carrés des erreurs) qui résulterait de leur fusion :

$$\text{SCE} = \sum_h (\sum_n x_{hi}^2 - \tfrac{1}{n}(\sum x_{hi})^2)$$

Où : *n* est le nombre d'unités d'analyse initiales que compte le groupe lors de la fusion.

La **SCE** s'apparente à **la distance euclidienne**, mais également à la **variance**. C'est pourquoi on peut à la fois parler de « distance entre groupes » et de « perte de variance » ou de « perte d'inertie » quand ces deux groupes sont fusionnés.

Dans la pratique, la méthode de Ward produit une suite de fusions en suivant les étapes ci-dessous :

1. Au départ, chaque unité d'analyse est considérée comme étant un groupe. En partant de *n* unités d'analyse, on dispose donc d'une partition en *n* groupes.

2. Une matrice des distances entre les *n* groupes est calculée sur la base de la *SCE* dans l'espace multidimensionnel des variables retenues. Chaque case *ij* de cette matrice correspond à la perte d'information qui résulterait de la fusion des groupes *i* et *j*.

3. Ce sont les groupes associés à la **valeur minimale** de cette valeur qui sont fusionnés. À l'étape suivante, ces groupes fusionnés seront considérés comme un seul groupe.

4. À partir des *n-1* groupes restants, une nouvelle matrice de distances est calculée (la matrice est donc réduite d'une ligne et d'une colonne).

5. Ces étapes sont répétées jusqu'à la fusion totale des groupes en un seul groupe final.

Le fonctionnement de la méthode de Ward est illustré ici à partir de deux variables (X_1 et X_2) observées sur six unités d'analyse (A, B, C, D, E et F). Ces observations (tableau 3) peuvent être représentées graphiquement dans l'espace défini par ces deux variables (figure 5), ce qui permet aussi de visualiser les distances entre unités d'analyse.

Tableau 3		
Tableau de données 1		
Groupes	X_1	X_2
A	4	13
B	4	2
C	5	12
D	6	6
E	2	4
F	13	15

Figure 5
Position des observations sur X_1 et X_2

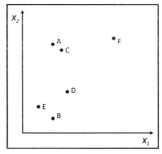

1. À la première étape du processus d'agrégation, on dispose de six groupes caractérisés chacun par les deux variables X_1 et X_2 (chaque unité d'analyse constitue un groupe).

2. En calculant la somme des carrés des erreurs pour chaque paire de groupes[5], on obtient une matrice de distances de dimension 6 x

---

[5] Ainsi, pour les groupes A et B nous avons : SCE = $[(x_{1A}^2 + x_{1B}^2) - 1/n(x_{1A} + x_{1B})^2] + [(x_{2A}^2 + x_{2B}^2) - 1/2(x_{2A} + x_{2B})^2] = [(4^2 + 4^2) - 1/2(4 + 4)^2] + [(13^2 + 2^2) - 1/2(13 + 2)^2] = 60,5$.

6 (tableau 4). Chaque case *ij* de cette matrice représente la perte d'information qui résulterait de la fusion des groupes *i* et *j*. La fusion des groupes B et F entrainerait une perte d'information relativement élevée [*SCE* = 125], alors que la perte d'information qu'occasionnerait la fusion de A et C, qui apparaissent comme très proches à la figure 5, est particulièrement faible [*SCE* = 1]. L'examen de la matrice des distances amène à fusionner A et C parce que c'est la fusion qui occasionne la plus faible perte d'information.

Tableau 4
Matrice des distances 1

	A	B	C	D	E	F
A	-					
B	60,5	-				
C	1	50,5	-			
D	26,5	10	18,5	-		
E	42,5	4	36,5	10	-	
F	42,5	125	36,5	115	121	-

3. Lors de l'étape suivante, les groupes A et C sont remplacés par leur fusion AC.

Tableau 5
Tableau de données 2

Groupes	X_1	X_2
AC	4 ; 5	13 ; 12
B	4	2
D	6	6
E	2	4
F	13	15

Tableau 6
Matrice des distances 2

	AC	B	D	E	F
AC	-				
B	74,7	-			
D	30,7	10	-		
E	53,3	4	10	-	
F	53,3	125	115	121	-

4. Le point de départ de la deuxième étape du processus d'agrégation est ce nouveau tableau de données, qui contient cinq groupes au lieu de six. Sur la base de ce tableau, on recalcule une nouvelle matrice de distances (tableau 6). Cette fois, c'est la fusion des groupes B et E qui implique la perte minimale d'information [*SCE* = 4]. Ces groupes sont donc fusionnés et remplacés par le groupe BE.

5. Et le processus d'agrégation se poursuit :

- À la troisième étape :
  - Les groupes B et E sont remplacés par le groupe BE (tableau 7)
  - Une troisième matrice de distances est calculée (tableau 8)
  - Et les groupes BE et D sont fusionnés avec une perte d'information de [$SCE = 16$]

Tableau 7
Tableau de données 3

Groupes	X_1	X_2
AC	4 ; 5	13 ; 12
BE	4 ; 2	2 ; 4
D	6	6
F	13	15

Tableau 8
Matrice des distances 3

	AC	BE	D	F
AC	-			
BE	97,5	-		
D	30,7	16	-	
F	53,3	166,7	115	-

- À la quatrième étape :
- Les groupes BE et D sont remplacés par le groupe BDE (tableau 9)
- Une quatrième matrice de distances est calculée (tableau 10)
- Et les groupes AC et F sont fusionnés : la perte d'information est de [$SCE = 53,3$]

Tableau 9
Tableau de données 4

Groupes	X_1	X_2
AC	4 ; 5	13 ; 12
BDE	4 ; 2 ; 6	2 ; 4 ; 6
F	13	15

Tableau 10
Matrice des distances 4

	AC	BDE	F
AC	-		
BDE	104	-	
F	53,3	167,5	-

- À la cinquième étape :
- Les groupes AC et F sont remplacés par le groupe ACF (tableau 11)
- Une cinquième matrice de distances est calculée (tableau 12)
- Et la fusion finale a lieu entre les groupes ACF et BDE avec une perte d'information de [$SCE = 216,7$] (tableau 12 et figure 10)

Tableau 11 Tableau de données 5		
Groupes	**X_1**	**X_2**
ACF	4 ; 5 ; 13	13 ; 12 ; 15
BDE	4 ; 2 ; 6	2 ; 4 ; 6

Tableau 12 Matrice des distances 5		
	AFC	**BDE**
ACF	-	
BDE	216,7	-

Les 5 fusions successives produites par la méthode de Ward se présentent comme des groupes emboîtés les uns dans les autres (figure 6).

Figure 6
La succession des fusions

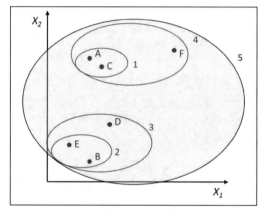

2.2. Le dendrogramme comme représentation de la classification hiérarchique

Le résultat d'une analyse de classification hiérarchique est habituellement présenté sous la forme d'un **dendrogramme** (du grec *dendros :* arbre).

Le dendrogramme a l'avantage de **résumer** parfaitement l'ensemble du processus d'agrégation : la perte d'information associée à chaque fusion successive se trouve en ordonnée et, en abscisse, les unités d'analyse rangées selon un ordre précis (cet ordre est en principe précisé dans les résultats proposés par les logiciels d'analyse statistique).

On peut y suivre toutes les étapes du processus en partant du bas du graphique :

Les groupes A et C ont été fusionnés en premier au niveau [*SCE* = 1], suivis de B et E au niveau [*SCE* = 4] et ainsi de suite. Le dendrogramme sert aussi à justifier le nombre de groupes qui seront retenus *in fine*. Dans cet exemple, la proximité des groupes A et C, d'une part, et des groupes B, D et E, de l'autre, apparaît d'emblée, leur constitution n'occasionne pas de perte d'information importante. En revanche, les groupes ACF et BDE sont très différents l'un de l'autre, puisqu'ils ne seront fusionnés qu'en fin de processus au prix d'une perte d'information très importante.

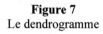

Figure 7
Le dendrogramme

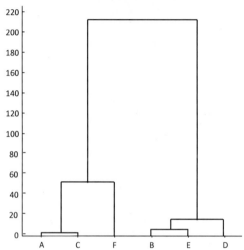

On l'utilise aussi dans l'interprétation des résultats : pour justifier le nombre de groupes retenus, mais surtout pour commenter la proximité des unités qui les composent.

Dans cet exemple-ci, le groupe BDE est plus homogène (= les unités B, D et E sont plus semblables) que le groupe ACF. Dans l'étude de l'effet frontière linguistique, la relative ressemblance des types « Flamand » et « Flandre occidentale » pouvait se lire à partir du dendrogramme, puisque ces deux groupes de communes fusionnaient à l'étape suivante du processus d'agrégation.

2.3. Combien de groupes retenir ?

Un des avantages des techniques de classification hiérarchique est qu'elles offrent au chercheur toute la série des regroupements successifs des unités d'analyse et donc la possibilité de choisir *a posteriori* à quel niveau d'agrégation arrêter le processus.

Un critère d'arrêt souvent utilisé résulte de l'analyse de la **perte d'information** (la *SCE*, dans le cas de la méthode de Ward) occasionnée par la succession des regroupements : un « saut » important de cette valeur d'un regroupement au suivant peut indiquer qu'il est temps d'arrêter le processus et donc de retenir le nombre obtenu de groupes avant qu'ait lieu ce « saut » de perte d'information.

En observant le graphique de la perte d'information par étape d'agrégation (figure 8) on remarque qu'un saut important de perte d'information a lieu entre la 3ème et la 4ème étape (les valeurs de la *SCE* passent de 16 à 53,3). Sur la base de ce critère, il convient d'arrêter le processus d'agrégation à la troisième étape. Les trois groupes retenus sont dès lors AC, BDE et F. À noter que l'importance relative des pertes d'information successives se lit aussi sur le dendrogramme (figure 7).

En additionnant les pertes d'information consenties par chacun des regroupements jusqu'à cette étape et en la divisant par le cumul de toutes les pertes d'information successives jusqu'à la fusion totale, on obtient la **part d'information (de variance) initiale perdue** suite à ce regroupement. Dans cet exemple, la variance totale est de [1 + 4 + 16 + 53,3 + 216,7 = 291] et le regroupement des 6 groupes de départ en 3 groupes a occasionné une perte d'information de [1 + 4 + 16 = 21]. Ce regroupement s'est donc opéré au prix d'une perte d'information de [21/291 = 7,2%]. Affirmer que ce regroupement permet de conserver 92,8% de la variance initiale est une autre façon de commenter ce résultat. Cette statistique élaborée à partir du critère de Ward est une autre aide à la décision.

Figure 8
Perte d'information par étape d'agrégation

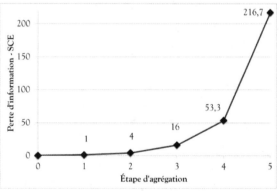

Il est important de rappeler que ces critères d'arrêt ne sont que des aides à la décision. Dans la pratique, l'importance à accorder à ces critères doit s'évaluer en fonction des objectifs poursuivis par la recherche.

2.4. Comment tester l'homogénéité interne des groupes et leurs différences ?

Certains groupes peuvent être plus homogènes que d'autres, ce qui correspond à une densité plus élevée des points-unités d'analyse dans l'espace multidimensionnel des variables qui les caractérisent. Il faut, de plus, que les groupes diffèrent les uns des autres. Pour évaluer l'homogénéité interne d'un groupe et la comparer à celle des autres groupes, les tests *F* et *t* peuvent être utilisés dans le cas de variables quantitatives.

o **Le test *F*.** L'homogénéité interne d'un groupe sera d'autant plus importante qu'est faible la variabilité des variables à l'intérieur du groupe (ou variance intra-groupe). Une mesure de la différence entre groupes est une variabilité élevée des valeurs moyennes des variables d'un groupe à l'autre (ou variance inter-groupes). Le test *F* permet de comparer la **variance inter-groupes** s_{xT}^2 à la **variance intragroupe** s_{xG}^2 pour chacune des variables X [chapitre 4].

$$F = \frac{s_{xT}^2}{s_{xG}^2}$$

Où : s_{xT}^2 est la variance des moyennes de la variable X de chacun des groupes G par rapport à la moyenne générale T.
s_{xG}^2 est la variance de la variable X au sein du groupe G.

Plus la valeur de *F* est élevée, plus les groupes diffèrent et plus élevée est l'homogénéité de X dans le groupe.

o **Le test *t*.** Ce test permet d'évaluer la spécificité des groupes en comparant, pour chaque variable, la moyenne à l'intérieur du groupe à la valeur moyenne de cette variable calculée sur l'ensemble des unités d'analyse initiales (avant groupement). Il est calculé comme suit :

$$t = \frac{(\overline{x}_G - \overline{x}_T)}{s_{xT}}$$

Où : $\overline{x}_G$ est la moyenne de la variable X dans le groupe G,
$\overline{x}_T$ la moyenne de la variable X sur toutes les unités d'analyse,
s_{xT} est l'écart-type de la variable X sur l'ensemble des unités d'analyse.

Plus la valeur de *t* s'écarte de 0, plus le groupe se différencie de la moyenne générale et plus le groupe est homogène.

Il est d'usage de faire la **moyenne des** *F* et des *t* calculés pour chacune des variables du groupe afin d'obtenir des indicateurs synthétiques d'homogénéité des groupes (tableau 13).

2.5. Comment présenter les résultats de la classification ?

Divers outils peuvent être utilisés pour présenter les résultats d'une analyse de classification. Dans tous les cas, il est important [1] d'illustrer le processus de classification, [2] de présenter la composition des groupes et [3] de caractériser les groupes obtenus.

Illustration du processus de classification

Dans le cas de la classification hiérarchique, le **dendrogramme** et le **graphique de perte d'information** par étape de fusion sont utilisés.

o Le graphique de la perte d'information par étape de fusion peut servir à justifier le nombre de groupes retenus. Il permet d'observer le moment où les fusions ont été arrêtées, ainsi que l'évolution de la perte d'information au cours du processus de fusion.

o Le dendrogramme résume tout le processus de classification : il représente chacune des fusions successives et le niveau de perte d'information auquel la fusion survient. Il est néanmoins difficile de représenter le dendrogramme lorsque le nombre initial d'unités d'analyse est très élevé. Dans ce cas, une solution consiste à ne représenter que sa partie supérieure afin de mette en évidence les fusions successives à partir du regroupement retenu.

La composition des groupes

Ayant choisi le nombre de groupes à retenir, il peut être utile de signaler le nombre d'unités d'analyse qui les composent. Certains groupes sont plus importants – numériquement – que d'autres et il peut même y avoir des groupes composés d'une seule unité d'analyse ! Dans ce cas, il y a de fortes chances que ce groupe (cette unité d'analyse) soit très différent et il peut être intéressant d'essayer de comprendre cette différence. Dans tous les cas, la taille des groupes interviendra dans l'interprétation des résultats.

L'exemple de l'effet « frontière linguistique » a produit des groupes de taille très différente : le type « Urbain » regroupant 5 communes, alors que le groupe « Wallon » en compte 55. Le nombre de communes constituant le groupe « Wallon » est lui plus ou moins équivalent au cumul des communes regroupées dans les types « Flamand » et « Flandre occidentale », ce qui renforce la réalité d'une frontière linguistique des comportements démographiques, frontière qui est cependant interrompue par des comportements plus urbains en son centre.

L'exemple de l'effet « frontière linguistique » a également montré l'utilité d'en proposer la cartographie quand les unités d'analyse sont des unités spatiales.

Les caractéristiques des groupes

Il est indispensable de caractériser les groupes retenus pour en interpréter la spécificité. Pour cela divers outils statistiques sont disponibles : valeur moyenne des variables, test F et test t, pour chacun des groupes.

Le tableau 13 résume les groupes constitués par l'analyse de classification hiérarchique de Ward opérée sur les unités A, B, C, D, E et F caractérisées par les deux variables X_1 et X_2.

Tableau 13
Les caractéristiques des groupes

	Groupe 1 (AC)	Groupe 2 (BDE)	Groupe 3 (F)
$\overline{X}_1$	4,5	4	13
$\overline{X}_2$	12,5	4	15
N	2	3	1
Test F	58,82	7,25	-
Test t	0,206	-0,653	1,549

L'homogénéité du groupe 3 – qui est constitué d'une seule unité – est maximale de ce fait, tandis que le groupe 1 est plus homogène que le groupe 2 $[F_{G1} > F_{G2}]$. La valeur moyenne des variables à partir desquelles les groupes ont été constitués est globalement moins élevée pour le groupe 2 que leur moyenne calculée sur l'ensemble des unités d'analyse. Cette valeur est globalement plus élevée pour le groupe 1 et davantage encore pour le groupe 3 qui se présente comme très différent des deux autres groupes.

3. À quoi faire attention

3.1. Vérifier au préalable l'existence possible de groupes

La notion de « groupe » est, on l'a déjà signalé, relative : avant de procéder à une analyse de classification, il est utile de s'assurer que les données présentent des zones de densité plus ou moins élevée. Cela peut se faire au moyen d'outils graphiques simples comme des diagrammes de dispersion pour des couples de variables. Les graphiques produits par les analyses factorielles permettent de visualiser les proximités des points-unités d'analyse dans un espace comportant davantage de dimensions : les premiers plans factoriels d'une ACP, si les variables de référence sont quantitatives [chapitre 6] ou ceux d'une AFCM, si elles sont qualitatives [chapitre 7].

3.2. Le choix des variables de l'espace de référence est crucial

La structure des données qui sera mise à jour dépend bien évidemment de l'univers des variables qui sont sélectionnées : prendre en compte plusieurs variables fortement associées revient à accorder un poids important à la part de variation commune qu'elles représentent, tandis que multiplier les critères de référence peut aussi rendre plus ardue l'identification des groupes.

3.3. La préparation des variables pour la classification

Avant de procéder à la classification, il est parfois nécessaire de transformer les variables.

Dans le cas de variables **quantitatives** :

o Si les variables sont mesurées sur des unités non comparables ou si elles ont des domaines de variation très différents, il y a lieu de les **standardiser** [encadré 7] avant la classification, en vue de leur accorder un poids équivalent dans le processus de constitution des groupes.

o Il est souvent utile de réaliser une analyse en composantes principales [chapitre 6] avant la classification. Dans ce cas, la classification est réalisée non pas sur les variables mais sur les composantes (facteurs) issues de l'ACP. Cette technique a l'avantage d'éliminer la redondance entre les variables, puisque chaque ensemble de variables est résumé par une composante (facteur) et celles-ci ne sont pas corrélées entre elles. Lorsqu'on réalise une ACP en vue d'appliquer la classification, il est conseillé de retenir un nombre suffisant de composantes pour atteindre une part de la variance initiale d'environ 90% pour assurer une représentation suffisante de l'espace variables initial. À noter que l'analyse en composantes principales produit des variables standardisées. L'interprétation des groupes qui résultent de l'analyse de classification hiérarchique peuvent alors se baser, soit sur les composantes pour autant qu'on puisse leur donner du sens, soit sur les valeurs des variables initiales.

Dans le cas de variables **qualitatives** :

o L'application d'une analyse factorielle des correspondances multiples [chapitre 7] à un ensemble de variables qualitatives est une stratégie qui les transforme en autant de variables quantitatives que de facteurs retenus pour l'analyse de classification. Au chercheur de décider s'il faut conserver tous les facteurs ou seulement les plus significatifs d'entre eux : l'interprétation des groupes qui seront ultérieurement identifiés par l'analyse de classification devra en tenir compte.

o Des mesures de proximité spécifiques ont été développées pour traiter des variables binaires codées [0, 1]. Ces techniques s'appliquent aux variables nominales également, pour autant que leurs modalités aient été recodées en variables binaires [encadré 6] signifiant la présence ou l'absence de la caractéristique.

3.4. Limites des méthodes

Les analyses de classification hiérarchique souffrent d'un défaut important : le caractère inamovible de l'appartenance des unités d'analyse à un groupe. Quand une unité d'analyse rejoint un groupe à une des étapes du processus d'agrégation, elle ne peut plus le quitter, même si, en fin de processus, il s'avère qu'elle est plus proche d'un autre des groupes qui ont été constitués. Les **procédures de réallocation ou de transfert** sont généralement prévues par les logiciels pour remédier à cette limite. Dans ce cas, une fois que le chercheur a fixé le nombre de groupes qu'il retient à l'issue de la classification hiérarchique, il peut introduire ces groupes et leur composition dans une procédure de ce type. Ces procédures procèdent par comparaison des distances qui s'établissent entre les unités d'analyse et chacun des groupes. Si une unité d'analyse s'avère être plus proche d'un autre groupe que celui qu'elle a rejoint initialement, un transfert est proposé.

Cette procédure de validation des groupes constitués est utile dans tous les cas, d'autant plus que les spécialistes de cette famille de méthodes insistent pour dire qu'une classification n'est toujours qu'une classification parmi bien d'autres possibles et que l'application de plusieurs techniques différentes n'aboutira pas nécessairement au même résultat. Comme l'objectif est de découvrir comment les données s'organisent « naturellement » en groupes, tenter différentes techniques permet aussi d'identifier les regroupements qui semblent se reproduire d'une tentative à l'autre.

L'application d'une analyse de classification hiérarchique sur un fichier de taille importante (plus de 500 ou même 1000 unités d'analyse, plus de 10 variables) peut parfois dépasser les capacités de calcul du logiciel. Cette méthode requiert en effet le calcul de très grandes matrices de distances qui doivent être recalculées au moins partiellement à chaque étape du processus d'agrégation. Dans ce cas il est recommandé de travailler en deux temps : appliquer d'abord une technique – non-hiérarchique – de regroupement rapide des unités d'analyse en fixant le nombre de groupes à une centaine par exemple, puis appliquer une classification hiérarchique aux groupes issus de cette première classification. En général, les premiers regroupements s'effectuent sur des unités d'analyse qui sont très proches et il n'est pas utile d'en retracer l'historique.

4. Pour aller plus loin

La méthode de Ward qui a été décrite ici en détail, n'est qu'un exemple parmi beaucoup d'autres des techniques de classification hiérarchique et non-hiérarchique qui ont été développées. Bien d'autres mesures de « distance » ou de « ressemblance » (*similarity*) ont été mises au point et la plupart des méthodes ont leurs points forts et leurs points faibles (Aldenderfer et Blashfield, 1984 ; Everitt, 1974 ; Everitt *et al.*, 2012). L'analyste de données qui souhaite approfondir la question et opter pour d'autres techniques de classification plus adaptées à ses données, l'objectif poursuivi, etc., devra consulter des ouvrages spécialisés.

L'ouvrage que Brian Everitt a publié en 1974 constitue une excellente introduction et celui qu'il vient de publier (2012) avec ses collaborateurs offre une synthèse critique plus élaborée des techniques de classification qui ont été développées depuis. L'ouvrage s'appuie sur des exemples d'application issus de la littérature scientifique et faisant la preuve de l'utilité de ces techniques dans un grand nombre de disciplines. Parmi bien d'autres développements :

o Des solutions sont proposées par Everitt *et al.* (2012 : 54-56), quand l'espace de référence est défini par des variables quantitatives et des variables qualitatives.

o La plupart des techniques de classification produisent des groupes disjoints, ce qui peut ne pas correspondre à la réalité : certaines techniques permettent d'identifier des groupes se recouvrant partiellement : voir Everitt *et al.* (2012 : 222-230).

o Diverses méthodes d'évaluation de la robustesse des groupes identifiés, de qualité des groupes identifiés sont détaillées par Everitt *et al.* (2012 : 257-272).

ANALYSE MULTIVARIÉE DES DÉPENDANCES

CHAPITRE 9

La régression linéaire multiple

Bruno SCHOUMAKER

L'immigration en Europe

L'immigration internationale est une caractéristique importante des sociétés européennes, tant du point de vue démographique que du point de vue économique et social. La plupart des pays européens connaissent aujourd'hui un solde migratoire positif (Eurostat, 2011), et de nombreux pays européens comptent plus de 10% de migrants au sein de leur population. Il existe toutefois une grande diversité entre pays, certains comptant près de 20% de migrants (Suisse, Luxembourg), alors que d'autres en comptent moins de 5% (Hongrie, Pologne…).

Les attitudes par rapport à l'immigration varient aussi sensiblement d'un pays à l'autre. C'est ce que montrent les enquêtes sociales européennes (ESE)[1]. Lors de la vague d'enquêtes de 2002, près de 70% des habitants de Grèce se déclaraient d'accord ou tout à fait d'accord avec l'affirmation « *Les immigrants chômeurs de longue durée devraient être forcés à partir* », alors qu'à peine 10% des habitants de Suède étaient dans ce cas. La Belgique, avec 43% de personnes favorables à cette option, se situe en milieu de classement. D'autres questions dans cette enquête confirment la diversité des attitudes face à l'immigration des pays d'Europe.

Plusieurs explications ont été avancées pour rendre compte de ces différences. Ainsi, Green (2007) a montré, à partir des données individuelles de l'ESE de 21 pays d'Europe, que les personnes les plus instruites, économiquement moins vulnérables et régulièrement en contact avec des migrants avaient des attitudes plus favorables à l'immigration. Ils ont également souligné que les personnes défavorables à l'immigration étaient davantage concentrées dans les pays du Sud et de l'Est de l'Europe.

---

[1] L'enquête sociale européenne (ESE) porte sur les attitudes, croyances et comportements des populations européennes. Les informations sont collectées à intervalles réguliers auprès d'échantillons représentatifs de la population des pays participants. Elle a débuté dans 21 pays en 2001, et porte actuellement sur plus de 30 pays. Une vague d'enquêtes est réalisée environ tous les deux ou trois ans. Pour plus d'informations, voir http://www.europeansocialsurvey.org/

Cette question est abordée ici par une analyse agrégée [encadré 4] des données de l'*Enquête sociale européenne* ESE-2002. Dans un premier temps, l'objectif est de montrer comment la **régression multiple** permet de mesurer l'influence de **deux variables indépendantes** (les conditions de vie et la région) sur les attitudes par rapport à l'immigration en Europe (**variable dépendante**). Un exemple simple illustrera l'interprétation des coefficients de régression et l'importance d'établir un **modèle causal** avant de réaliser une régression. La suite sera consacrée à la discussion de choix courants dans la régression et à quelques points techniques.

Conditions de vie et attitudes face à l'immigration en Europe

Pour répondre à la question : « *Quelle est l'influence des conditions de vie sur les attitudes face à l'immigration ?* », trois variables ont été sélectionnées et analysées au niveau agrégé de 21 pays européens qui ont fait l'objet de l'ESE-2002 :

o La variable dépendante quantitative « Attitude (défavorable) face à l'immigration » est mesurée par la proportion de personnes favorables au départ des immigrants chômeurs

o Une variable indépendante quantitative « Conditions de vie » mesurée à partir de la proportion de personnes qui déclarent vivre confortablement avec le revenu actuel du ménage

o Une variable indépendante qualitative « Région » qui comporte quatre modalités :

Europe du Nord : Danemark, Finlande, Norvège, Suède ;
Europe de l'Ouest : Allemagne, Autriche, Belgique, France, Irlande, Luxembourg, Royaume-Uni, Suisse ;
Europe de l'Est : Hongrie, Pologne, Slovénie, Tchéquie ;
Europe du Sud : Espagne, Grèce, Israël, Italie, Portugal.

Pour être introduite dans le modèle de régression multiple, cette variable fera l'objet d'un codage particulier [encadré 6].

L'hypothèse posée est que les populations des pays dans lesquels les conditions de vie sont les moins bonnes sont également moins favorables à l'immigration. L'une des raisons qui permettrait d'expliquer cela est que les populations migrantes et non-migrantes sont davantage en concurrence sur le marché du travail dans les pays à faible niveau de vie, ce qui conduirait à des attitudes défavorables à l'immigration (Rustenbach, 2009).

Un modèle de régression linéaire simple permet de tester cette hypothèse. La figure 1a illustre la relation bivariée entre la variable « Attitude » et la variable « Conditions de vie ». Les résultats de cette **régression linéaire** sont repris dans la première colonne du tableau 1 (modèle 1).

Tableau 2
Régressions multiples de l'attitude face à l'immigration en Europe.

Variables indépendantes	Modèle 1	Modèle 2	Modèle 3
Constante	0,60***	0,61***	0,26***
Conditions de vie	-0,55***	-0,44**	
Région			
Europe du Nord [référence]		[réf.]	[réf.]
Europe de l'Est		0,15	0,29***
Europe de l'Ouest		0,12*	0,15*
Europe du Sud		0,09	0,22***
R²	0,49	0,60	0,46
R² ajusté	0,46	0,50	0,37

***p <0,01 ; ** p <0,05 ; ** p <0,10

Source : *Enquête sociale européenne* (vague 2002), 21 pays. Calculs de l'auteur

Le modèle 1 permet de répondre aux questions suivantes :

1. *Une amélioration des conditions de vie des populations s'accompagne-t-elle d'une diminution des attitudes défavorables à l'immigration ?* La figure 1 indique une association négative entre les deux variables. Plus les conditions de vie sont favorables, plus la proportion de personnes favorables au départ des immigrants chômeurs est faible. Cela va donc dans le sens de l'hypothèse.

2. *Quelle est l'intensité de cette relation ?* Le coefficient de régression [chapitre 5], qui correspond à la pente de la droite de régression représentée sur la figure 1a, indique qu'une variation de 1% de personnes vivant confortablement est associée à une diminution de 0,55% de personnes favorables au départ des immigrants chômeurs (tableau 1, modèle 1). La constante du modèle montre ici que, dans les pays où personne ne déclarerait vivre confortablement (variable indépendante égale à 0), 60% de personnes seraient favorables au départ des immigrants chômeurs de longue durée.

La relation est-elle statistiquement significative ? Le coefficient de régression des conditions de vie est significatif au seuil de 1%. Cela signifie qu'il y a moins d'une chance sur cent que cette relation résulte du hasard. En d'autres termes, il y a de fortes chances que la relation que l'on mesure à partir de ces données reflète une relation qui existe réellement.

Figure 1

Attitudes face à l'immigration, conditions de vie et régions (variable de confusion)

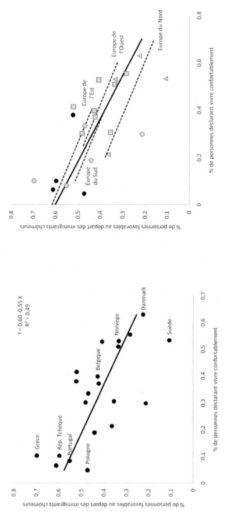

Source : *Enquête sociale européenne* (vague 2002), 21 pays. Calculs de l'auteur

Légende : La droite continue représente la régression simple de la relation entre attitudes face à l'immigration et conditions de vie. Les droites en pointillés représentent la relation entre ces deux variables dans la régression multiple, lorsque la région est contrôlée.

3. *Cette variable (conditions de vie) rend-elle compte d'une part importante de la variance des attitudes entre pays ?* Le coefficient de détermination R^2 montre que près de 50% de la variance de la variable dépendante[1] est « expliquée » par la seule variable explicative reprise dans le modèle.

En résumé, les conditions de vie sont bien liées aux attitudes face à l'immigration, cette relation est statistiquement significative, et près de la moitié de la variance de la variable dépendante est « expliquée » par la variable explicative (indépendante).

La région exerce-t-elle un « effet de confusion » ?

Le premier modèle suggère donc que les conditions de vie influencent les attitudes des populations par rapport à l'immigration. On peut cependant lui opposer que ce ne sont en réalité pas les conditions de vie qui influencent les attitudes par rapport à l'immigration, mais plutôt des facteurs liés à la région dans laquelle se situe le pays. La figure 1 montre en effet que les pays d'Europe de l'Est et du Sud sont plutôt concentrés vers la gauche du graphique (faible niveau de vie), alors que les pays d'Europe du Nord sont davantage concentrés vers la droite du graphique (niveau de vie élevé). En d'autres termes, il existerait une association entre les conditions de vie et la région d'Europe.

Il est possible que certaines régions d'Europe soient plus « progressistes » de manière générale (Europe du Nord), et d'autres plus « conservatrices » (Sud et Est) : l'explication des différences entre les pays (et les régions) en matière d'immigration serait plutôt d'ordre culturel. En d'autres termes, la relation que l'on observe entre les conditions de vie et les attitudes par rapport à l'immigration (Figure 2a, relation A*) ne serait qu'un artefact, lié au fait que les régions les plus conservatrices sont aussi celles où les conditions de vie sont les plus faibles.

La région serait ici une **variable de confusion** puisqu'elle est à la fois une autre cause possible de l'attitude par rapport à l'immigration et qu'elle est fortement associée aux conditions de vie [chapitre 1]. La Figure 2b ci-dessous illustre cette idée. Les conditions de vie peuvent avoir une influence directe sur les attitudes face à l'immigration [A], mais la région peut également avoir une influence sur les attitudes face à l'immigration [B]. Si les conditions de vie varient entre les régions (c'est-à-dire s'il existe une relation [C] entre ces deux variables), le fait de tenir compte de la région dans le modèle de régression modifiera la relation entre les conditions de vie et les attitudes face à l'immigration.

---

[1] Comme expliqué précédemment [chapitre 5], le R^2 d'une régression linéaire simple est égal au carré du coefficient de corrélation linéaire.

Figure 2
Relations entre variables dépendante et indépendantes, et variable de confusion

a. Une seule variable explicative   b. Deux variables explicatives

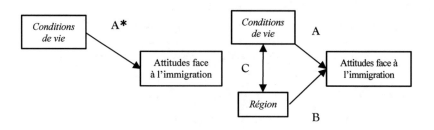

Comment vérifier ceci ? La **régression linéaire multiple** permet d'inclure plusieurs variables explicatives dans le modèle, et de mesurer l'effet d'une variable explicative lorsqu'une (ou plusieurs) autre variable est maintenue constante (est « contrôlée », « neutralisée »). Les résultats du modèle 2 (tableau 1) et la figure 1 illustrent cette idée pour le modèle explicatif des attitudes face à l'immigration.

En introduisant la région – qui est une variable qualitative – comme variable explicative [encadré 6], on constate que le coefficient de régression de la variable « Conditions de vie » diminue d'intensité : il passe de -0,55 à -0,44. Ce résultat montre que le fait de contrôler la région réduit effectivement l'effet des conditions de vie, mais que cette variable reste très significative.

La figure 1b illustre cela de manière graphique : les droites en pointillé représentent la relation entre les conditions de vie et les attitudes lorsque la région est contrôlée. On voit que ces droites ont une pente plus faible que la droite continue qui représente la relation entre les deux variables sans contrôle de la région.

Contrôler la variable région dans le modèle peut s'interpréter comme le fait de mesurer la relation entre les conditions de vie et les attitudes par rapport à l'immigration entre pays à l'intérieur de chaque région. À noter ici que, ce faisant, on pose une hypothèse : le coefficient de régression de la variable « Conditions de vie » est identique dans chaque région, et seule l'ordonnée à l'origine varie d'une région à l'autre. Cela se traduit par des droites parallèles dans chacune des régions (les droites en pointillé ont la même pente). Cette hypothèse est liée à la nature additive du modèle de régression. Elle peut être levée en introduisant des **interactions** [chapitre 1] entre les variables (voir point 4.2).

Encadré 6
Codage binaire de variables nominales

Il possible d'introduire des variables indépendantes qualitatives dans un modèle de régression multiple. S'il s'agit d'une variable ordinale comportant un nombre suffisant de modalités, la variable peut être introduite telle quelle. On fait alors l'hypothèse qu'elle se comporte comme une variable quantitative. Les variables nominales doivent cependant être transformées en autant de variables dichotomiques qu'elles comportent de modalités.

Ainsi, la variable « Région » qui comporte 4 modalités sera remplacée par de nouvelles variables appelées *dummy variables* en anglais : une variable « Europe Nord » qui prend la valeur 1 si le pays concerné est le Danemark, la Finlande, la Norvège ou la Suède et la valeur 0 dans tous les autres cas ; une variable « Europe Ouest » qui prend la valeur 1 si le pays figure dans la liste des pays d'Europe de l'Ouest et 0 dans tous les autres cas ; et ainsi de suite pour les variables « Europe Est » et « Europe Sud ».

Pour résoudre le problème de **multicolinéarité** posé par le fait qu'il est parfaitement possible de déduire la valeur prise par une unité d'observation à l'une de ces 4 (nouvelles) variables à partir de sa valeur sur l'ensemble des 3 autres (comme l'Allemagne a un code « 0 » sur les variables Europe Nord, Europe Sud et Europe Est, elle doit nécessairement avoir un code « 1 » sur la variable Europe Ouest), il est nécessaire de n'introduire que 3 des 4 nouvelles variables dans le modèle de régression.

La variable dichotomique (ou la modalité de la variable initiale) écartée du modèle sera considérée comme **variable (ou modalité) de référence** par rapport à laquelle les coefficients de régression seront estimés et interprétés.

Comment expliquer que les pentes soient plus faibles lorsque la région est contrôlée ? Ceci est lié au fait que le niveau de vie varie d'une région à l'autre : les pays d'Europe du Nord sont davantage distribués vers la droite du graphique (conditions de vie plus élevées), et les pays d'Europe de l'Est davantage vers la gauche. Dit autrement, il y a une relation entre les régions et les conditions de vie (Figure 2b, relation C). En l'absence de relation entre les régions et les conditions de vie, les droites en pointillé auraient la même pente que la droite continue. Autrement dit, le fait de contrôler la région ne modifierait en rien la pente de la droite de régression si les conditions de vie ne variaient pas d'une région à l'autre.

Figure 3

Exemple fictif de relations entre une variable dépendante et une variable indépendante,
sans [a] ou avec [b] contrôle de la région

a. Une variable indépendante   b. Deux variables indépendantes

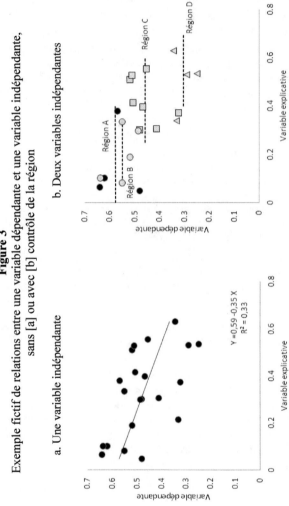

Source : *Enquête sociale européenne* (vague 2002), 21 pays. Calculs de l'auteur

À l'inverse, on peut imaginer un cas extrême où le fait de contrôler la région annule complètement l'effet d'une variable explicative. C'est ce que montrent les figures 3a et 3b ci-dessus (exemple fictif). La figure de gauche illustre la régression d'une variable dépendante Y avec une variable indépendante X, pour 21 pays. On observe une relation négative significative (coefficient de régression égal -0,35) quand aucune variable n'est contrôlée. La figure de droite montre les mêmes observations, en distinguant les points (pays) selon la région. Les droites en pointillés indiquent la relation entre la variable explicative et la variable dépendante lorsque la variable « Région » est contrôlée. La pente est nulle, indiquant l'absence de relation entre ces deux variables à l'intérieur de chaque région. Dans ce cas-ci, la relation entre la variable X et Y disparaît : la relation observée dans la régression simple est, dans ce cas, entièrement liée à l'association entre la variable de région et la variable explicative. La régression multiple permet de montrer qu'elle est **fallacieuse.**

Dans l'exemple réalisé à partir de données réelles, le coefficient de régression est réduit, mais reste très nettement négatif et largement significatif. On conclura donc, à l'issue de cette analyse, que les conditions de vie ont une influence sur les attitudes par rapport à l'immigration, même lorsque la région est contrôlée.

Les conditions de vie comme « variable intermédiaire »
de l'effet de la région

Un autre modèle opère un déplacement de l'attention et s'intéresse plus particulièrement aux différences régionales d'attitudes face à l'immigration. En comparant les moyennes des proportions de personnes favorables au départ des immigrants chômeurs des quatre régions (Tableau 3) d'énormes différences sont observées : cet indicateur varie d'un peu plus de 25% dans les pays d'Europe du Nord à 55% dans les pays d'Europe de l'Est. Un modèle de régression dans lequel seule la variable « Région » est introduite indique aussi des écarts significatifs entre régions d'Europe (tableau 1, modèle 3).

À noter ici que les écarts entre les régions dans la régression sont identiques aux écarts observés dans le Tableau 3, puisque la régression consiste ici simplement à calculer la moyenne de la variable dépendante dans la région de référence (Europe du Nord), et les différences de moyennes entre chacune des régions et la région de référence.

Tableau 3
Différences régionales d'attitudes par rapport à l'immigration

Régions	Favorables au départ des immigrants chômeurs (%)
Europe du Nord	25,7
Europe de l'Ouest	40,4
Europe du Sud	47,4
Europe de l'Est	55,0

Source : *Enquête sociale européenne* (vague 2002), 21 pays. Calculs de l'auteur

Comment expliciter les facteurs à l'origine de ces différences régionales ? La variable « région » ne représente en tant que telle rien d'autre que l'appartenance à un ensemble géographique, et a donc un pouvoir explicatif relativement limité. Une hypothèse est que la région exercerait une influence sur les attitudes face à l'immigration par l'intermédiaire des conditions de vie des populations. Les régions économiquement favorisées auraient des attitudes plus favorables, et inversement. En d'autres termes, les conditions de vie joueraient le rôle de **variable intermédiaire** de l'influence de la région sur les attitudes face à l'immigration. C'est ce que représente la figure 4.

Figure 4
Relations entre variables dépendante et indépendantes, et variable intermédiaire

a. Une seule variable indépendante   b. Deux variables indépendantes

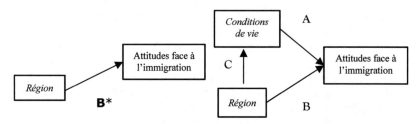

Cette hypothèse peut être testée par un modèle de régression linéaire multiple : il s'agit ici de vérifier si les différences régionales persistent ou non lorsqu'on contrôle une variable intermédiaire. À noter que le modèle de régression multiple conçu ici est parfaitement identique à celui qui a été utilisé dans l'exemple précédent (tableau 1, modèle 2).

En comparant le modèle 3 (incluant seulement la variable « Région ») et le modèle 2 (incluant aussi les conditions de vie), on observe que les coefficients de régression des régions (écarts entre les différentes régions et l'Europe du Nord) sont sensiblement réduits quand les conditions de vie sont contrôlées. Autrement dit : à conditions de vie comparables, les écarts entre régions sont nettement plus faibles. On note même, quand la variable « Conditions de vie » est contrôlée, que l'Europe du Sud est moins favorable au départ des immigrants que l'Europe de l'Ouest (écart de 0,09 comparé à 0,12), alors que l'inverse s'observe lorsque cette variable n'est pas contrôlée (écart de 0,22 comparé à 0,15). On constate également que seule une région – l'Europe de l'Ouest – reste significativement différente de l'Europe du Nord, alors que les trois régions l'étaient avant de contrôler les conditions de vie.

Ces résultats peuvent également être reportés sur un graphique (figure 5).

Sur la figure de gauche (figure 5a), les lignes continues représentent les valeurs moyennes de chacune des régions. La constante du modèle (a = 0,26) représente la moyenne dans les pays d'Europe du Nord (la modalité omise de la variable région). En Europe de l'Est, la moyenne est égale à 0,55 : soit la constante (0,26) plus le coefficient de régression de l'Europe de l'Est (0,29). On situe de la même façon les niveaux de l'Europe du Sud (0,26 + 0,22) et d'Europe de l'Ouest (0,26 + 0,15).

La figure de droite (figure 5b) reprend les droites de régression dans chacune des régions après l'introduction de la variable intermédiaire des conditions de vie : elles ont maintenant des pentes négatives. Les distances entre les droites sont nettement plus faibles que sur la figure de gauche, illustrant bien que le fait que contrôler les conditions de vie réduit les différences d'attitudes entre les régions. On constate également que la droite pour l'Europe de l'Ouest est maintenant légèrement au-dessus de la droite de l'Europe du Sud, alors que l'inverse est observé sur la figure de gauche.

Que conclure de tout cela ?

En définitive, ces exemples illustrent plusieurs éléments importants :

o Le fait d'introduire une variable supplémentaire dans la régression peut modifier complètement l'effet d'une autre variable (l'annuler, voire l'inverser), mais aussi le modifier légèrement ou ne pas le modifier du tout. Cela dépend des relations entre cette variable supplémentaire et les autres variables du modèle.

o Une hypothèse importante et classique de la régression est que les effets des variables explicatives sont constants[1], quelles que soient les valeurs des autres variables explicatives. Par exemple, les différences régionales sont constantes, quelles que soient les conditions de vie.

---

[1] Ceci est inhérent au caractère additif du modèle de régression, mais il est possible de contourner cette limite en introduisant des effets multiplicatifs [$x_1.x_2$], par exemple.

Figure 5

Relations entre attitudes face à l'immigration, régions, et conditions de vie (variable intermédiaire)

a. Une variable indépendante

b. Deux variables indépendantes

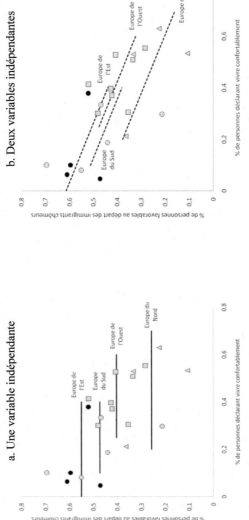

Les droites représentent les valeurs moyennes au sein de chaque région. La position et la largeur des segments varient en fonction de la distribution des conditions de vie dans chaque région.

Les droites en pointillés représentent les droites de régression au sein de chaque région. La position et la largeur des segments varient en fonction de la distribution des conditions de vie dans chaque région.

Source : *Enquête sociale européenne* (vague 2002), 21 pays. Calculs de l'auteur

Réciproquement, l'effet des conditions de vie (la pente de la droite de régression) est identique dans les différentes régions. Cette hypothèse peut être levée (en introduisant des interactions), mais est très courante.

o Une même variable peut être interprétée différemment selon le modèle causal qu'on souhaite tester. Ainsi, la variable mesurant les conditions de vie est la variable explicative d'intérêt dans le premier exemple et est une variable intermédiaire dans l'exemple suivant. De même, la région peut être une variable de confusion, ou une variable explicative d'intérêt.

1. La régression linéaire multiple

1.1. Qu'est-ce qu'une régression linéaire multiple ?

La régression linéaire multiple est une extension de la régression linéaire simple. Elle s'en distingue par la prise en compte simultanée de plusieurs variables indépendantes X_h (ou variables explicatives).

Le modèle se formule comme suit :

$$Y = a + b_1X_1 + b_2X_2 + b_3X_3 + \cdots + b_hX_h + \varepsilon$$

Y est la **variable dépendante**. Comme pour la régression simple, la variable dépendante est une **variable quantitative**. Des **variables ordinales** sont parfois utilisées comme variables dépendantes, mais ce faisant, on pose l'hypothèse que les écarts entre les différentes modalités de l'échelle ordinale sont équivalents.

Les variables X_h sont les **variables indépendantes** (dites aussi variables explicatives).

Les **coefficients de régression partiels** b_h mesurent la variation de la variable dépendante (Y) par variation d'une unité de la variable explicative après avoir contrôlé l'effet des autres variables indépendantes du modèle.

La **constante a** du modèle représente la valeur prédite de la variable dépendante lorsque toutes les variables explicatives sont égales à 0.

Enfin, ε **est le terme d'erreur**, aussi appelé résidu. Il est égal à la différence entre Y, la valeur observée de la variable dépendante, et Ŷ, la valeur prédite par le modèle.

1.2. Objectifs

Plusieurs objectifs peuvent être assignés à la régression linéaire multiple.

o En sciences sociales, elle est souvent utilisée dans le but d'**évaluer l'effet** d'une variable indépendante sur une variable dépendante, en neutralisant – ou **contrôlant** – les effets d'autres variables indépendantes. Par exemple, on peut vouloir évaluer l'effet du sexe sur les revenus, en contrôlant le niveau d'instruction, parce qu'on suppose qu'une partie des différences de revenus entre hommes et femmes est liée à des différences de niveau d'instruction. En contrôlant le niveau d'instruction, on cherche donc à mesurer les différences de revenus entre hommes et femmes à niveaux d'instruction identiques (si les hommes et les femmes avaient le même niveau d'instruction). Ce type d'usage de la régression repose sur un modèle causal, explicite ou implicite.

o La régression multiple peut également être utilisée afin de trouver les meilleurs prédicteurs de la valeur d'une variable. L'objectif est alors de trouver un ensemble de variables permettant de **prédire** les valeurs de la variable dépendante.

Figure 6
Représentations simplifiées d'une régression simple et d'une
régression multiple à deux variables

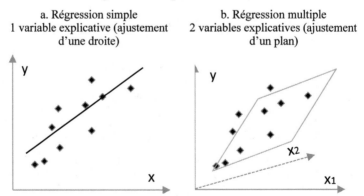

a. Régression simple
1 variable explicative (ajustement
d'une droite)

b. Régression multiple
2 variables explicatives (ajustement
d'un plan)

Source : *Enquête sociale européenne* (vague 2002), 21 pays. Calculs de l'auteur

o Alors que la régression simple peut s'interpréter comme l'ajustement d'une droite à un nuage de points par la méthode des moindres carrés ordinaires, la régression multiple consiste à ajuster un hyperplan à *h* dimensions (*h* étant le nombre de variables indépendantes) (à un nuage de points comportant *h+1* dimensions (les variables indépendantes + la variable dépendante). La figure 6 illustre la droite estimée par la régression simple (figure 6a) et le plan estimé par une régression multiple comportant deux variables indépendantes (figure 6b).

1.3. Comment réaliser une régression multiple ?

La technique

Comme dans le cas de la régression linéaire simple, les coefficients de la régression linéaire multiple sont estimés par la méthode des moindres carrés ordinaires (MCO). Comme expliqué dans le chapitre sur l'analyse bivariée [chapitre 5], cette méthode consiste à minimiser la somme des carrés des écarts entre les valeurs observées de Y et les valeurs $\hat{Y}$ prédites par le modèle pour chaque unité d'analyse *i*.

$$\sum (y_i - \hat{y}_i)^2 = \sum \varepsilon_i^2$$

Où : y_i est la **valeur observée** de la variable dépendante Y pour chaque unité d'analyse *i*,
$\hat{y}_i$ est sa **valeur prédite** par la régression

Il s'agit donc de trouver les coefficients de régression qui permettent de prédire des valeurs aussi proches que possibles des valeurs observées.

Les valeurs prédites du modèle (notées $\hat{Y}$) sont une combinaison linéaire des variables explicatives $(X_1, X_2,\ldots, X_h)$.

$$\hat{Y} = a + b_1X_1 + b_2X_2 + b_3X_3 + \cdots + b_hX_h$$

L'interprétation d'un coefficient de régression dans une régression multiple est un peu plus complexe que dans une régression simple. Il s'agit de la variation de la variable dépendante par variation d'une unité de la variable indépendante, lorsque **les autres variables indépendantes sont maintenues constantes**[1].

La démarche de modélisation

En sciences sociales, il est généralement important de disposer d'un modèle causal simplifié avant d'estimer une régression. Partir à la « pêche » aux variables explicatives en lançant une régression avec une variable dépendante et une série de variables indépendantes trouvées dans une enquête conduira certainement à des résultats statistiquement

---

[1]   Ce qui équivaut à l'expression classique : « Toutes choses égales par ailleurs ».

significatifs. On pourra même y trouver une interprétation. Mais cette manière de procéder n'est généralement pas appropriée.

Il est préférable d'identifier une ou plusieurs variables d'intérêt pouvant influencer une variable dépendante en se basant sur la littérature et la connaissance du phénomène qu'on souhaite analyser, et à les organiser en un modèle causal. Ce **modèle causal théorique** servira de guide à la fois pour la construction du **modèle statistique empirique** et pour l'interprétation des résultats de la régression. Un exemple sera sans doute plus éclairant :

1. La formulation d'une question de départ : « *Les personnes les plus instruites sont-elles plus favorables à l'immigration que les personnes sans instruction ?* » Plusieurs éléments théoriques suggèrent que les personnes plus instruites sont plus favorables à l'immigration. L'un d'eux repose sur l'idée selon laquelle les personnes les plus instruites sont moins susceptibles d'être en compétition sur le marché du travail avec les migrants que les personnes peu instruites. Elles seraient aussi plus ouvertes à d'autres cultures que les personnes moins instruites (Ortega et Polavieja, 2009).

2. On procède alors par étapes : il s'agit d'abord de mesurer la relation entre l'instruction et les attitudes face à l'immigration par une approche bivariée, c'est-à-dire en ne considérant qu'une seule variable explicative. Cela permet de mesurer ce qu'on appelle parfois l'**effet brut** du niveau d'instruction.

3. Afin de mesurer l'**effet causal** de l'instruction, il importe d'identifier les **variables de confusion** potentielles et de les contrôler dans le modèle de régression (Davis, 1985). L'âge pourrait « confondre » la relation entre le niveau d'instruction et les attitudes face à l'immigration. On peut en effet supposer que les personnes les plus âgées sont moins favorables à l'immigration, et qu'elles sont également moins instruites que les plus jeunes. La relation entre le niveau d'instruction et l'attitude face à l'immigration résulterait en partie de ces deux associations. L'âge serait ici une variable de confusion qu'il importe donc de contrôler.

4. C'est lors d'une troisième étape, qu'on tient compte de **variables intermédiaires**, qui, dans le modèle causal, se situent entre la variable dépendante et la variable explicative d'intérêt (ici l'instruction). La prise en compte de ce type de variable permet de mettre en évidence les mécanismes à travers lesquels une variable influence la variable dépendante. Imaginons qu'on dispose d'une variable sur « le sentiment d'être en compétition avec les immigrants sur le marché du travail » : cette variable pourrait alors jouer le rôle de variable intermédiaire dans le modèle.

5. Le **modèle empirique final** comporte l'ensemble de ces variables. Lorsque les variables de confusion et les variables intermédiaires sont contrôlées dans ce modèle, l'effet de la variable d'intérêt qui persiste est appelé **effet net** (Davis, 1985).

Il est donc important de savoir quel rôle est assigné à chacune des variables dans le modèle causal empirique. Comme on est souvent intéressé par l'**effet causal** : il est important de contrôler les **variables de confusion**. Par contre, les **variables intermédiaires** ne doivent pas, être contrôlées dans cette situation (Davis, 1985).

À noter ici que le statut d'une variable (variable de confusion, variable intermédiaire...) est relatif et dépend des hypothèses de recherche qui ont été formulées. Ainsi, on aurait pu se focaliser sur l'effet de l'âge sur les attitudes par rapport à l'immigration dans l'exemple précédent : dans ce cas, l'âge est la variable d'intérêt, et le niveau d'instruction devient une variable intermédiaire.

2. En pratique, comment procéder ?

Il ne s'agit pas ici de développer dans le détail la méthodologie statistique, mais davantage de donner les repères essentiels pour comprendre l'application et l'interprétation d'une régression linéaire multiple.

2.1. Quelles variables indépendantes et comment en interpréter les coefficients ?

La régression permet d'inclure des variables explicatives **quantitatives ou qualitatives**.

o Le coefficient de régression d'une **variable quantitative** s'interprète comme la variation de la variable indépendante par variation d'une unité de la variable indépendante.

o Dans le cas de **variables dichotomiques** (ou binaires), il faut veiller à ce que les modalités soient codées [1, 0]. Le coefficient de régression s'interprète par rapport à la modalité codée « 0 ».

o Pour être prises en compte dans un modèle de régression, les **variables nominales comportant plus de deux modalités** (variables polychotomiques) doivent faire l'objet d'un recodage via la création d'autant de variables dichotomiques codées [1, 0], ou variables *dummy*, qu'elles comptent de modalités [encadré 6]. Il faut ensuite choisir l'une de ces nouvelles variables et l'écarter du modèle : ce sera la **modalité de référence**. Comme pour les variables quantitatives, les coefficients de régression représentent la variation de la variable dépendante par variation d'une unité de la variable indépendante. Étant donné qu'il s'agit de variables dichotomiques, ces coefficients s'interprètent comme la différence entre la modalité de la variable initiale représentée par la variable dichotomique et la modalité de référence de la variable initiale.

2.2. Comment tester la signification statistique des variables explicatives ?

Certains tests sont ici les mêmes que ceux qui ont été présentés pour la régression simple :

o Le **test *t* de Student** pour évaluer le niveau de signification des **coefficients de régression**.

o Un **test *F* de Fisher** pour évaluer le niveau de signification du **coefficient de détermination R^2** qui mesure l'efficacité prédictive /explicative globale du modèle.

o Un **test conjoint spécifique au modèle multivarié**. Le test conjoint est intéressant quand il s'agit de tester la signification de plusieurs variables simultanément. On va alors comparer la variance expliquée R^2 de deux modèles à l'aide d'un test *F*. Le premier modèle [modèle **A**] comporte l'ensemble des variables explicatives, tandis que le second modèle [modèle **B**] est estimé en écartant les variables explicatives dont on désire tester la signification. Si le modèle **A** améliore de manière significative l'ajustement des valeurs prédites aux données, les variables supplémentaires (considérées dans leur ensemble) sont significatives.

C'est notamment le cas lorsqu'on a des variables indépendantes nominales, qui sont transformées en plusieurs variables dichotomiques. Ainsi, pour tester l'effet de la région (les 4 régions sont représentées par 3 variables *dummy*) sur les attitudes par rapport à l'immigration, on va comparer la variance expliquée par le modèle A qui inclut la région (représentée par les 3 variables *dummy*) et le niveau de vie, au modèle B où seule la variable niveau de vie est prise en compte, puisque l'H0 d'une absence d'effet de la variable région revient à annuler les coefficients des 3 variables *dummy*. En comparant les modèles 2 et 1 du tableau 1, le test *F* indique que, lorsque le niveau de vie est contrôlé, la variable « Région » considérée globalement n'est pas statistiquement significative : $F [3, 16] = 1,48$; $p = 0,26$.

Cette statistique est la suivante :

$$F[v - w, n - v - 1] = \frac{(R_A^2 - R_B^2)(n - v - 1)}{(1 - R_A^2) \cdot (v - w)}$$

Où : R_A^2 et R_B^2 sont les **coefficients de détermination** R^2 des deux modèles A et B

Le calcul des **degrés de liberté** *ddl* prend en compte les valeurs suivantes :

n : le nombre d'unités d'observation ($n = 21$ dans l'exemple)

v : le nombre de variables du modèle A (4, dont 3 *dummies* dans l'exemple)

w : le nombre de variables du modèle B (1 dans l'exemple). Ces variables sont un sous-ensemble des variables du modèle A, avec $v > w$.

2.3. Quelles variables retenir dans le modèle ?

Une question classique qui se pose est de savoir quelles variables retenir dans le modèle. Faut-il conserver des variables qui ne sont pas statistiquement significatives ? Doit-on conserver des variables dont l'effet est contraire au signe attendu ? La réponse à cette question dépend de plusieurs facteurs : les objectifs de la régression, le nombre d'observations disponibles…

En sciences sociales, une approche classique consiste à élaborer un schéma causal avant de construire le modèle de régression. Selon ce point de vue, chaque variable introduite dans le modèle a sa raison d'être. Le fait de **contrôler des variables de confusion** permet d'éviter de mesurer des **relations fallacieuses** ; introduire des **variables intermédiaires** vise à expliciter les mécanismes d'influence d'une variable sur d'autres. Dans ce cas, il convient de garder l'ensemble des variables dans le modèle, qu'elles soient ou non significatives.

Même si la tentation est grande d'éliminer du modèle les **variables non significatives**, il est préférable de les garder, car si ces variables sont importantes d'un point de vue théorique, les conserver permet de montrer clairement qu'elles ont été contrôlées. Par ailleurs, contrôler ces variables peut influencer les autres coefficients, même si elles ne sont pas significatives. On vient par exemple de voir que la variable « Région d'Europe » n'est pas significative, et pourtant, le fait de la contrôler atténue légèrement le coefficient des conditions de vie (tableau 1). À noter que, dans ce cas particulier, le faible nombre d'unités d'observations [$n = 21$] peut influencer le niveau de signification des relations : en d'autres termes, si on avait pu disposer d'un nombre plus important de pays, la variable région aurait peut-être été significative.

Qu'en est-il des variables dont le **signe est contraire aux attentes** ? Encore une fois, la décision de les garder ou non dépendra de plusieurs facteurs. Un conseil général est de ne pas trop vite exclure ce type de résultat qui peut ouvrir la voie à de nouvelles interprétations. Parfois aussi, un résultat inattendu révélera que la variable mesure mal le concept, qu'une variable de confusion n'a pas été contrôlée ou, qu'au contraire, une variable intermédiaire est contrôlée alors qu'elle ne devrait pas l'être[2].

2.4. Comment comparer les coefficients de régression ?

Hiérarchiser les effets des variables indépendantes et donc identifier celles qui « expliquent » le mieux la variation de la variable dépendante, implique que l'on puisse comparer les coefficients estimés par le modèle ou les modèles de régression. Le problème qui se pose ici est que les **coefficients de régression** sont exprimés en unités de mesure de la variable dépendante, mais **dépendent des unités de mesure des variables indépendantes**. Par conséquent, si une variable indépendante varie entre 0 et 1, et qu'une autre varie entre 0 et 100, les coefficients de régression ne seront pas comparables. Il peut, dans ce cas, être nécessaire de transformer les variables.

Une approche classique consiste à **standardiser** [encadré 7] l'ensemble des variables indépendantes, c'est-à-dire à les transformer de manière à ce que leur **moyenne soit nulle** et leur **écart-type égal à l'unité**. Une variation d'une unité représente donc une variation d'un écart-type. Si la variable dépendante est également standardisée, les coefficients de régression seront des **coefficients dits standardisés**. Un coefficient standardisé représente la variation de la variable dépendante (exprimée en écarts-types) associée à une variation d'un écart-type de la variable explicative. On notera qu'après standardisation, l'intercept *a* disparaît : les variables standardisées ont toutes une moyenne égale à 0. Si cette transformation modifie la valeur du coefficient de régression, il n'en modifie ni l'interprétation, ni la signification.

En pratique, il n'est souvent pas nécessaire de procéder au préalable à une standardisation des variables : la plupart des logiciels prévoient soit une option *ad hoc*, soit produisent automatiquement les coefficients standardisés à côté des coefficients non-standardisés dans les résultats proposés.

---

[2] Une variable intermédiaire est parfois tellement proche – en termes de sens et en termes statistiques – de la variable dépendante, qu'elle en absorbe une partie trop importante de la variabilité, ne laissant plus rien « à expliquer » aux autres variables indépendantes du modèle.

Encadré 7
La standardisation ou comment calculer une z-variable

En analyse multi variée, on traite simultanément des variables mesurées selon des échelles différentes. Ceci peut poser problème, notamment quand il s'agit de comparer les variables concernées ou leurs effets dans l'interprétation de résultats d'une régression multiple. Comment, par exemple, comparer l'influence de l'âge et du revenu sur une variable dépendante, alors que les unités de mesure sont différentes ? La solution à ce problème est la **standardisation** des variables en vue d'en harmoniser les échelles de mesure.

Pour standardiser une variable quantitative X on retire de chacun des scores x_i la valeur moyenne $\bar{x}$ de sa distribution et on divise cette différence par l'écart-type s_x de la distribution.

Ainsi la transformation standardisée Z de la variable X s'obtient comme suit :

$$z_i = \frac{(x_i - \bar{x})}{s_x}$$

Du fait de cette transformation, les variables Z ont toutes une moyenne = 0 et un écart-type et une variance = 1. Les variables ayant subi cette transformation (on les appelle souvent des z-variables) se mesurent toutes en nombre d'écarts-types par rapport à leur moyenne 0. C'est l'homogénéisation de leurs unités de mesure qui les rend comparables.

2.5. Que signifie le R^2 ? Quelle importance lui donner ?

Le coefficient de détermination R^2, représente la part de la variance de la variable dépendante « expliquée » par l'ensemble des variables indépendantes prises en compte dans le modèle. C'est aussi le complément à l'unité de la part de la variance « inexpliquée » ou résiduelle, c'est-à-dire 1 moins le rapport de la variance résiduelle (terme d'erreur) à la variance totale de la variable dépendante Y.

$$R^2 = 1 - \frac{variance_{résiduelle}}{variance_{totale}} = 1 - \frac{\Sigma(y_i - \hat{y}_i)^2}{\Sigma(y_i - \bar{y})^2}$$

Où : les y_i sont les valeurs observées auprès des unités d'analyse *i*,
$\hat{y}_i$ les valeurs prédites par le modèle,
$\bar{y}$ la moyenne de la variable dépendante.

On se rappellera que le **coefficient de détermination** R^2 varie de « 0 » à « 1 ». Une valeur de 0 indique que la variable dépendante n'est pas du tout corrélée aux variables indépendantes ; une valeur de 1 signifie que le modèle rend compte parfaitement des variations de la variable dépendante [chapitre 5]. Ce coefficient permet donc d'indiquer dans quelle mesure le modèle permet de prédire correctement les observations.

Il sert aussi à comparer la qualité prédictive de modèles portant sur différents ensembles de variables indépendantes portant sur un même échantillon (point 3.2).

La valeur de ce coefficient dépend aussi du **type d'analyse** : il peut atteindre des niveaux très élevés dans le cas d'analyses agrégées, mais il est généralement plus faible dans les analyses menées au niveau individuel tout en étant très significatif. Cela n'est pas un problème en soi : cela indique simplement que les comportements humains ne peuvent pas être modélisés par quelques variables (ce qui est plutôt rassurant). Dans le cas de modèles réalisés sur des données individuelles, on s'intéressera de préférence aux coefficients de régression et à leur niveau de signification qu'à la valeur du R^2.

Lors de comparaisons de différents modèles, il est préférable de recourir au R^2 **ajusté**, qui tient compte du nombre de variables explicatives dans le calcul du R^2. Le R^2 ajusté est toujours inférieur ou égal au R^2, et leur différence sera d'autant plus importante que le nombre d'observations est faible par rapport au nombre de variables explicatives. Alors que le R^2 augmente avec la prise en compte de variables supplémentaires, le R^2 ajusté peut, par contre, diminuer.

2.6. Comment présenter les résultats de la régression ?

La présentation des résultats d'une régression varie d'une discipline à l'autre. En sciences sociales, il est de coutume, comme présenté au tableau 1, de caractériser les différents modèles avec les coefficients de régression et d'indiquer leur niveau de signification par des astérisques. En économie et en épidémiologie, on présente plus couramment les **erreurs-types** et/ou les **intervalles de confiance** des coefficients de régression, ainsi que le **niveau de signification** (la p-valeur). Le R^2 **et son niveau de signification** y figurent également afin de donner une mesure de la qualité globale des modèles testés.

3. À quoi faire attention

Les hypothèses de base autorisant le recours à la régression linéaire multiple sont les mêmes que celles qui ont été présentées pour la régression simple : **linéarité** des relations, **indépendance des observations**, **homoscédasticité** et **normalité des résidus** [chapitre 5]. La prise en compte de plusieurs variables s'accompagne cependant de nouvelles contraintes.

3.1. La multicolinéarité

Quand des variables indépendantes sont trop étroitement associées, il devient difficile de dissocier leurs effets respectifs sur la variable dépendante. La **multicolinéarité** pose donc problème quand deux ou plusieurs variables indépendantes présentent une corrélation élevée ou qu'une variable indépendante est une combinaison linéaire de deux ou plusieurs autres variables indépendantes. Des exemples classiques sont la corrélation entre le revenu et le nombre d'années d'expérience professionnelle ou le nombre d'années d'études.

Dans le cas extrême où deux variables explicatives sont parfaitement corrélées, il est impossible de dissocier leurs effets sur la variable dépendante. Dans le cas plus courant où il existe une corrélation élevée (mais pas parfaite), la **multicolinéarité** va se traduire par des **erreurs-type élevées** et une certaine instabilité des coefficients de régression.

Comment identifier la multicolinéarité ? Un examen de la **matrice des corrélations** des variables indépendantes permet d'identifier des corrélations élevées entre couples de variables : on considère comme élevé un $r \geq 0,70$ dans des analyses agrégées.

Pour identifier des multicolinéarités plus complexes, comme le cas d'une variable indépendante qui correspond à une combinaison linéaire d'autres variables indépendantes, il faut recourir à des outils *ad hoc* comme la **tolérance** – ou son inverse le **VIF** (facteur d'inflation de la variance).

La tolérance de la variable indépendante X_h est égale à

$$\frac{1}{\text{VIF}} = \text{Tolérance } X_h = 1 - R_h^2$$

Où : R_h^2 est le coefficient de détermination de la régression qui a pour variable dépendante la variable X_h, et les autres variables explicatives comme variables indépendantes.

Une tolérance faible (ou un VIF élevé) indique qu'une part importante de la variation de la variable considérée, X_h, est déjà absorbée par les autres variables explicatives. En pratique, une tolérance inférieure à 0,2 (un VIF supérieur à 5) indique généralement une multicolinéarité.

Que faire en cas de multicolinéarité ? **Éliminer la variable** – étant donné que ce qu'elle mesure est déjà pris en compte par les autres variables – peut être une solution appropriée. Des **transformations de variables** peuvent également réduire ce problème, comme la création d'une nouvelle variable combinant les variables fortement corrélées en un indicateur composite. Une mesure plus radicale est de remplacer l'ensemble ou une partie des variables indépendantes par des facteurs indépendants issus de l'application d'une analyse en composantes principales [chapitre 6]. Enfin, comme la multicolinéarité est plus problématique dans le cas de petits échantillons, en augmenter la taille fait partie des solutions, quand cela s'avère possible.

3.2. L'additivité des effets des variables

Le modèle de régression linéaire est un modèle additif. Cela signifie, dans sa formulation simple, qu'en principe, l'effet d'une variable indépendante ne varie pas en fonction des valeurs d'une autre variable indépendante. Dans l'équation ci-dessous, on considère que l'effet de X_1 sur Y ne dépend pas de X_2, c'est-à-dire que le coefficient de régression b_1 ne varie pas en fonction de X_2. Dans l'exemple des attitudes face à l'immigration, cette hypothèse se traduit par des droites de régression parallèles dans chaque région d'Europe, ce qui implique que l'effet des conditions de vie soit identique dans chaque région d'Europe.

Si cette hypothèse simplificatrice est souvent valide, on peut cependant considérer, dans certaines situations, que l'effet d'une variable explicative varie en fonction d'une autre variable : il s'agit alors d'un **effet d'interaction** (Jaccard, *et al.*, 1990). Un exemple permettra de comprendre comment mesurer cet effet d'interaction :

Si on s'intéresse à l'effet du nombre d'années d'études (X_1) sur le revenu (Y) en contrôlant le sexe (X_2) de la personne, le modèle ci-dessous peut être représenté par deux droites parallèles (figure 7).

$$\widehat{Y} = a + b_1.X_1 + b_2.X_2$$

On peut cependant imaginer que l'effet du nombre d'années d'études (X_1) sur le revenu (Y) varie selon le sexe (X_2). Dans ce cas, il faut introduire un terme d'**interaction** entre X_1 et X_2 dans le modèle de régression.

$$\widehat{Y} = a + b_1.X_1 + b_2.X_2 + b_3.X_1.X_2$$

En réécrivant le modèle comme suit :

$$\widehat{Y} = a + (b_1 + b_3.X_2).X_1 + b_2.X_2$$

On voit ici que l'effet de X_1 (son coefficient de régression) varie en fonction de X_2, et que l'effet de X_2 varie en fonction de X_1. Graphiquement, cela se traduit par deux droites avec des pentes différentes (figure 7b). Les pentes différentes indiquent que l'effet de X_1 (années d'études) varie en fonction de X_2 (sexe). Cela correspond à la discrimination salariale entre hommes et femmes : les hommes ($X_2 = 0$) voient leur salaire augmenter plus rapidement en fonction de leur nombre d'années d'études que les femmes.

Figure 7
Une régression multiple à deux variables indépendantes,
sans interaction et avec interaction entre variables indépendantes

 a. Pas d'interaction entre X_1 et X_2 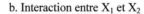 b. Interaction entre X_1 et X_2

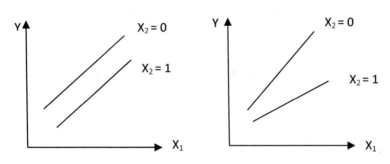

Plus on introduit de variables dans un modèle de régression, plus le nombre d'interactions possibles entre variables augmente, y compris des interactions d'ordre supérieur : avec trois variables indépendantes X_1, X_2 et X_3, il est théoriquement possible de créer trois interactions d'ordre 1, soit les interactions entre chaque couple de variables, mais aussi de créer une interaction d'ordre 2 combinant l'effet des trois variables $X_1X_2X_3$, etc. Tenir compte à chaque fois de toutes les interactions possibles conduit rapidement à une inflation du nombre de variables indépendantes (un terme d'interaction se comporte dans la régression comme une variable indépendante supplémentaire). Une approche réaliste est de ne tester une interaction que si l'on a de bonnes raisons de penser qu'il y a effectivement une interaction entre variables et que cela fait sens. Tester toutes les interactions possibles n'est généralement ni faisable ni souhaitable.

3.3. Le principe de parcimonie

La démarche de modélisation porte en soi l'idée d'une représentation simplifiée de la réalité avec l'intention d'en dégager les éléments les plus importants. Dans le cas de la régression multiple, il importe de ne pas introduire un trop grand nombre de variables indépendantes, et de façon générale, le nombre de variables indépendantes doit être très inférieur au nombre d'unités d'analyse. Le principe de parcimonie va un peu plus loin et recommande de choisir le modèle le plus vraisemblable, mais aussi le plus simple. Ce principe est d'autant plus important qu'ajouter des variables au modèle de régression va souvent se traduire par une augmentation de la valeur du coefficient de détermination multiple R^2, sans pour autant que les variables additionnelles présentent un niveau de signification satisfaisant ou que l'augmentation marginale du R^2 soit réellement importante. À l'analyste donc d'évaluer l'utilité de variables supplémentaires en tenant compte à la fois d'éléments quantitatifs (augmentation du R^2, niveau de signification des variables) et – surtout – de critères théoriques renvoyant à l'explication du phénomène étudié et du sens à donner aux modèles qui sont testés.

4. Pour aller plus loin

Paul D. Allison (1999 : 153-174) donne plusieurs pistes de traitement de **relations non-linéaires** entre la variable dépendante et la ou les variables indépendantes.

La question de la sélection des variables indépendantes (méthodes pas à pas, méthodes par élimination et par sélection) est abordée par David C. Howell (1998 : 571-633). Il traite également des méthodes de diagnostic d'observations influentes ou aberrantes.

On trouvera une présentation approfondie des méthodes de régression linéaire et de méthodes apparentées chez David G. Kleinbaum *et al.* (1998). Un chapitre est consacré aux interactions et aux variables de confusion (ch. 11 : 186-211). Des stratégies de sélection du « meilleur modèle » sont détaillées au chapitre 16 (386-422).

Les interactions en régression multiple sont traitées de façon spécifique par James Jaccard, Robert Turrisi et Choi K. Wan (1990).

Thomas H. Wonnacott et Ronald J. Wonnacott (1991) consacrent plusieurs chapitres à la régression simple et multiple. Ils abordent notamment les questions d'effets directs et indirects des variables indépendantes sur la variable dépendante. Ils proposent une brève introduction à la méthode d'analyse des chemins (*path analysis*), utilisée pour identifier ces influences directes et indirectes des variables indépendantes.

CHAPITRE 10

La régression logistique

Ester RIZZI

Religion et attitudes envers la sexualité en Italie

L'Italie est souvent considérée comme le pays d'Europe où la famille traditionnelle est encore très présente. Si le divorce n'y est plus exceptionnel, si les cohabitations et naissances hors mariage légal sont plus fréquentes, les niveaux restent encore bien au-dessous de la moyenne européenne (European Commission, 2013). Les rôles de genre restent asymétriques : la femme assure encore presque entièrement la charge du travail domestique et des soins aux enfants, même quand son activité à l'extérieur du ménage compte autant d'heures que celle de son conjoint. L'enquête *Generation and Gender* (2007) révèle qu'en Italie, les femmes actives à temps plein assurent encore près de 75% du travail domestique[1], ce qui équivaut à la répartition des tâches entre conjoints en vigueur dans l'ensemble des pays développés des années 1980 (Bittman et Wajcman, 2000). Enfin, le fait que la première expérience sexuelle des filles, comme celle des garçons, survient en moyenne plus tard que dans d'autres pays développés (Bajos *et al.* 2003) est un autre élément traduisant le caractère plus traditionnel de la société italienne.

Quand on cherche des explications à cette spécificité italienne, une hypothèse fréquemment avancée est celle de l'influence de la religion catholique. De fait, mesurée par la pratique au moins hebdomadaire des rites, la pratique religieuse est plus intense en Italie que dans la plupart des pays européens avec 31,5% de pratiquants contre 17,3% en Angleterre, 15,8% en Espagne, 7,2% en France et 3,2% en Suède. De même, à la question sur « *L'importance de Dieu dans la vie* », un tiers (33,8%) des italiens répondent « Très important ». Cette réponse est donnée par 23,3% des anglais, 13,4% des espagnols, 11,2% des français et 7,5% des suédois (*World Value Survey*, années 2005-2008)[2].

Il est vrai que l'Église catholique bénéficie d'une organisation à la fois très hiérarchisée et fortement décentralisée sur l'ensemble du territoire italien. La densité de son réseau de paroisses lui permet une

---

[1]   Analyse personnelle de l'enquête *Generation and Gender* italienne.

[2]   Les données ne sont pas disponibles pour la Belgique.

diffusion large des principes de la religion catholique aux fidèles – en valorisant notamment le mariage comme lieu privilégié et unique de pratique de la sexualité.

L'influence de la religiosité des italiens sur l'attachement aux valeurs traditionnelles constitue donc l'hypothèse centrale de l'étude qui est présentée ici.

Le sens du lien causal à établir entre l'importance accordée à la religion et les valeurs traditionnelles n'est pas d'emblée univoque. On peut indifféremment poser que le fait d'accorder de l'importance à la religion amène à adhérer à des valeurs traditionnelles concernant le mariage, la famille et les relations sexuelles en dehors du mariage... ou encore que l'adhésion à ces valeurs amène plus facilement à accorder de l'importance à la religion. L'option théorique privilégiée dans cette analyse considère l'importance accordée à la religion comme déterminant l'adhésion à des valeurs traditionnelles. Cette hypothèse pose donc que la socialisation à la religion préexiste à la socialisation aux rôles familiaux et à la sexualité. Malgré la nature transversale des données analysées ci-après, c'est en référence à cette hypothèse théorique que les résultats seront interprétés en termes causals.

La mise à l'épreuve de cette hypothèse a été réalisée à partir de l'enquête « *Sexualité et vie affective des jeunes italiens* » menée en 2000 sur un échantillon – représentatif des étudiants au niveau national – de 4.792 étudiants de première et deuxième année inscrits en facultés d'économie et de statistique. Âgés de 18 à 24 ans, ces étudiants ont complété le questionnaire pendant une heure de cours en présence de l'enseignant et d'un chercheur. L'enquête portait notamment sur leur vie affective et sexuelle (Dalla Zuanna, Crisafulli, 2004 ; Rizzi, 2004). Pour notre analyse nous nous intéressons aux étudiants de sexe masculin (n=2.001) et, parmi eux, à ceux qui ont donné une réponse valide (non-manquante) aux questions qui seront analysées ici, soit un total de 1.801 étudiants.

L'importance accordée à la religion a-t-elle un effet sur l'adhésion aux valeurs traditionnelles ?

Pour analyser l'effet de l'importance accordée à la religion par les étudiants sur leur adhésion aux valeurs traditionnelles, quatre variables ont été sélectionnées :

o   Être en total désaccord avec la situation où « *Un garçon a des rapports sexuels très précoces* » reviendrait à valoriser une sexualité retardée et réfléchie et est considéré par la suite comme un indicateur d'« Adhésion aux valeurs traditionnelles ». Pour construire la **variable dépendante dichotomique** à partir des réponses à cette question, un regroupement en deux modalités a été opéré : « Adhère » codé « 1 » et « N'adhère pas »[3], codé « 0 ».

o Et 3 **variables indépendantes qualitatives** : [1] l'« Importance de la religion » comporte 4 modalités ordonnées, [2] le « Niveau d'instruction du père » qui a été regroupé en 3 modalités ordonnées et [3] la « Région de résidence » qui répartit l'Italie en 4 régions.

Lors de l'enquête, un étudiant sur deux a manifesté son adhésion aux valeurs traditionnelles (=son désaccord avec une activité sexuelle précoce). Leurs réponses varient selon le degré d'importance qu'ils disent accorder à la religion (tableau 1) mesuré par la question « *Quelle est l'importance de la religion dans ta vie ?*». Parmi ceux qui considèrent que la religion est « Très importante », 62% ont marqué leur adhésion aux valeurs traditionnelles. Cette proportion diminue régulièrement, pour atteindre 36% d'adhésion aux valeurs traditionnelles parmi ceux qui n'attribuent « Aucune importance » à la religion.

Tableau 1

Adhésion aux valeurs familiales traditionnelles[+] selon l'importance accordée à la religion. Étudiants âgés de 18 à 24 ans, Italie 2000, n= 1.801

Importance de la religion	Adhésion aux valeurs traditionnelles Oui (1)	Non (2)	Odds (1)/(2)	OR
Très importante	61,4	37,9	1,62	**2,90**
Assez importante	47,6	51,8	0,92	1,64
Peu importante	45,0	54,7	0,82	1,47
Aucune importance [référence][4]	36,1	63,9	0,56	1

[†]L'attitude face à la précocité sexuelle masculine est ici un indicateur de l'adhésion aux valeurs traditionnelles

Source : *Enquête sur la sexualité et la vie affective des jeunes italiens*, 2000. Calculs de l'auteure

Les résultats issus de **l'analyse bivariée**[5] (tableau 1) témoignent à l'évidence d'une forte association entre l'importance accordée à la religion et l'adhésion aux valeurs traditionnelles.

---

3 « Adhère » regroupe les étudiants ayant marqué leur désaccord avec la proposition, tandis que la modalité « n'adhère pas » regroupe les étudiants qui se sont montrés favorables à la précocité des relations sexuelles des garçons.

4 Les OR (et les coefficients β) des modalités d'une variable indépendante sont calculés en référence à l'*odds* d'une des modalités de la variable choisie par le chercheur pour jouer le rôle de **modalité de référence**.

Une première mesure de cette association est la simple **différence de proportions** d'adhérents aux valeurs traditionnelles observés chez ceux qui accordent le plus d'importance à la religion et ceux qui n'y accordent pas d'importance : [61% – 36%], soit 25% d'écart lié à cette différence.

Une autre mesure d'association est l'*odds ratio* (OR) ou rapport de cotes [chapitre 3] qui s'obtient par comparaison des attitudes de ceux qui accordent le plus d'importance à la religion avec ceux qui n'y accordent pas d'importance : les premiers ont un *odds* d'adhérer aux valeurs traditionnelles qui est presque trois fois celui de ceux pour qui la religion n'a pas d'importance.

$$OR = \frac{odds_{\text{Très important}}}{odds_{\text{Aucune importance}}} = \frac{61,4/37,9}{36,1/63,9} = 2,90$$

Ayant choisi la modalité « Aucune importance » comme **modalité de référence**, le calcul des OR peut se poursuivre pour les modalités « assez importante » et « peu importante ». Les OR d'adhésion aux valeurs traditionnelles décroissent de 2,90 pour ceux qui considèrent que la religion est très importante à 1,47 pour ceux pour qui la religion est peu importante (tableau 1).

Le même résultat peut être obtenu par l'application d'un **modèle de régression logistique** à une seule variable indépendante : l'importance accordée à la religion expliquant ici l'adhésion aux valeurs traditionnelles (tableau 2, modèle 1). La spécificité du modèle de régression logistique est qu'elle est particulièrement bien adaptée aux **variables dépendantes dichotomiques** ou nominales, comme c'est le cas d'une grande partie des variables en sciences sociales.

Deux mesures d'effet sont présentées au tableau 2 : les coefficients β (bêta)[6] et les OR (*odds ratios*). Les logiciels statistiques produisent généralement les coefficients β comme résultat d'une régression logistique. Certains d'entre eux[7] affichent également les OR. Il est facile de calculer les OR à partir des coefficients β et vice-versa : l'OR est en effet l'exponentielle de β.

$$OR = e^{\beta} \text{ et, réciproquement, } \beta = \ln[OR]$$

---

[5] Les *odds* et les OR résultant d'une analyse bivariée correspondent aux « effets bruts » de l'importance accordée à la religion, par opposition aux « effets nets » [chapitre 9] quand l'effet d'autres variables est contrôlé (tableau 2).

[6] L'usage veut que les coefficients (non-standardisés) d'une régression logistique soient désignés par la lettre grecque β (bêta) : il ne faut pas les confondre avec les coefficients β standardisés des régressions linéaires.

[7] C'est notamment le cas des logiciels SAS, Stata et SPSS.

À titre d'exemple, le $\beta\beta$ (β=1,065) associé à la modalité « Très importante dans le vie » de la variable « Importance de la religion » correspond à un OR de 2,90 ($e^{1,065}$=2,90).

Comme pour la régression linéaire, la prise en compte de variables indépendantes nominales dans un modèle de régression logistique nécessite que toutes les modalités – sauf une – soient transformées en **variables binaires** codées [1 ; 0] [encadré 6] selon que l'unité d'observation présente ou non cette caractéristique [encadré 6]. La modalité omise servira de **modalité de référence** pour l'interprétation des effets de la variable. Certains logiciels statistiques effectuent automatiquement la transformation des modalités en variables binaires, mais il appartient au chercheur de choisir la modalité de référence afin d'assurer la cohérence des résultats et d'en faciliter l'interprétation.

Obtenus par un même procédé de transformation exponentielle, les OR des autres modalités de la variable « Importance de la religion » s'interprètent en référence aux attitudes de ceux qui déclarent que la religion n'a aucune importance. L'OR de 1,47 des étudiants qui déclarent que la religion est peu importante pour leur vie signifie que l'*odds* de cette modalité est de 1,47 fois l'*odds* de ceux qui considèrent que la religion n'a aucune importance dans la vie (la modalité de référence dont l'OR = 1).

On notera que les OR obtenus par la régression logistique à une seule variable indépendante (tableau 2 : effets bruts et modèle 1) sont exactement les mêmes que ceux qui ont été calculés à partir du tableau 1 pour la même variable. L'application d'un modèle de régression logistique a cependant l'avantage de produire les **niveaux de signification des coefficients**. De plus, le niveau de signification des coefficients β est le même que celui des OR correspondants (Kleinbaum et Klein, 2010).

Dans le cas de l'effet de l'importance accordée à la religion (tableau 2), tous les coefficients sont statistiquement significatifs (p<0,01 ou p<0,05).

Le niveau social d'origine et la région exercent-ils un « effet de confusion » ?

Comme c'est le cas de la régression linéaire multiple, la régression logistique permet d'estimer l'effet simultané de plusieurs variables explicatives sur la variable dépendante : on obtiendra de ce fait l'**effet net** ou **effet ajusté** de la variable indépendante principale en contrôlant l'effet potentiel d'autres causes possibles de la variable dépendante.

Dans l'exemple de l'adhésion aux valeurs traditionnelles, le niveau social d'origine de l'étudiant, de même que sa région de résidence sont des **variables de confusion potentielles**.

Tableau 2

Régressions logistiques de l'adhésion aux valeurs traditionnelles[†]. Étudiants âgés de 18 à 24 ans, Italie 2000, n= 1801

	N	Effets bruts β	Effets bruts OR	Modèle 1 B	Modèle 1 OR	Modèle 2 B	Modèle 2 OR	Modèle 3 β	Modèle 3 OR
Importance de la religion dans la vie									
Très importante	332	1,065	2,90 ***	1,065	2,90 ***	1,079	2,94 ***	1,128	3,09 ***
Assez importante	752	0,497	1,64 **	0,497	1,64 **	0,524	1,69 **	0,553	1,74 ***
Peu important	480	0,382	1,47 **	0,382	1,47 **	0,394	1,48 **	0,406	1,50 **
Aucune importance [réf.]	237	0	1	0	1	0	1	0	1
Niveau d'instruction du père									
Niveau faible	617	-0,119	0,89			-0,180	0,84	-0,160	0,85
Niveau moyen	803	-0,163	0,85			-0,216	0,81 *	-0,205	0,81
Niveau élevé [réf.]	381	1	1			0	1	0	1
Région de résidence									
Nord-ouest	787	-0,099	0,91					-0,086	0,92
Centre	555	-0,342	0,71 ***					-0,387	0,68 ***
Sud	11	-1,072	0,34					-1,180	0,31 *
Nord-est [réf.]	448	0	1					0	1
Intercept				-0,571		-0,438		-0,309	
-2 ln L				2506,25		2501,57		2488,29	
Pseudo R²				0,0168		0,0186		0,0238	

[†] Indicateur d'adhésion aux valeurs traditionnelles : attitude face à la précocité sexuelle masculine

*** p< 0,01 ; ** p<0,05 ; * p<0,10 ; non-significatif p>0.10

Source : *Enquête sur la sexualité et la vie affective des jeunes italiens*, 2000. Calculs de l'auteure

La littérature montre en effet que la religiosité est plus intense dans les couches sociales les plus basses, qui valorisent par ailleurs un comportement machiste chez les garçons, ce qui les rendrait plus tolérantes face à la précocité des relations sexuelles des garçons. À l'autre extrême de l'échelle sociale, les classes les plus favorisées seraient à la fois moins attachées à la religion et aux valeurs traditionnelles concernant la sexualité des garçons. Quel que soit le sens de ces relations, le fait que la classe sociale d'origine puisse être liée aux deux termes de la relation d'intérêt en fait une variable de confusion potentielle, dont il faut explorer l'impact. La variable « Niveau d'instruction du père du répondant » a été sélectionnée ici comme indicateur de sa classe sociale d'origine et introduit dans un modèle de régression avec l'« Importance accordée à la religion » (tableau 2, modèle 2).

La variable « Région de résidence » pourrait également être liée à l'importance accordée à la religion du jeune et à son attitude envers la sexualité. En Italie, les régions méridionales sont caractérisées par une religiosité plus forte et, simultanément, par un idéal machiste qui valorise la précocité des relations sexuelles des garçons. C'est pourquoi il a également été décidé d'introduire cette variable dans le modèle de régression (tableau 2, modèle 3).

On notera ici que la **modalité de référence** est celle qui – théoriquement – était associée à une faible adhésion aux valeurs traditionnelles, à savoir, avoir un père de niveau d'instruction supérieur. Cela nous permet d'obtenir des OR supérieurs à 1, plus faciles à interpréter. Selon la même logique, la modalité de référence de la région de résidence aurait dû être le Sud de l'Italie, mais les faibles effectifs de cette modalité (n=11) nous ont amenée à lui préférer la modalité Nord-Est.

Afin d'éprouver l'effet potentiellement confondant de ces deux variables, il était nécessaire de procéder à l'estimation des trois modèles emboîtés[1] (en cascade, imbriqués ou *nested models*) dont les résultats figurent au tableau 2. Le modèle 1 a produit les **effets bruts** de la variable « Importance accordée à la religion ». Les coefficients β bruts (ou les OR bruts) du premier modèle sont ensuite comparés aux **effets nets** (β nets ou OR nets) de la même variable, après l'introduction des autres variables indépendantes dans la régression, comme le niveau d'instruction du père du répondant (modèle 2) ou la région de résidence (modèle 3). Une forte variation des coefficients β (et des OR) de la variable indépendante principale (ici, l'importance accordée à la religion), suite à l'introduction de variables de contrôle, peut indiquer que ces variables « confondent » la relation d'intérêt. C'est alors, bien sûr, l'effet net qu'il convient d'interpréter en tenant compte de la variable de confusion.

---

[1] On aurait pu introduire les deux variables de confusion potentielle simultanément dans un seul modèle également.

L'effet du niveau d'instruction du père correspond à l'hypothèse qui a été posée. Tant en effet brut qu'en effet net, ce sont les étudiants dont le père a un niveau d'instruction « moyen » qui adhèrent le moins aux valeurs traditionnelles en matière de précocité des relations sexuelles chez les garçons (figure 1 et tableau 2).

Avoir sa résidence dans le Centre de l'Italie s'associe significativement à une adhésion moindre aux valeurs traditionnelles par rapport au Nord-est. En ce qui concerne l'hypothèse d'une valorisation de la sexualité masculine plus affirmée au Sud qu'au Nord du pays, les résultats obtenus ne sont pas statistiquement significatifs (probablement à cause des faibles effectifs de la modalité Sud). On se rappellera aussi qu'il s'agit d'une enquête réalisée auprès d'étudiants universitaires et, partant, d'une population plutôt privilégiée et sans doute sélectionnée en ce qui concerne l'origine sociale, ce qui peut produire des résultats différents de ceux qu'on aurait obtenus en population générale.

Figure 1

Odds ratios d'adhésion aux valeurs traditionnelles selon l'importance accordée à la religion – modèles 1, 2 et 3 (modalité de référence : « Aucune importance »)

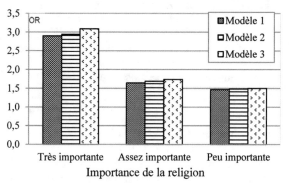

Source : Tableau 2 – *Enquête sur la sexualité et la vie affective des jeunes italiens*, 2000. Calculs de l'auteure

Les effets de ces variables de confusion potentielle restent constants d'un modèle à l'autre et n'interfèrent guère avec la relation d'intérêt : l'effet de l'importance accordée à la religion change peu lors du passage du modèle 1 aux modèles 2 et 3 (figure 1). Ceci permet de conclure que l'instruction du père et la région de résidence ne sont pas des variables de confusion par rapport à la relation d'intérêt et que l'effet de l'importance accordée à la religion sur l'adhésion aux valeurs traditionnelles est robuste dans l'univers des variables analysées (tableau 2).

1. Qu'est-ce qu'une régression logistique ?

La régression logistique est une technique statistique qui a été développée comme alternative à la régression linéaire multiple « classique » (dite des moindres carrés) **quand la variable dépendante Y** est une variable qualitative **dichotomique ou binaire.**

Dans ce cas particulier, en effet, la régression linéaire multiple n'est pas appropriée :

o D'abord, parce que la plupart des hypothèses qui en conditionnent l'application ne sont pas respectées : linéarité des relations, normalité des résidus, homoscédasticité. Ce non-respect est lié au fait que seules deux valeurs « 0 » et « 1 » peuvent être observées pour la variable dépendante (Pampel, 2000).

o Il y a aussi le fait que l'estimation de la **probabilité de survenue de l'événement étudié p[y=1]** à partir des coefficients estimés par la régression linéaire multiple peut dépasser les valeurs limites [0, 1] autorisées pour une probabilité :

   ▪ Quand une répartition assez égalitaire des individus entre les deux valeurs « 0 » (non réalisation de l'événement) et « 1 » (réalisation de l'événement étudié) est observée, l'estimation faite à partir de la régression linéaire multiple pourra se situer entre 0 et 1.

   ▪ Ce sera cependant plus rarement le cas de distributions asymétriques de la réalisation de l'événement, soit que les événements sont très fréquents, soit qu'ils sont particulièrement rares, comme les décès. Les estimations peuvent alors dépasser l'unité ou même être négatives.

Le problème posé par l'intervalle de variation des valeurs de la probabilité prédite par le modèle peut se résoudre par la **transformation logit de la variable dépendante.**

1.1. La transformation logit

Le **logit de la probabilité de survenue de l'événement étudié** *p[y=1]* se définit comme le logarithme népérien (ou naturel) du ratio entre la probabilité de survenue de l'événement étudié *p[y=1]* et la probabilité de non-survenue de l'événement *p[y=0]* ou *1- p[y=1]*, ce qui correspond au **logarithme népérien de l'*odds*** de survenue de l'événement :

$$\text{Logit p } [y=1] = \ln [p /(1-p)]$$

À cette transformation de la variable dépendante près, l'équation de la régression logistique ressemble beaucoup à celle de la régression linéaire multiple [chapitre 9] :

$$\ln [p/(1-p)] = \alpha + \beta_1 X_1 + \beta_2 X_2 + \ldots$$

La transformation logit permet donc d'avoir un variable dépendante, ln [*p/(1-p)*], dont les valeurs estimées peuvent varier de [-∞ à +∞], comme dans une régression linéaire, tout en respectant le champ de variation strictement positif [0, 1] des probabilités [*p*] et [*1-p*].

Le tableau 3 offre une illustration de cette solution en opérant la transformation logit à partir d'un éventail de valeurs de [*p*], **la probabilité de survenue de l'événement étudié**, et de son complément, **la probabilité [*1-p*] de non-survenue de l'événement**. Ces deux valeurs strictement positives, qui varient nécessairement de 0 à 1, servent à calculer les *odds* correspondants, dont les valeurs toujours positives, elles aussi, se situent dans un intervalle plus large variant de 0 à +∞, pour enfin aboutir au logarithme naturel des *odds*, dont les valeurs peuvent être négatives [-∞, +∞].

Tableau 3
Probabilités, *odds* et logits

P	(1-p)	p/(1-p) = *odds*	ln(*odds*) = logit (p)
0	1	0	-∞
0.10	0.90	0.11	-0.95
0.25	0.75	0.33	-0.48
0.50	0.50	1.00	0.00
0.75	0.25	3.00	0.48
0.90	0.10	9.00	0.95
1	0	+∞	+∞

Comme dans une régression linéaire, les **variables indépendantes** d'une régression logistique peuvent être soit **qualitatives**, soit **quantitatives**. Dans le cas d'indépendantes qualitatives, il faudra écarter une des modalités de la variable de la régression : cette modalité sera par la suite considérée comme **modalité de référence** pour le calcul et l'interprétation des effets des variables indépendantes. Dans les deux cas, une variation d'une unité de la variable X_h provoque une variation du logit p égale à β_h.

1.2. Les coefficients de régression β et OR

Comme on l'a vu dans l'étude de l'effet de l'importance accordée à la religion sur les valeurs traditionnelles, il est possible, à partir des coefficients de régression β, de calculer des *odds ratios* (OR) plus faciles à interpréter. Les deux formes sont équivalentes, mais un examen rapide des publications qui font état de résultats de régressions logistiques montre que les OR sont plus fréquemment utilisés par les épidémiologistes [chapitres 1 et 3] et les chercheurs en sciences sociales, alors que les économistes leur préfèrent les coefficients β.

1.3. La signification statistique des coefficients β et des OR

L'estimation des paramètres β de la régression logistique se base sur la **méthode du maximum de vraisemblance** (*Maximum Likelihood Estimation*) (Kleinbaum et Klein, 2010 ; Allison, 1999).

Cette méthode part de l'observation de la partition de la population en deux groupes distincts – celui qui réalise l'événement étudié et celui qui ne le réalise pas – et estime, par itérations, les paramètres des variables indépendantes du modèle qui permettent un reclassement optimal des individus entre ces deux groupes.[2]

Même si on ne peut associer de variance « à expliquer » à la variable dépendante d'une régression logistique, comme cela se fait pour la régression multiple classique, les procédures de maximum de vraisemblance offrent, comme mesure d'adéquation du modèle aux données, la vraisemblance maximale « *L* ». Celle-ci est en général exprimée sous la forme du logarithme népérien de la vraisemblance maximale « *ln L* ». En multipliant cette mesure par (-2), on obtient la statistique « *-2 ln L* » qui peut être assimilée à la « **déviance** » qui correspond à la **part de variation non expliquée** par le modèle.

Test de signification par le rapport de vraisemblance de deux modèles (LR)

La **statistique *-2lnL*** peut servir à comparer des modèles successifs correspondant à la prise en compte progressive de variables additionnelles ou à l'introduction de termes d'interaction. Une **diminution importante de la valeur de la déviance** d'un modèle au suivant **indique une amélioration globale du modèle** par rapport au précédent.

Dans l'exemple de l'adhésion aux valeurs traditionnelles, on observe (tableau 2) que cette mesure passe de 2.501,566 (modèle 2) à 2.488,295 (modèle 3) suite à l'introduction de la variable « Région de résidence ». Le modèle 3 présente une mesure de déviance moindre que celle du modèle 2, ce qui était attendu : en augmentant le nombre de variables indépendantes dans un modèle, son adéquation aux données s'améliore et donc la déviance di-

---

[2] Ces procédures fonctionnent par itérations et comme les critères de convergence des estimations successives et d'arrêt du processus itératif peuvent varier d'un logiciel à l'autre, il se peut que les paramètres estimés ne soient pas strictement identiques d'un logiciel à l'autre.

minue. Il s'agit ici de voir si cette diminution de la déviance est statistiquement significative.

Pour comparer l'adéquation de deux modèles, comme les modèles 2 et 3 qui diffèrent par l'ajout d'une seule variable indépendante, on calcule le **rapport de vraisemblance** (*Likelihood ratio, LR*). Le rapport entre logarithmes népériens revient à calculer une différence. L'application de cette méthode implique que le modèle 2 soit entièrement contenu dans le modèle 3 (on parle de « *nested models* » en anglais), ce qui est le cas ici.

$$LR = -2\ln (L_2 / L_3) = [-2\ln L_2] - [-2\ln L_3]$$

Cette différence s'approche d'une **distribution de Khi-deux** avec un nombre de degrés de liberté *ddl* égal à la différence du nombre de paramètres (ou coefficients) des deux modèles. On procède alors de la façon habituelle pour évaluer le niveau de signification statistique de cette différence en la confrontant à la valeur seuil du Khi-deux correspondant à l'hypothèse nulle H0 d'une absence de différence.

Dans l'exemple de l'adhésion aux valeurs traditionnelles, les modèles 2 et 3 diffèrent par la variable « région de résidence ». On teste alors l'hypothèse nulle que le coefficient de la variable « région de résidence » soit égal à zéro, donc que les deux modèles ne diffèrent pas dans leur adéquation aux données. Les logarithmes de vraisemblance (*lnL*) des modèles 2 et 3 estimés par le logiciel statistique sont respectivement -1.250,783 et -1.274,476. En les multipliant par -2 on obtient 2.501,566 et 2.488,295 (tableau 2). Le rapport de vraisemblance *LR* se calcule alors comme suit :

$$LR = [-2lnL_2] - [-2lnL_3] = 2.501,566 - 2.488,295 = 13,27$$

Avec 3 degrés de liberté (les deux modèles diffèrent par la variable « Région de résidence » représentée par 3 modalités et donc 3 coefficients), la table du Khi-deux donne pour cette valeur de *LR* un niveau de signification $p < 0,001$. On peut donc conclure que l'effet de la variable « Région de résidence » est globalement statistiquement significatif.

Ce test de comparaison de deux modèles, réalisé en vue d'évaluer statistiquement l'intérêt qu'il y a à ajouter une ou plusieurs variables indépendantes, permet donc, quand les deux modèles ne diffèrent que d'une seule variable, d'évaluer **le niveau global de signification de cette variable**. La logique est analogue à celle du test *F* utilisé en régression linéaire multiple [chapitre 9].

Test de signification par la statistique de Wald

Le rapport de vraisemblance de deux modèles emboités ne donne pas le détail des niveaux de signification de chacune des **modalités d'une indépendante qualitative**[3]. Il faut pour cela recourir à la **statistique de Wald**. Elle est égale au carré du rapport entre le coefficient β divisé par son **erreur-type** [encadré 2] et suit une distribution de Khi-deux à 1 degré de liberté. Le résultat de ce test, similaire au test *t* de la régression linéaire, est normalement fourni par les logiciels statistiques. On affiche habituellement ce niveau de signification par des astérisques dans les publications (tableau 2). Le niveau de signification des coefficients β – qui est le même que celui des OR – sert à évaluer que l'effet de la modalité de la variable n'est pas dû au hasard et diffère significativement de l'*odds* de la modalité de référence.

À ce niveau de signification on peut associer **l'intervalle de confiance à 95%** (IC 95%) [encadré 3] autour de l'estimation du coefficient ou de sa transformation en OR. À noter que si la valeur « 0 » est comprise dans l'intervalle de confiance du coefficient β, ce coefficient ne sera pas significatif au niveau $p<0,05$: dans ce cas, une possibilité non-négligeable que l'effet de cette modalité ne diffère pas de celui de la modalité de référence existe. Le même raisonnement vaut pour l'intervalle de confiance de l'OR, à ceci près que, dans ce cas, c'est la valeur « 1 » qui correspond à l'absence d'effet. La présentation des OR avec leur intervalle de confiance est davantage utilisée en épidémiologie.

Quel test préférer ?

Un avantage certain de la **statistique de Wald** est qu'elle est également d'application pour les coefficients des **variables indépendantes quantitatives**. Se pose dès lors la question du test à préférer pour ces variables : le **rapport de vraisemblance LR ou la statistique de Wald** donnent des résultats équivalents dans de grands échantillons, mais leurs résultats peuvent être différents dans de petits échantillons. Même si les statisticiens préfèrent généralement le *LR*, en pratique, le choix du test dépend largement du logiciel utilisé (Long & Cheng, 2004).

Le rapport de vraisemblance ou *Likelihood ratio* (*LR*) reste utile lorsqu'on compare deux modèles qui diffèrent de plus d'une variable. L'hypothèse nulle est alors équivalente au test que tous les paramètres additionnels du deuxième modèle sont égaux à zéro. Le rapport de vraisemblance peut également être utilisé pour évaluer le niveau de

---

[3] Sauf si la qualitative est binaire, comme le sexe qui est alors représenté par un seul coefficient dans le modèle de régression.

signification global d'un modèle : dans ce cas, le *LR* rapporte le *-2lnL* du modèle ne comportant que l'intercept α au *-2lnL* du modèle final (voir 2.4 ci-après).

Niveau de signification et taille de l'échantillon

Enfin, comme c'est le cas de la régression linéaire multiple, on observe un lien entre la taille de l'échantillon et le niveau de signification des coefficients de régression. Dans des échantillons de grande taille, des effets faibles peuvent s'avérer significatifs et, inversement, il faut parfois des effets importants dans de petits échantillons pour que leur niveau de signification soit acceptable. Cela demande au chercheur de veiller, non seulement, à la signification statistique des résultats, mais aussi à leur pertinence par rapport au phénomène étudié.

1.4. Et pour évaluer la qualité globale du modèle

Le pseudo-R^2

La méthode du maximum de vraisemblance (*Maximum Likelihood Estimation*) n'a pas pour objectif de minimiser la variance, dès lors la vraisemblance maximale *L* n'est pas une vraie mesure d'ajustement du modèle aux données. Cependant, pour offrir des mesures comparables à celles de la régression linéaire multiple classique, des *pseudo-R^2* ont été développés pour la régression logistique. Ils sont appelés ainsi parce que, comme les R^2 de la régression linéaire, ils varient souvent entre 0 et 1 et que des valeurs proches de « 1 » indiquent une meilleure adéquation aux données.

Pour cela, deux statistiques basées sur le logarithme népérien du maximum de vraisemblance sont utilisées (Pampel, 2000).

o *-2lnL$_0$* qui représente le **logarithme de vraisemblance** « *Log likelihood* » de reproduire les observations de la variable dépendante quand seul l'intercept α est pris en compte dans le modèle et qui mesure la **déviance** ou **variation totale à expliquer**, puisque, à ce stade, aucune variable indépendante n'est encore prise en compte.

o *-2lnL$_1$* qui représente le logarithme de vraisemblance « *Log likelihood* » de reproduire les observations de la variable dépendante quand **toutes les variables indépendantes** du modèle sont prises en compte.

o **L'écart relatif entre ces deux mesures** permet d'évaluer la réduction de la part d'erreur ou l'amélioration de l'estimation de la dépendante due à la prise en compte des variables indépendantes :

$$R^2 = [\,(-2lnL_0) - (-2lnL_1)\,]\,/\,{-2lnL_0}$$

Cette statistique et d'autres mesures dérivées, comme le R^2 de Cox et Snell (1989) ou le R^2 de Nagelkerke (1991) sont appelées *pseudo-R²*. Malgré leur ressemblance avec le R^2 du modèle linéaire, la littérature statistique s'accorde à dire que le *pseudo-R²* n'est pas une vraie mesure d'adéquation aux données du modèle, ni une mesure exacte de la part de variance prédite par le modèle, mais plutôt une comparaison entre le modèle complet et le modèle réduit (avec le seul intercept). La statistique du *pseudo-R²* a été présentée ici parce qu'elle figure souvent dans les résultats du modèle logistique estimés par les logiciels (tableau 2). Plusieurs corrections et ajustements ont été apportés à ce *pseudo-R²*, mais l'absence de consensus quant à la meilleure mesure de ce type, qui toutes donnent des résultats différents, doit tout simplement amener le chercheur à ne les utiliser que de façon indicative.

La proportion de cas classés correctement

Cette mesure se comprend aisément : elle compare le classement des observations en deux groupes, tels qu'estimés par le modèle, au classement événement/non-événement observé au départ. Les logiciels produisent en général un tableau croisant la partition de départ en deux classes avec la partition telle qu'estimée par le modèle. On divise alors la somme des cas correctement classés par la taille de l'échantillon pour obtenir la **proportion de cas classés correctement**. Plus cette proportion est élevée, meilleur est le modèle d'un point de vue statistique. Comme dans le cas du *pseudo-R²*, cette mesure fait rarement l'objet d'un commentaire dans les articles publiés.

1.5. Régression logistique et régression linéaire multiple

En conclusion, malgré leurs différences, la régression logistique et la régression linéaire multiple [chapitre 9] présentent beaucoup d'analogies. À noter qu'il s'agit bien d'analogies et non de correspondances au sens strict du terme en ce qui concerne les mesures de variation (*-2lnL* et *pseudo-R²*) (tableau 4).

Tableau 4
Les analogies entre régression linéaire et logistique

	Régression linéaire	Régression logistique
Variable dépendante	Quantitative	Qualitative binaire
Variables indépendantes	Quantitatives et qualitatives	Quantitatives et qualitatives
Modèle	Additif	Additif : dépendante $\ln[p/1-p]$ Multiplicatif : dépendante $[p/1-p]$
Coefficients	a et b (non-standardisés) β (standardisés)	Modèle additif : β (non-standardisé) Modèle multiplicatif : OR
Test de signification des coefficients	Test t	Test de Wald (Khi-deux) LR : rapport de vraisemblance
Variation à expliquer	Somme des carrés des écarts	$-2\ln L_0$ de base (intercept seul)
Non-expliquée	Somme des carrés des erreurs	$-2\ln L_i$ du modèle
Variation expliquée	Somme des carrés de la régression	Différence $[-2\ln L_0]-[-2\ln L_i]$
% de variation expliquée	R^2	Pseudo-R^2
Test global du modèle	Test F	Test Khi-deux du LR

2. En pratique, comment procéder ?

Comme pour la régression multiple classique, on se limitera ici à donner les repères essentiels pour comprendre l'application et l'interprétation d'une régression logistique.

2.1. La variable dépendante d'un modèle logistique

Le choix de la variable dépendante **dichotomique (ou binaire)**, dont les modalités seront codées « 1 » pour la réalisation de l'événement étudié et « 0 » pour sa non-réalisation, est bien entendu fondamental.

Dans l'exemple de l'adhésion aux valeurs traditionnelles, la variable dépendante est égale à 1 si le répondant adhère aux valeurs traditionnelles et 0 dans le cas contraire. Il s'agissait à l'origine d'une variable qualitative polychotomique qui a été transformée en variable dichotomique par regroupement de modalités.

Toute **variable dépendante quantitative** peut être transformée en **variable dichotomique** : le regroupement des valeurs en deux modalités distinctes doit, dans ce cas, correspondre à deux séries de valeurs qu'il est possible d'opposer. On peut, par exemple, distinguer entre les revenus se situant en dessous du seuil de pauvreté et les revenus qui sont supérieurs à ce seuil ; en regroupant les poids de naissance on peut distinguer entre les enfants nés avec un « petit poids » (un poids inférieur à 2.500g est associé à un accouchement survenu avant terme) et les enfants nés avec un poids égal ou supérieur à ce seuil. La valeur seuil séparant les deux modalités fait souvent référence à des différences significatives entre les deux groupes de personnes qu'elles rassemblent. On donnera alors la valeur « 1 » au groupe considéré comme à risque (de pauvreté ou de problèmes de santé dans les exemples cités) et la valeur « 0 » à l'autre groupe de valeurs, ou inversement, si l'étude s'intéresse plus particulièrement aux personnes qui ne présentent pas ce risque.

2.2. Les variables indépendantes

Les variables indépendantes d'un modèle de régression logistique peuvent être **qualitatives** ou **quantitatives**. C'est en tenant compte des hypothèses à tester que seront sélectionnées les variables indépendantes principales, les variables de contrôle (confusion) et les variables intermédiaires, afin de guider la stratégie d'analyse, comme pour la régression multiple classique.

Si les **variables indépendantes** sont **qualitatives**, leurs modalités doivent être introduites sous la forme de variables binaires [encadré 6] et la décision quant à la modalité à écarter du modèle de régression dûment réfléchie, puisqu'elle servira de **modalité de référence** au calcul et à l'interprétation des coefficients β (ou de OR) estimés par la régression.

Certains logiciels opèrent un choix par défaut qui n'est pas nécessairement le plus adéquat. Le critère le plus souvent utilisé est de sélectionner la modalité de la variable qui théoriquement représente le plus faible risque de voir se réaliser l'événement étudié. Dans ce cas, les coefficients β attendus des modalités incluses de la variable seront positifs et les OR supérieurs à 1, si cette variable exerce l'effet escompté. Adopter un critère de ce type permet plus facilement de repérer les variables exerçant l'effet le plus important sur la dépendante.

> Dans l'analyse de l'adhésion aux valeurs traditionnelles, la modalité de référence de la variable « Importance de la religion » correspond à la réponse « Aucune importance ». Il s'agit de la modalité qui présente à priori la plus faible association avec l'adhésion aux valeurs traditionnelles. En obtenant des OR supérieurs à 1 pour toutes les autres modalités de cette variable, le sens des effets attendus ont été effectivement vérifiés par la régression logistique.

Il est important de veiller à ce que les différentes modalités d'une variable qualitative soient suffisamment fréquentes dans l'échantillon. Certains auteurs recommandent (Peduzzi *et al.*, 1996) qu'il y ait au minimum dix réalisations de l'événement étudié par modalité. Descendre en dessous de ce seuil nécessite de regrouper les modalités trop peu fréquentes avec une autre modalité qui peut être considérée comme proche. Des modalités trop peu fréquentes peuvent produire des coefficients instables et donner lieu à des OR anormalement élevés[1] ou anormalement faibles.

2.3. L'interprétation des résultats d'une régression logistique

L'interprétation des résultats d'une régression logistique se base soit sur les **coefficients** β, soit sur les **OR**, soit encore sur les **probabilités**, cette dernière option nécessitant une transformation supplémentaire (voir ci-après).

Les logiciels statistiques estiment en principe les coefficients β, mais pas toujours les OR correspondants qu'il est, dans ce cas, facile de calculer en opérant la transformation exponentielle e^β. Il en va de même des intervalles de confiance (IC 95%).

Les coefficients β s'interprètent de la même façon que les coefficients (non-standardisés) d'une régression linéaire multiple [chapitre 9]. Le modèle de régression logistique se présente, dans ce cas, comme un modèle additif et linéaire.

---

[1] Malgré la faiblesse du nombre d'étudiants résidant dans le Sud de l'Italie (tableau 2 : 11 cas), les OR ne sont pas anormalement faibles dans l'exemple développé ici.

o Un coefficient β positif indique qu'une unité de variation de la variable indépendante (si elle est quantitative) ou la réalisation de la modalité (si elle est qualitative) va augmenter de β le **logit de** *p* : à un β>0 correspond un OR>1.

o Un coefficient β négatif, va, à l'inverse, diminuer ce logit : à un β<0 correspond un OR<1.

Le sens et l'importance de ces coefficients, de même que leur niveau de signification, font partie intégrante de l'interprétation des résultats, interprétation qui est mise en relation avec les hypothèses formulées au départ de l'étude. Il va sans dire que les changements de valeur des coefficients, qui surviennent lors du passage des effets bruts aux différents effets nets produits par les régressions successives, doivent également ment faire l'objet d'interprétations.

Les coefficients β de variables qualitatives s'interprètent par rapport à la modalité omise de ces variables : un β positif signifie que le passage de la modalité de référence à cette modalité augmente d'autant le logit de *p*. S'il s'agit d'une variable ordinale, l'importance relative des β des différentes modalités peut également, si leur ordre correspond à celui de l'ordonnancement de la variable de départ, amener à conclure à une association globalement positive ou négative de cette variable sur la dépendante.

Dans l'exemple sur l'adhésion aux valeurs, l'importance accordée à la religion est une variable ordinale et les β des différentes modalités indiquent une association positive avec la variable dépendante d'adhésion aux valeurs traditionnelles.

La valeur de l'intercept α correspond à l'estimation de base du logit de *p* quand tous les coefficients β sont égaux à 0. L'intercept doit être pris en compte si on décide de présenter les résultats en termes de probabilité (voir ci-après pour le calcul). Dès lors, même si l'intercept α n'est pas utile au calcul des OR, ni à leur interprétation, il est préférable de mentionner la valeur de l'intercept dans le tableau des résultats.

Les **OR** sont souvent utilisés en sciences sociales. L'avantage des OR est qu'ils sont relativement faciles à interpréter : leur effet sur la variable dépendante s'exprime, en effet, en termes d'augmentation [si l'OR est supérieur à 1] ou de diminution [si l'OR est inférieur à 1] de l'*odds* de réalisation de la variable dépendante. À noter qu'un OR de 1 ou proche de cette valeur signifie que l'effet de cette modalité n'est pas significativement différent de l'effet de la modalité de référence.

o Les éditeurs de revues se plaignent cependant de l'assimilation trop fréquente des OR avec des risques relatifs lors de leur interprétation. Un OR de 3 **ne signifie pas** que le risque associé à cette modalité de la variable est le triple du risque associé à la modalité de référence. Comme on l'a vu au tableau 3, la valeur d'un *odds* est d'ailleurs systématiquement supérieure à celle de la probabilité (ou du risque) correspondant. L'*odds* compare la réalisation de l'événement à sa non-réalisation, alors que la probabilité ou le risque compare la réalisation de l'événement au total de l'échantillon. L'OR compare l'*odds* d'une modalité spécifique d'une variable indépendante à l'*odds* de la modalité choisie comme référence, tandis que le risque relatif RR compare le risque (ou probabilité) de la modalité à celui de la modalité de référence.

o Une façon correcte d'interpréter un OR de 3 est donc d'écrire que l'*odds* de cette modalité est le triple de celui de la modalité de référence. Le terme français de cote et de rapport de cotes est correct, mais moins fréquemment utilisé : la plupart des auteurs se contentent du terme anglais *odds*. Certains auteurs français l'interprètent en termes de « chance », mais la chance étant souvent considérée comme le complément du risque, il convient d'éviter cette formulation.

o En dehors de cet aspect sémantique, l'**interprétation des OR** s'accompagne de leur **niveau de signification** ou de l'**intervalle de confiance** dans lequel se situe leur valeur estimée. Un OR ayant un niveau de signification dépassant 5% [$p>0,05$] (et considéré comme non-significatif, si c'est le seuil convenu dans la recherche) aura en principe un intervalle de confiance à 95% comprenant la valeur «1».

o Il se peut qu'une variable considérée globalement exerce un effet significatif, même si toutes ses modalités n'ont pas un effet significativement différent de celui de la modalité de référence. Il se peut également qu'une variable soit globalement non significative alors qu'une de ses modalités l'est. Pour un test du niveau de signification de la variable qualitative dans son ensemble, on utilise le **rapport de vraisemblance** *LR*.

o Il n'est en principe pas licite de comparer strictement les valeurs des OR d'une variable qualitative à l'autre. L'OR étant une mesure relative par définition, son importance numérique à l'intérieur d'une variable dépend de la valeur de l'*odds* de la modalité de référence. Si l'*odds* de référence est très faible, on obtient plus facilement des OR importants pour les autres modalités et inversement.

2.4. L'estimation de la probabilité p et de l'odds de p

On peut procéder au calcul de la **probabilité *p* de survenue de l'événement** étudié ou encore de la **valeur estimée de l'*odds* de *p***, pour des groupes d'individus présentant des configurations particulières de caractéristiques, à partir des OR produits par la régression logistique.

On estime la probabilité p de survenue de l'événement par la formule suivante :

$$\hat{p} = \frac{e^{\alpha+\beta_1 X_1+\beta_2 X_2+\cdots}}{1 + e^{\alpha+\beta_1 X_1+\beta_2 X_2+\cdots}}$$

Il suffit de remplacer les coefficients α et β dans la formule par leurs valeurs correspondantes estimées.

Ainsi, la probabilité d'adhérer aux valeurs traditionnelles pour les jeunes qui considèrent que la religion est très importante est, selon cette formule (tableau 2, modèle 1) :

$$\text{Probabilité estimée} = \frac{e^{\alpha+\beta X}}{1 + e^{\alpha+\beta X}} = \frac{e^{-0,571+1,065*1}}{1 + e^{-0,571+1,065*1}} = 0,62$$

L'introduction de la variable instruction du père dans le modèle 2 (tableau 2, modèle 2) permet de préciser le profil du répondant : ainsi, ceux qui considèrent que la religion est très importante, et dont le père a un niveau d'instruction élevé, ont une probabilité estimée d'adhésion aux valeurs traditionnelles de 0,65. Cela s'obtient comme suit :

$$\text{Probabilité estimée} = \frac{e^{\alpha+\beta X}}{1 + e^{\alpha+\beta X}} = \frac{e^{-0,438+1,079*1+0*1}}{1 + e^{-0,438+1,079*1+0*1}} = 0,65$$

Comme la modalité « Niveau d'instruction élevé » est la modalité de référence de la variable « Niveau d'instruction du père » dans le modèle 2, son coefficient vaut zéro (tableau 2, modèle 2). La probabilité obtenue ici est très proche de celle qui a été calculée à partir du modèle 1, ce qui démontre encore une fois la stabilité de l'effet de l'importance accordée à la religion sur l'adhésion aux valeurs traditionnelles dans cet échantillon d'étudiants universitaires italiens.

À noter que si la variable avait été mesurée sur une échelle quantitative, comme par exemple un degré d'importance accordée à la religion évalué en référence à une échelle variant de 0 à 10, il aurait fallu multiplier le coefficient β par la valeur correspondante, soit par 7 si le répondant avait évalué cette importance à « 7 », et non pas par « 1 » (ou « 0 »), comme ce doit être le cas d'une variable dichotomique.

On peut calculer ces probabilités pour des profils plus complexes : cela dépend du nombre de variables introduites dans le modèle.

L'estimation de l'*odds* de la variable dépendante à partir des résultats de la régression logistique s'opère tout simplement en remplaçant les OR estimés dans la formule multiplicative :

$$[p/(1-p)] = e^\alpha . e^{\beta_1 x_1} . e^{\beta_2 x_2} . e^{\beta_3 x_3} ...$$

qui peut aussi s'écrire :

$$[p/(1-p)] = OR_\alpha . OR_{x_1} . OR_{x_2} . OR_{x_3} ...$$

2.5. La stratégie d'analyse

Comme dans le cas de la régression linéaire multiple classique, il est utile de réaliser **plusieurs régressions en cascade**. On peut par exemple procéder d'abord [1] à une estimation des **coefficients de régression bruts** (β ou OR) des variables indépendantes, par l'application de modèles comportant à chaque fois une seule variable indépendante, puis [2] introduire progressivement les ensembles de variables de contrôle (ou de confusion) et, enfin, [3] les variables intermédiaires, qui vont à ces différentes étapes produire des **coefficients de régression nets** (β ou OR).

L'interprétation des résultats porte à la fois sur la comparaison globale des modèles successifs (appelés modèles imbriqués ou *nested models*) via la statistique *-2lnL* ou un *pseudo-R^2* et sur les coefficients β ou OR des variables indépendantes et leur niveau de signification.

La stratégie de réalisation de régressions en cascade permet de vérifier si les coefficients β (ou OR) de la variable (ou des variables) indépendante(s) d'intérêt restent stables en présence des autres variables prises en compte dans le modèle. D'importantes fluctuations de la valeur des coefficients β et de leur niveau de signification d'un modèle à l'autre indiquent l'effet de variables de confusion ou la nécessité d'introduire des effets d'interaction dans le modèle. Ces effets doivent faire l'objet d'interprétations.

Dans notre exemple sur l'adhésion aux valeurs traditionnelles, l'effet de la variable « Importance accordée à la religion » reste stable d'un modèle à l'autre, ce qui témoigne de la robustesse de cet effet.

2.6. La présentation des résultats

La présentation des résultats se fait habituellement sous forme d'un tableau qui est identifié de façon complète (voir tableau 2). Le titre du tableau doit préciser l'événement étudié (les résultats ne seront pas les mêmes, selon que l'événement étudié est la naissance à terme ou la naissance avant terme, que l'on s'intéresse aux déterminants de la réussite scolaire ou à ceux de l'échec). On documentera également les variables indépendantes, leurs modalités ainsi que la modalité de référence. Enfin, l'échantillon sur lequel l'analyse a été réalisée ainsi que la source des données doivent être précisés.

Les résultats des régressions successives (en cascade, emboîtées…) y figurent habituellement comme suit :

o   Si cette information n'a pas été fournie au préalable, une première colonne précise le nombre d'unités d'analyse caractérisés par les modalités des variables indépendantes.

o   Les colonnes suivantes reprennent dans l'ordre : d'abord les OR bruts (ou les β bruts) et leur niveau de signification ou leur intervalle de confiance, puis les résultats des modèles successifs avec les OR nets (ou les β nets), leur niveau de signification ou leur intervalle de confiance.

Les dernières lignes du tableau reprennent, pour chaque modèle, l'intercept α, et selon les préférences du chercheur, le nombre de cas classés correctement par le modèle, le *pseudo-R²* et la valeur du *-2 ln L*.

3. À quoi faire attention

Le modèle logistique estime le « Logit p », à savoir une transformation de la probabilité, alors que ce que l'on observe dans la réalité est une variable dichotomique qui prend soit la valeur « 1 », soit la valeur « 0 », sans valeurs intermédiaires, et non pas une probabilité. Ce qui ne facilite pas la compréhension de ce modèle. À titre de comparaison, l'unité de mesure de la variable observée Y et celle de la variable prédite Ŷ coïncident dans la régression linéaire classique.

Certains auteurs essaient de résoudre cette question en posant que la variable dépendante binaire est la manifestation d'une variable latente qui n'est pas observée. Dans l'étude sur l'adhésion aux valeurs traditionnelles, il y aurait une attitude sous-jacente non-observée vis-à-vis de la précocité sexuelle qui varierait de manière continue entre une valeur minimale 0 et une valeur maximale 1. Ce qu'on observe en est la réalisation binaire : au-delà d'un certain seuil d'adhésion aux valeurs traditionnelles, l'étudiant répondrait qu'il n'est pas d'accord avec la précocité sexuelle masculine, en dessous de ce seuil, il répond qu'il est d'accord. La variable latente et le seuil ne sont pas observés, mais ce que l'on observe en est la réalisation finale Y. La probabilité prédite p peut alors être vue comme la prédiction d'une variable latente (ou non observée) p.

D'autres avertissements concernant le modèle logistique sont à partager avec le modèle de régression linéaire multiple classique présenté au chapitre précédent.

o Les problèmes posés par la **multicolinéarité** sont les mêmes : une association trop importante entre variables indépendantes a comme conséquence de rendre difficile l'estimation des coefficients respectifs des variables en cause. Un examen préalable de la matrice des coefficients de corrélation des indépendantes quantitatives s'avère donc utile. Dans le cas de variables qualitatives, on peut vérifier, par l'examen de tableaux de contingence [chapitre 3], si des modalités issues de variables différentes sont trop étroitement associées.

o Quand une modalité d'une variable indépendante prédit parfaitement la réalisation (ou la non-réalisation) de la variable dépendante, on se trouve devant un cas de **prédiction parfaite**. Un exemple : une étude de l'accès à l'emploi en fonction du niveau d'instruction où tous les enquêtés de niveau d'instruction universitaire ont décroché un emploi. Cela peut poser un problème de convergence et produire des coefficients infinis. Une solution simple est de regrouper les modalités de la variable indépendante concernée.

o Il convient de respecter un **équilibre** entre la taille de l'échantillon analysé, le nombre de variables indépendantes prises en compte et la fréquence de l'événement étudié. Un événement relativement rare associé à des caractéristiques peu fréquentes dans l'échantillon peut aboutir à un odds de 0 ou proche de 0, ce qui va produire des OR instables et souvent irréalistes. Veiller à respecter le critère d'un minimum de 10 réalisations de l'événement dans chacune des modalités des variables indépendantes comme le proposent Peduzzi *et al.* (1966) peut s'avérer utile.

o Quand on estime les coefficients d'une régression logistique, on n'estime pas un lien causal mais une **association**. C'est le modèle théorique établi préalablement qui fait que ces résultats peuvent s'interpréter en termes causals. À noter cependant, que les revues scientifiques préfèrent qu'on se limite à une interprétation en termes d'association, réservant les interprétations causales aux analyses se basant sur des données longitudinales.

o Comme pour la régression linéaire multiple, l'objectif du modèle logistique est double : d'une part, mesurer l'effet des variables indépendantes X_i sur la probabilité de réalisation de Y (ou sur l'odds de Y) et d'autre part, prédire la probabilité de Y (ou l'odds de Y) avec le maximum de précision à partir d'une série de prédicteurs. La première approche est dite « explicative » et la deuxième approche « prédictive ». L'étude présentée au premier paragraphe a opté pour une approche explicative qui se focalise sur l'effet de l'importance accordée à la religion, les autres variables indépendantes ayant un statut de variables de contrôle ou de confusion. Dans une approche strictement prédictive, le choix des variables aurait pu être différent, dans la mesure où c'est l'efficience qui est visée. En d'autres termes, l'objectif est de tenter de reproduire au mieux la répartition entre réalisation et non-réalisation de l'événement Y. Lorsqu'on utilise l'approche prédictive, toute une série d'indicateurs sont disponibles dans la littérature concernant la qualité de l'adaptation du modèle aux données : il s'agit de mesures « d'ajustement » ou d'adéquation aux données (en anglais, *goodness of fit*), comme le *pseudo-R²*.

4. Pour aller plus loin

On trouvera un exposé sur la violation des hypothèses du modèle linéaire dans le cas de variable dépendante binaire et une présentation de la logistique à partir des limites du modèle linéaire dans l'ouvrage de David Knoke, George W. Bohrnstedt et Alisa Potter Mee (2002 : 297-299). Pour un approfondissement voir Long (1997).

Plusieurs textes abordent la méthode du **maximum de vraisemblance**. Pour leur clarté, je conseille le chapitre 4 de l'ouvrage de David G. Kleinbaum et Mitchel Klein (2010) et la présentation qu'en a faite Paul D. Allison (1999 : 15-17).

Des mesures de la qualité de l'adaptation du modèle aux données plus pertinentes (mais aussi plus complexes) que le pseudo-R^2 sont présentées dans le chapitre 9 de David G. Kleinbaum et Mitchel Klein (2010). Ces mesures comparent le modèle estimé avec le « modèle saturé »[2] correspondant.

Long (1997) détaille le lien entre les coefficients β du modèle logistique et les OR. On y trouve également une présentation plus complète de l'estimation de la probabilité de survenue de Y à partir des résultats d'une régression logistique.

L'OR d'une **variable d'interaction** se fait selon un calcul particulier, qui tient compte du fait que l'effet de X se compose d'un effet principal et d'un effet d'interaction. Pour plus de détails voir David G. Kleinbaum et Mitchel Klein (2010 : 87-91).

Les logiciels statistiques ne produisent pas tous les intervalles de confiance pour les OR. On trouvera des exemples de calcul des IC 95% chez David G. Kleinbaum et Mitchel Klein (2010 : chapitre 5).

---

[2] Un modèle est dit « saturé » quand il comporte tous les effets possibles des variables indépendantes prises en compte. Ceci implique qu'à côté de l'effet simple de chacune des variables, on considère également toutes les interactions possibles entre ces variables indépendantes.

Si la variable dépendante est polychotomique ou ordinale, il est possible d'estimer un modèle logistique qui conserve le détail de ces modalités. On parlera dans ce cas de **logistiques ordinales** et de **logistiques multinomiales**. Pour une application et une aide à l'interprétation des résultats dans ce cas, voir les chapitres 5 et 6 de l'ouvrage de Paul D. Allison (1999).

Le **modèle probit** donne des résultats identiques au modèle logit dans le cas des variables dichotomiques. Pour David Knoke et al. (2002), le mode logit est toutefois préférable parce qu'il peut aussi facilement s'appliquer au cas de variables dépendantes polychotomiques ou ordinales.

CONCLUSION

CHAPITRE 11

Interpréter les résultats

Godelieve MASUY-STROOBANT

Se présentant sous une forme chiffrée, les résultats d'analyses statistiques se parent d'une aura d'objectivité qu'il convient de relativiser : les interpréter, c'est aussi tenir compte du caractère réducteur de la quantification de comportements, d'opinions et d'attitudes, qui bien souvent « *ignore le non-dit, l'intuitif, les sentiments.* » (Foucart, 2001 : 22)

D'après le dictionnaire Larousse, « *Interpréter, c'est chercher à rendre compréhensible, à traduire, à donner un sens à* ». La phase d'interprétation se distingue donc clairement de la phase d'analyse des données proprement dite et de la présentation commentée des résultats produits par l'analyse.

Interpréter les résultats c'est en décoder le sens en référence au contexte théorique de la recherche, tout en tenant compte des limites imposées par le mode de recueil des données, la façon dont les concepts théoriques ont été opérationnalisés, la stratégie d'analyse adoptée pour mettre les hypothèses à l'épreuve, l'évaluation de la qualité des résultats obtenus et leur confrontation avec la littérature portant sur un même objet.

La tentation est grande, lors de cette étape de la recherche, de généraliser les résultats obtenus. Cette possibilité dépend cependant en grande partie du mode de collecte des données.

Par-delà ces différentes façons d'objectiver les résultats, cette phase de la recherche qui conclut l'étude réalisée met aussi en jeu la subjectivité du chercheur. Sa connaissance du phénomène étudié et du contexte dans lequel il s'inscrit, sa compréhension des mécanismes sous-jacents sont autant d'éléments qui lui sont propres et qui vont d'une façon ou d'une autre nourrir sa stratégie de recherche, les choix qu'il-elle sera amené à poser et sa façon d'interpréter les résultats obtenus.

1. Le contexte théorique de la recherche

En dehors d'analyses descriptives *stricto sensu*, le chercheur cherche à expliquer, voire comprendre, le phénomène social qu'il analyse. Pour cela il-elle a formulé des hypothèses et les a articulées entre elles en vue de proposer le modèle conceptuel qui guidera sa recherche. La mise à l'épreuve des hypothèses et du modèle qui en a été dérivé implique que les concepts soient opérationnalisés (observés, mesurés) à l'aide des variables disponibles. L'interprétation de ses résultats l'amène tout naturellement à revenir au modèle conceptuel et à évaluer dans quelle mesure ses analyses lui ont permis de répondre à sa question de recherche.

« Dans quelle mesure » renvoie à deux stades distincts de cette évaluation :

o Le **modèle conceptuel** établi dans la phase théorique peut comporter des concepts et des relations entre concepts qui n'ont pu – pour diverses raisons – être mis à l'épreuve des faits, soit que certains concepts ne sont pas observables ou que les données disponibles ne permettent pas de les opérationnaliser. La réalité sociale est complexe et les méthodes quantitatives comportent des limites, notamment quant au nombre de variables qu'il est possible de traiter simultanément. Lors de l'interprétation des résultats, il faut donc rester conscient de la distance inévitable entre le modèle théorique « idéal » et les conditions dans lesquelles il a été mis à l'épreuve des faits par le modèle statistique « empirique ».

o Les concepts en jeu dans le modèle théorique subissent souvent un appauvrissement de leur définition lors de la phase d'**opérationnalisation**. Ainsi, la religiosité des étudiants italiens est mesurée par leur réponse à une question sur l'importance qu'ils accordent à la religion dans leur vie [chapitre 10], l'attitude globale des populations face à l'immigration est évaluée par la proportion de personnes favorables au départ des immigrants chômeurs [chapitre 9], etc. Or, le simple bon sens nous dit que la religiosité ne peut se résumer à la réponse à cette seule question et que l'attitude face à l'immigration est un concept certainement plus complexe que le seul indicateur utilisé. Il faut également tenir compte de la façon dont l'information a été recueillie, en particulier quand elle peut renvoyer à un jugement social ou moral, comme le niveau d'instruction ou l'attitude face aux immigrés : livrer cette information de façon anonyme par auto-questionnaire ou à un enquêteur en face-à-face peut produire des réponses différentes.

Les techniques d'analyse exposées dans cet ouvrage mesurent toutes des associations entre variables. Les interpréter **en termes de cause(s)**, même si elles procèdent d'une analyse de dépendance, telles que les régressions, renvoie également aux hypothèses de départ et à la proposition d'un mécanisme permettant d'assigner les statuts de cause et d'effet aux concepts mis en relation [chapitre 1]. La causalité est en principe plus facile à établir quand on dispose d'enquêtes longitudinales, mais moyennant un certain nombre de précautions, les données transversales le permettent aussi.

Si **causalité** il y a, elle est **nécessairement partielle**. En effet, les résultats d'une analyse quantitative s'expriment généralement en termes partiels : la proportion de variance « expliquée » par la régression, la proportion de cas classés correctement, la part d'inertie initiale absorbée par le (petit) nombre de facteurs retenus... Ils sont le plus souvent assortis de leur niveau de signification statistique, qui mesure la **marge d'erreur** associée à l'existence ou non d'une relation entre variables : mais le niveau de signification n'est en rien une mesure absolue, quand on sait qu'un niveau de signification élevé peut être associé à de très faibles effets, si l'échantillon est de grande taille, et qu'à l'inverse le niveau de signification peut ne pas atteindre le seuil souhaité, même si en réalité il y a un effet, quand l'**échantillon est trop petit** [chapitre 1].

2. Tenir compte du déroulement de la recherche

La recherche en sciences sociales est souvent jalonnée de choix et de compromis qu'il importe de justifier. Ils servent de balises à l'évaluation de la qualité des résultats et des limites dans lesquelles il est possible de les interpréter.

La distance qui nécessairement s'établit entre la théorie et sa mise à l'épreuve des faits a déjà été signalée. Rentrent en ligne de compte la **qualité des données** disponibles et le mode de traitement des **non-réponses** qui, si elles sont écartées de l'analyse, peuvent amener le chercheur à travailler sur une **population sélectionnée** (= ceux qui ont répondu aux questions d'intérêt), sans oublier les limites imposées par **les techniques statistiques** utilisées.

Au vu du coût d'un recueil (élevé) de données « sur mesure », l'analyse se base souvent sur des données existantes, qu'il s'agisse de données administratives ou de données d'enquêtes réalisées par ailleurs : on parle alors d'**analyse secondaire**. L'existant impose inévitablement des limites à ce qu'il est possible d'explorer, tant en termes de taille des populations concernées, que du mode de collecte, de la richesse et de la précision des informations collectées.

La question du **biais de sélection** inhérente au mode de collecte des informations ne peut être éludée. Les enquêtes auxquelles la participation est volontaire, les enquêtes téléphoniques, et les enquêtes par internet s'adressent à des populations particulières dont il faut cerner les motifs de participation ou de réticence à participer. Plus insidieux sont les biais de sélection induits par les questions posées dans une enquête : des questions perçues comme intrusives ou s'intéressant de trop près à ce qui relève de la vie privée, pourraient être éludées ou mal répondues par certaines personnes. Si celles-ci partagent des caractéristiques communes (étrangers, personnes âgées…), l'analyse des données issues de ces questions risque de porter sur une population sélectionnée qui pourrait différer de façon sensible de la population initialement ciblée par l'enquête.

On a évoqué la difficulté, souvent rencontrée, d'**opérationnalisation exhaustive des concepts** complexes qui sont au centre de la question de recherche et des hypothèses qui ont été formulées en vue d'y répondre. La construction d'indicateurs au moyen d'analyses factorielles [chapitres 6 et 7] peut offrir une solution à ce type de problème, mais encore faut-il que toutes les dimensions du concept puissent être représentées par les données disponibles. Donner du sens aux résultats consiste à les interpréter en fonction de la partie du concept qui a effectivement été mesurée et analysée.

La technique d'analyse est en principe choisie de manière à se conformer à la fois au modèle théorique et au niveau de mesure des données disponibles. À ces critères il convient d'ajouter que le choix d'une technique en particulier ou d'une stratégie de recherche plus complexe intégrant plusieurs techniques dépend aussi de facteurs plus subjectifs, tels que les préférences du chercheur ou son habileté à tirer parti au mieux des techniques disponibles. À des degrés divers, les **techniques statistiques comportent toutes des limites**, notamment en ce qui concerne le ratio entre nombre de variables qu'il est possible de traiter simultanément et la taille de l'échantillon. Cela est surtout vrai pour les analyses de dépendance [chapitres 9 et 10], mais l'est aussi dans le cas des analyses factorielles et de classification [chapitres 6, 7 et 8].

La recherche de la façon dont s'organisent les unités d'observation dans l'univers des variables qui ont été sélectionnées tend à **identifier des régularités** dans les associations qui sont révélées par l'analyse. Ce faisant, on peut avoir tendance à **oublier les situations hors normes** – celles qui s'écartent du schéma général : en général peu nombreuses, il peut s'agir d'unités d'analyse caractérisées par des valeurs extrêmes (*outliers*) pour une ou plusieurs des variables analysées, ou encore d'unités d'analyse présentant des associations entre variables qui s'écartent du schéma général ou du schéma attendu. Comme la moyenne, de même que toutes les statistiques qui se basent sur la moyenne peuvent être affectées par ces valeurs extrêmes, on leur réserve habituellement un traitement particulier, soit que ces valeurs dérangeantes sont recodées, soit que les unités d'analyse concernées sont tout simplement mises à l'écart. Il peut être intéressant, lors de l'interprétation des résultats, de revenir sur ces cas extrêmes qui pourraient d'ailleurs faire l'objet d'une analyse spécifique. Il en va de même de l'analyse des unités d'observation qui ont été écartées de l'analyse principale au motif qu'elles comportent des données manquantes sur une au moins des variables prises en compte.

3. La confrontation à la littérature sur le sujet

De la confrontation des résultats à ceux d'autres études portant sur un objet proche ou analogue, divers enseignements peuvent être tirés : soit que les résultats obtenus s'en écartent sensiblement – et dans ce cas il faut se demander pourquoi –, soit qu'ils s'alignent (ou peuvent en être déduits logiquement) sur ce qui a déjà été publié dans d'autres circonstances, d'autres lieux ou avec d'autres méthodes. S'il est souvent difficile en sciences sociales de trouver des études en tous points semblables à celle qui a été menée, nous allons cependant développer ici les quelques réflexions qui suivent.

Si les résultats s'écartent sensiblement des hypothèses formulées à partir de la littérature ou de résultats obtenus sur des phénomènes similaires, tenter d'identifier les éléments qui expliqueraient ces divergences peut s'avérer très fécond :

o Un **problème technique** pourrait être à l'origine des divergences, comme par exemple la taille de l'échantillon analysé : de taille trop faible, l'échantillon ne permet pas de produire des résultats ayant le niveau de signification requis.

o L'éventualité d'un biais de sélection doit systématiquement être explorée, mais il peut aussi s'agir d'un **problème d'ordre conceptuel** : les concepts principaux n'ont pas été opérationnalisés de façon comparable à ce qui a déjà été publié.

o Même s'ils s'écartent de ce qui est déjà connu, les résultats obtenus peuvent aussi refléter un **changement réel de situation** : plus récente ou se référant à un contexte socioculturel différent de ce qui se trouve dans la littérature, la recherche peut amener à relativiser ce qui est considéré comme acquis jusqu'alors.

Des résultats en tous points conformes à l'existant, mais obtenus en référence à un autre contexte, une période plus récente ou plus ancienne, peuvent s'inscrire dans une logique de **cumulativité des résultats**. Cette logique est surtout intéressante quand la recherche sur un phénomène particulier est tenue de se limiter à des échantillons de petite taille, des populations locales ou très spécifiques. Une addition de résultats convergents portant sur des observations réalisées dans des contextes différents permet de leur donner davantage de stabilité, voire de généralité.

4. La généralisation des résultats

L'analyse des données s'intéresse principalement à la mise en évidence de régularités dans les relations entre variables. Même s'il est évident que ces « régularités » reflètent par définition des comportements, des attitudes ou des intentions que partagent plusieurs – si pas un nombre important – d'individus, leur « **généralisation** » à une population plus importante que l'échantillon qui a effectivement été observé, est, il faut le rappeler, soumise à un certain nombre de conditions [chapitre 1]. Parmi celles-ci, le **hasard** qui a présidé à la sélection des unités d'observation, une **taille d'échantillon suffisante** pour avoir des estimations assez précises, etc.

Les **réalités du terrain** font que les conditions idéales peuvent rarement être toutes rencontrées. Une connaissance approfondie de la façon dont la collecte des données a été organisée, y compris le caractère probabiliste ou non de l'échantillon sélectionné, le taux de participation, l'analyse des caractéristiques des non-participants, vient s'ajouter à l'évaluation de la qualité des données analysées afin de décider dans quelle mesure la généralisation peut s'opérer. Au chercheur, donc, d'évaluer soigneusement dans quelle mesure les règles ont pu être respectées et quelles sont les conséquences des accidents de terrain (les biais de sélection et les défauts de représentativité sont sans doute les plus dommageables), sur les possibilités – éventuellement partielles – de généralisation.

L'**extrapolation** des résultats à une population autre que la population de référence de l'enquête est encore plus délicate. L'extrapolation consiste à « *prolonger une série statistique ou la validité d'une loi scientifique au-delà des limites dans lesquelles celles-ci sont connues* » (Le petit Larousse). Cette forme d'extrapolation s'apparente à de la prospective et s'assortit généralement d'un certain nombre de conditions du type : « Si rien de change, on observera… ».

Par extension, le dépassement de la limite temporelle peut aussi s'entendre comme une extension territoriale : l'enquête a eu lieu dans toutes les écoles d'une province et on souhaite extrapoler les résultats à l'ensemble de la région, voire du pays. Ceci ne peut se faire sans qu'un certain nombre d'hypothèses soient posées qui renvoient – entre autres – aux similitudes des populations ou des institutions que vise l'extrapolation : mais, peut-on raisonnablement extrapoler des résultats obtenus auprès des élèves de la région namuroise à ceux de la région bruxelloise ?

5. La part de créativité du chercheur

À l'instar de l'artiste ou de l'artisan qui se doivent d'acquérir la maîtrise des techniques nécessaires à l'expression de leur art et de leur savoir-faire, l'expertise en analyse des données passe par une initiation à la manipulation de logiciels statistiques et une compréhension suffisante des outils statistiques et de leurs potentialités. La maîtrise technique, alliée à une connaissance suffisante du phénomène social à analyser, vont aider le chercheur à décider de l'éclairage particulier selon lequel les données seront analysées afin de pouvoir répondre aux questions qu'il-elle se pose à leur propos.

C'est sa maitrise de l'outil qui lui permettra de prendre certaines libertés dans la façon de l'utiliser. Le recours à la plupart des techniques statistiques introduites dans cet ouvrage s'accompagne de « **critères** » – souvent mécaniques – **de sélection des résultats** : en régression on recommande de plutôt s'intéresser aux « effets » dont le niveau de signification est de $p<0,05$ au minimum ; dans le cas des analyses factorielles, on retiendra les composantes ou les facteurs qui représentent au moins autant de variance qu'une des variables initiales ; il convient, en analyse de classification, d'arrêter le regroupement des unités d'analyse juste avant qu'un « saut » de perte d'information se produise… Il faut se rappeler que ces seuils ne sont en rien absolus, mais seulement habituellement utilisés, et qu'ils servent principalement de référence ou d'aide à la décision pour le chercheur. Ils restent, en effet, subordonnés à d'autres critères : ceux qui **donnent du sens** aux résultats ou qui permettent d'analyser au mieux les données disponibles. Ainsi, retenir un facteur de plus, parce que, justement, il est fortement associé à une variable initiale qu'on ne peut écarter sans tenter de comprendre pourquoi elle ne s'associe pas à des facteurs plus représentatifs de l'espace variables initial, ou encore conserver une variable peu ou pas significative dans le modèle de régression, parce que cette variable représente un concept important dans le cadre théorique qu'il s'agit de tester, sont des libertés que le chercheur peut prendre tout en justifiant les choix posés.

Partir des données de base pour construire des indicateurs permettant de mieux « mesurer » les concepts qu'ils sont censés représenter, fait également appel à l'imagination (créatrice)… une imagination qui doit cependant tenir compte de la nécessité de tester la validité de ces nouvelles constructions.

C'est aussi dans la **stratégie de recherche** adoptée que peut s'exprimer sa créativité : comme de recourir à plusieurs techniques en cascade, telle que la séquence classique analyse factorielle – classification pour établir de typologies, opérer un premier tri de variables via une analyse factorielle avant de recourir à une régression, ou encore passer par une analyse factorielle des correspondances pour transformer des variables qualitatives en variables quantitatives via les scores factoriels en vue de les introduire dans des modèles de régression linéaire, etc.. Il est certain qu'à chaque étape, ces stratégies transforment, le plus souvent en les synthétisant, les variables initiales : seule une parfaite maîtrise des outils et la conscience des conséquences des choix posés permettent d'en interpréter adéquatement les résultats.

Bibliographie

La bibliographie se décline ici en deux parties : la première reprend les références aux publications méthodologiques évoquées par les auteurs, tandis que la seconde rassemble les références aux études qui ont été servi d'illustration aux méthodes d'analyse des données qui ont été sélectionnées pour ce manuel d'introduction à l'analyse multivariée des données en sciences sociales.

Ouvrages de référence

ACOCK, A. C. (2005). Working with missing values, *Journal of Marriage and Family*, 67, pp. 1012-1028.

ALDENDERFER M.S., BLASHFIELD R.K. (1984). Cluster Analysis, *Quantitative Applications in the Social Sciences*, 07-044, Newbury Park CA, Sage.

ALLISON P. D. (1999). *Multiple Regression. A Primer*, London, Sage.

ALLISON P. D. (1999). *Logistic regression using the SAS system: theory and application*, Cary (NC), SAS Institute Inc.

ALLISON, P. D. (2001). Missing data, *Quantitative Applications in the Social Sciences*, 07-136, Thousand Oaks CA, Sage.

AMYOTTE, L. (1996). *Méthodes quantitatives : applications à la recherche en sciences humaines*, Saint-Laurent (Québec), ERPI, Éditions du renouveau pédagogique.

ARDILLY P. (2000). *Les techniques de sondage*, Paris, Technip.

BENZÉCRI J.-P. (1980). *Pratique de l'analyse des données*, Paris, Dunod.

BLALOCK H. (ed.) (1985). *Causal Models in the Social Sciences*, Hawthorne, Aldine de Gruyter.

DAVIS J. (1985). The logic of causal order, *Quantitative applications in the social sciences*, 07-055, Newbury Park CA, Sage.

DE VAUS, D. (2008). *Analyzing Social Science Data. 50 Key Problems in Data Analysis*, London, Sage.

DEATON A. (1997). *The Analysis of Household Surveys. A Microeconometric Approach to Development Policy*, Washington D.C., Banque Mondiale.

DERVIN C. (1992). *Comment interpréter les résultats d'une analyse factorielle des correspondances ?*, Paris, Collection STAT-ITCF.

DUNTEMAN, G. H. (1989). Principal Components Analysis, *Quantitative Applications in the Social Sciences*, 07-069, Newbury Park CA, Sage.

EVERITT B. (1974). *Cluster Analysis*, Social Science Research Council, Heinemann Educational Books.

EVERITT B., LANDAU S., LEESE M., STAHL D. (2012). *Cluster Analysis*, Wiley Series in Probability and Statistics, Chichester, John Wiley & sons Ltd, [5th edition].

FOUCART T. (2001). L'interprétation des résultats statistiques, *Mathématiques & Sciences humaines*, 39 (153), pp. 21-28.

FOX, W. (1999). *Statistiques sociales*, Paris/Bruxelles, De Boeck Université.

GIBBONS J.D. (1993). Nonparametric Measures of Association, *Quantitative Applications in the Social Sciences*, 07-*091*, Newbury Park CA, Sage.

GREEN E. (2007), Guarding the gates of Europe: A typological analysis of immigration attitudes across 21 countries, *International Journal of Psychology*, 42(6), pp. 365-379.

GREENACRE M. J. (2010). *Correspondence analysis*, Wiley.

GREENACRE M., BLASIUS J., (eds.) (2006). *Multiple Correspondence Analysis and Related Methods*. London, Chapman & Hall/CRC.

HARTWIG F., DEARING B. E. (1979). Exploratory data analysis, *Quantitative Applications in the Social Sciences*, 07-*016*, Beverly Hills CA, Sage.

HOSMER D. W., LEMESHOW S. (2000). *Applied Logistic Regression*, New York, John Wiley & sons.

HOWELL D. (1998), *Méthodes statistiques en sciences humaines*, Paris/Bruxelles, De Boeck.

JACCARD J., TURRISI R., WAN C.K. (1990). Interaction Effects in Multiple Regression, *Quantitative Applications in the Social Sciences*, 07-*072*, Newbury Park CA, Sage.

JACKSON D.J. AND BORGATTA E. F. (1981). Factor Analysis and Measurement in Sociological Research. A Multi-Dimensional Perspective, *Sage Studies in International Sociology,* 21, Sage.

JACOBY W.G. (1991). Data theory and dimensional analysis, *Quantitative Applications in the Social Sciences*, 07-*078*, Newbury Park CA, Sage.

JAMSHIDIAN M. (2004). Strategies for analysis of incomplete data, in: M. Hardy, A. Bryman, *Handbook of data analysis.* London, Sage, pp. 113-130.

JÖRESKOG K. G., SÖRBOM D. (1979). *Advances in factor analysis and structural equation models.* New York, University Press of America.

KANJI G. K. (2005). *100 Statistical Tests*, London, Sage.

KIM J.-O., MUELLER C. W. (1978). Factor Analysis. Statistical Methods and Practical Issues. *Quantitative Applications in the Social Sciences*, 07-*014*, Beverly Hills CA, Sage.

KIM J.-O., MUELLER C. W. (1978). Introduction to Factor Analysis, *Quantitative Applications in the Social Sciences*, 07-*013*, Beverly Hills CA, Sage.

KLEINBAUM D. G., KLEIN M. (2010). *Logistic regression: a self-learning text*, New York, Springer [3d edition].

KLEINBAUM D., KUPPER L., MULLER K. ET NIZAM A. (1998), *Applied Regression Analysis and Other Multivariable Methods*, Pacific Grove, Duxbury Press.

KLEINBAUM D.G., KUPPER L.L., MORGENSTERN H. (1982). *Epidemiologic Research*, New York, Van Nostrand Reinhold.

KNOKE D., BOHRNSTEDT G.W., POTTER MEE A. (2002). *Statistics for Social Data Analysis*, Belmont CA, Thomson & Wadsworth.

KRUSKAL J.B., WISH M. (1978). Multidimensional Scaling, *Quantitative Applications in the Social Sciences*, 07-011, Beverly Hills CA, Sage.

LANGBEIN L.I., LICHTMAN A.J. (1978). Ecological Inference, *Quantitative Applications in the Social Sciences*, 07-010, Newbury Park CA, Sage.

LE ROUX B., ROUANET H. (2010), Multiple Correspondence Analysis, *Quantitative Applications in the Social Sciences*, 163, Sage.

LEBART L., PIRON M., MORINEAU A. (2006). *Statistique Exploratoire Multidimensionnelle*, Paris, Dunod, [4ᵉ édition].

LONG J. S. (1997). Regression Models for Categorical and Limited Dependent Variables, *Advanced Quantitative Techniques in the Social Sciences* 7, London, Sage.

LONG J. S. (1983). Confirmatory Factor Analysis, *Quantitative Applications in the Social Sciences* 07-033, Newbury Park CA, Sage.

MACKIE J. (1974). *The Cement of the Universe: A Study of Causation*, Oxford, Oxford University Press

MIETTINEN O.S. (1976). Estimability and estimation in case-referent studies, *American Journal of Epidemiology*, 103, pp. 226-235.

MOHR L.B. (1990). Understanding Significance Testing, *Quantitative Applications in the Social Sciences*, 07-073, Newbury Park CA, Sage.

ORTEGA F. et POLAVIEJA J., (2009). Labor market exposure as a determinant of attitudes towards immigration, *Working Paper 245, Instituto Juan March de Estudios e Investigacion*, Madrid.

PAMPEL F.C. (2000). Logistic regression: a primer, *Quantitative Applications in the Social Sciences*, 07-132, Thousand Oaks CA, Sage.

PEDUZZI L., CONCATO J., KEMPER E., HOLFORD T.R., FEINSTEIN A. (1996). A simulation of the number of events per variable in logistic regression analysis, *Journal of Clinical Epidemiology*, 49(12), pp. 1373-1379.

QUIVY R., VAN CAMPENHOUDT L. (2011). *Manuel de recherche en sciences sociales*, Paris, Dunod, [3ᵉᵐᵉ édition].

ROBINSON W. S. (1950). Ecological correlations and the behavior of individuals, *American Sociological Review*, 15, pp. 351–57.

ROTHMAN K. J. (1986). *Modern Epidemiology*, Boston/Toronto, Little, Brown and Company.

ROTHMAN K. J., GREENLAND S., POOLE C., LASH T. (2008). *Modern epidemiology*, Philadelphia, Wolters Kluwer/Lippincott Williams & Wilkins, [3ᵈ edition].

SAPORTA G. (2006). *Probabilités, analyse des données et statistiques*, Paris, Technip.

SCHWARTZ D. (1994). *Le jeu de la science et du hasard*, Paris, Flammarion.

SELZ M. (dir.) (2012). *La représentativité en statistique*, coll. Méthodes et savoirs, Paris, INED.

TACQ J. (1997). *Multivariate Analysis Techniques in Social Sciences Research*, London, Sage.

TENENHAUS M. (2007). *Statistique. Méthodes pour décrire, expliquer et prévoir*, Paris, Dunod,

VAN BELLE G. (2008). *Statistical Rules of Thumb*, Wiley series in probability and statistics, Hoboken N.-J., Wiley & sons, [2nd edition].

VOGT P. (1999). *Dictionary of Statistics and Methodology. A Nontechnical Guide for the Social Sciences*, Thousand Oaks, Sage.

WONNACOTT T.H. et WONNACOTT R.J. (1991), *Statistique*, Paris, Economica.

WUNSCH G., RUSSO F., MOUCHART F. (2010). Do we necessarily need longitudinal data to infer causal relations? *Bulletin of Sociological Methodology/ Bulletin de Méthodologie Sociologique*, 106 (01), pp. 1-14.

YULE G. U., KENDALL M. G. (1950). *An Introduction to the Theory of Statistics*. London, Griffin, 1950, [14th edition].

Références des études présentées

BAJOS N., GUILLAUME N., KONTULA O. (2003), Reproductive health behavior of young Europeans, *Population Studies*, 42(1), Strasbourg, Conseil de l'Europe.

BITTMAN B., WAJCMAN J. (2000). The Rush Hour: The Character of Leisure Time and Gender Equity, *Social Forces*, 79 (1), pp. 165-189.

COSTA R. (2009). *La morphologie spatiale des comportements démographiques. Le cas de la frontière linguistique belge*, mémoire de Master en Sciences de la population et du développement (démographie), Louvain-la-Neuve, UCL.

DALLA ZUANNA G., CRISAFULLI C. (eds) (2004). *Sexual behaviour of Italian Students*, Messina, Universita di Messina: Department of statistics.

DE WILDE J., FUSULIER B., MOREAU L., ZUNE M. (2009). *Enquête de suivi de l'insertion des demandeurs d'emploi FSE Wallonie-Bruxelles. Rapport final*, Disponible en ligne sur le site du Fonds social européen : http://www.fse.be/ evenements/rencontres-et-seminaires-nationaux/evenements-2009/

DOISE W., CLEMENCE A., LORENZI-CIOLDI F. (1992). *Représentations sociales et analyses de données*, coll. Vies sociales, 7, Grenoble, Presses universitaires de Grenoble.

EGGERICKX TH., DEBUISSON M., HERMIA J.-P., SANDERSON J.-P. ET VANDER STRICHT V. (2007). Le baromètre des conditions de vie dans les communes bruxelloises et wallonnes, *IWEPS Discussion papers,* n° 0702.

EUROPEAN COMMISSION (2013). EU Employment and Social Situation, *Quarterly Review March 2013, Demographic Trends (Special Supplement)*, Luxemburg, Publications Office of the European Union.

EUROSTAT (2011). http://epp.eurostat.ec.europa.eu/tgm/table.do?tab=table&init =1&plugin=1&language=en&pcode=tsdde230

FROGNIER A.-P., BAUDEWYNS P. (2009). Les déterminants structurels du vote en Wallonie. Une analyse sur la base de l'enquête post-électorale de 2007, *Working Paper du PIOP*, 2009-1.

GADEYNE S., DEBOOSERE P. (2002). Socioeconomische ongelijkheid in sterfte op middelbare leeftijd in België, *Statistics Belgium Working Paper*, 2002-6.

ISPO/PIOP (2007). *General Election Study Belgium 2007. Questions and Frequency Tables*, Leuven-Louvain-la-Neuve.

LAUWEREYS G., NEELS K., DE WINTER T. (2011). GGS Wave 1 Belgium: Final disposition codes & standardised response rates, *GGP Belgium Paper Series* n°3.

LESTHAEGHE R. (1977). *The Decline of Belgian Fertility 1800-1970*, Princeton, Princeton University Press.

LORIAUX M., REMY D. (éds) (2006). *La retraite au quotidien. Modes de vie, représentations, espoirs et inquiétudes des personnes âgées*, coll. Économie, société, région, IWEPS, Bruxelles, de Boeck.

MASUY A.J. (2011). *How does elderly family care evolve over time? An analysis of the care provided to the elderly by their spouse and children in the Panel Study of Belgian Households 1992-2002*, Louvain-la-Neuve, PUL, n° 660/2011.

MASUY-STROOBANT G. (1983). La Surmortalité infantile des Flandres au cours de la deuxième moitié du XIXe siècle : mode d'alimentation ou mode de développement ?, *Annales de démographie historique*, pp. 232-256.

MASUY-STROOBANT G. (2004). Mères et nourrissons... une mortalité « effrayante » (1840-1914), in : G. Masuy-Stroobant et P.C. Humblet (dir.) *Mères et nourrissons. De la bienfaisance à la protection médico-sociale (1830-1945)*, Bruxelles, Labor, pp. 91-117.

PANEL STUDY OF BELGIAN HOUSEHOLDS (1992-2002). http://www.psbh.be/

PIETTE V. (2000). *Domestiques et servantes. Des vies sous condition. Essai sur le travail domestique en Belgique au XIXe siècle*, Bruxelles, Classe des Lettres, Académie royale de Belgique.

POULAIN M., FOULON M. (1998). Frontières linguistiques, migrations et distribution spatiale des noms de famille en Belgique, *L'Espace Géographique*, 2-1998, pp. 53-62.

RIZZI E. (2004). Religiousness and sexual ethics, in: G. Dalla Zuanna and C. Crisafulli (eds) *Sexual behaviour of Italian Students*, Messina, Universita di Messina: Department of statistics, pp. 249-263.

ROUANET H. (1985). Barouf à Bombach, *Bulletin de Méthodologie Sociologique*, 6, pp. 3-4.

RUSTENBACH E. (2009), *Sources of Negative Attitudes towards Immigrants: A Multi-level Analysis*, Paper presented at the 2009 PAA Meeting, Detroit.

SIEGFRIED A. (1913). Tableau politique de la France de l'Ouest sous la Troisième République, Paris, A. Colin. Réimprimé en 2010, Bruxelles, Éditions de l'ULB.

VAN DER LINDEN B. (1997). Effets des formations professionnelles et des aides à l'embauche : exploitation d'une enquête auprès d'employeurs belges, *Économie et Prévision*, 131, pp. 113-130.

VILLERMÉ L. R. (1830). *De la mortalité dans divers quartiers de la ville de Paris*, facsimilé du texte accessible via la notice de Villermé dans Wikipédia.

WORLD VALUES SURVEY, http://www.worldvaluessurvey.org/

Les auteurs

Pierre Baudewyns est professeur au Centre de politique comparée (CESPOL) de l''Université catholique de Louvain. Ses recherches portent sur les comportements, les attitudes et les opinions politiques en Belgique et en Europe. En tant que responsable de la *Belgian National Election Study*, il a participé depuis 1997 à l'organisation et à l'analyse des enquêtes post-électorales menées par le Point d'appui Interuniversitaire sur l'Opinion publique et la Politique (PIOP), en collaboration avec l'ISPO à la KULeuven.

Rafael Costa est doctorant au Centre de recherche en démographie et sociétés (DEMO) de l'Université catholique de Louvain. Ses recherches portent sur les dimensions temporelle et spatiale des évolutions démographiques, en particulier de la fécondité, de la nuptialité et des migrations internes. Sa formation d'économiste et de démographe, ainsi que ses expériences dans le domaine de la recherche, l'ont familiarisé à la théorie et à la pratique de l'analyse quantitative en sciences sociales.

Amandine Masuy est docteure en sociologie et attachée scientifique à l'Institut Wallon de l'Évaluation, de la Prospective et de la Statistique (IWEPS) depuis avril 2013 où elle gère un projet de centralisation des données statistiques locales utiles à la prise de décision politique en Wallonie. La problématique de l'aide informelle apportée aux personnes âgées a fait l'objet de sa thèse et elle a travaillé près de 2 ans à l'Observatoire de la Santé et du Social de Bruxelles sur la pauvreté des jeunes à Bruxelles. Sa formation universitaire l'a introduite à des techniques d'analyse des données parfois très complexes, mais elle est souvent revenue à des méthodes plus simples tout en tenant compte de la complexité et des limites des données à traiter.

Godelieve Masuy-Stroobant est professeure au Centre de recherche en démographie et sociétés (DEMO) de l'Université catholique de Louvain. Ses recherches sur les inégalités sociales en santé et mortalité infantile l'ont amenée à élargir ses champs d'intérêt à l'histoire et à l'épidémiologie. Dès ses premiers travaux universitaires elle a pratiqué l'analyse des données et c'est son expérience d'enseignement de ces techniques à des étudiants en sciences sociales - souvent peu familiarisés à la statistique - qui est à l'origine de ce manuel d'introduction à l'analyse multivariée.

Lorise Moreau est chargée de recherches à l'Observatoire de l'Enfance, de la Jeunesse et de l'Aide à la Jeunesse (OEJAJ). Ses premiers centres d'intérêts l'ont menée vers la sociologie et la démographie. Elle a été, pendant une dizaine d'années, assistante d'enseignement et de recherche, puis chargée de l'appui méthodologique en analyse des données quantitatives auprès des chercheurs en sciences sociales et humaines à l'Université catholique de Louvain. Lors de ses différentes expériences professionnelles, elle a appliqué diverses techniques d'analyse quantitative, tant dans ses activités de recherche que d'enseignement.

Ester Rizzi est professeure au Centre de recherche en démographie et sociétés de l'Université Catholique de Louvain. Son domaine de recherche principal est la démographie sociale, avec un parcours antérieur en biodémographie qui l'a familiarisée aux techniques statistiques et aux bases de données longitudinales. Actuellement, elle s'intéresse aux choix de fécondité des couples et au rôle qu'y joue la participation des pères aux tâches domestiques. Ses recherches se centrent également sur le lien entre fécondité, solidarité familiale, normes et religiosité. Dans ses recherches et son enseignement elle recourt aux méthodes quantitatives et aux méthodes qualitatives.

Bruno Schoumaker est professeur au centre de recherche en démographie et sociétés (DEMO) de l'Université catholique de Louvain. Ses recherches portent principalement sur la mesure et l'explication des changements de fécondité en Afrique sub-saharienne et sur les migrations internationales entre l'Afrique et l'Europe. Il a également participé au suivi et à l'évaluation de projets en santé de la reproduction en Asie du Sud et du Sud-est. Ses recherches l'ont amené à concevoir, organiser et analyser des enquêtes sociodémographiques dans des contextes variés. Il enseigne notamment les méthodes de collecte de données, et les méthodes d'analyse démographique et d'analyse quantitative.

Index

Méthodes participatives appliquées

La méthodologie et les méthodes constituent indéniablement le cœur des sciences sociales et la marque de leur scientificité. Depuis plusieurs années, le développement de méthodes participatives – entendues au sens large – encourage le renouvellement des outils méthodologiques propres aux sciences sociales en intégrant plus directement les citoyens, les « experts » et les décideurs publics ou privés dans le dispositif de recherche. Ces nouvelles méthodes méritent d'être étudiées aussi bien épistémologiquement que méthodologiquement mais également dans leurs applications concrètes. La collection, « Méthodes participatives appliquées », vise ainsi à enrichir les réflexions et les débats qui entourent le développement, le renouvellement et l'application des méthodes participatives. Cette collection intéressera un large public allant des chercheurs en sciences humaines et sociales aux étudiants de tous les cycles en passant par les administrateurs et décideurs privés et publics ainsi que les journalistes, les politiques et les citoyens intéressés par cette perspective participative appliquée.

Cette collection publie, en français ou en anglais, des travaux individuels et collectifs, tels que des monographies (tirées ou non de thèses), des recueils d'articles, des actes de colloque, des recueils de textes commentés à destination de l'enseignement ainsi que des bibliographies.

Directeur de collection : **Sébastien BRUNET**, Institut Wallon de l'Évaluation, de la Prospective et de la Statistique et Université de Liège et **Min REUCHAMPS**, Université catholique de Louvain.

Le comité scientifique international de la collection est composé de :

Loïc BLONDIAUX, Université Paris I – Sorbonne, France
Sandra BREUX, Université de Montréal, Canada
Kris DESCHOUWER, Vrije Universiteit Brussel, Belgique
John DRYZEK, The Australian National University, Australie
Sophie DUCHESNE, Science Po Paris, France
Simon JOSS, University of Westminster, Royaume-Uni
Tomke LASK, University of Liverpool, Royaume-Uni
Hugo LOISEAU, Université de Sherbrooke, Canada

Titres de la collection

N° 1. Sandra BREUX, Min REUCHAMPS & Hugo LOISEAU (dir.), *Carte mentale et science politique. Regards et perspectives critiques sur l'emploi d'un outil prometteur*, 978-90-5201-694-8, 2011.

N° 2. Didier CALUWAERTS, *Confrontation and Communication. Deliberative Democracy in Divided Belgium*, 978-90-5201-872-0, 2012

N° 3. Sébastien BRUNET, Frédéric CLAISSE & Catherine FALLON (dir.), *La participation à l'épreuve*, 978-2-87574-083-0, 2013.

N° 4. Frédéric CLAISSE, Catherine LAVIOLETTE, Min REUCHAMPS & Christine RUYTERS (dir.), *La participation en action*, 978-2-87574-084-7, 2013.

N° 5. Godelieve MASUY-STROOBANT, Rafael COSTA (dir.), *Analyser les données en sciences sociales. De la préparation des données à l'analyse multivariée*, 978-2-87574-098-4, 2013.

Visitez le groupe éditorial Peter Lang
sur son site Internet commun
www.peterlang.com